我国短期气候预测的
新理论、新方法和新技术

王会军　范　可　郎咸梅　等著
孙建奇　陈丽娟

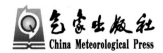

气象出版社
China Meteorological Press

内 容 简 介

　　本书从简要回顾国内外短期气候预测的历史和现状开始,系统介绍了我国短期气候预测研究领域的新理论、新方法和新技术方面的成果;影响我国气候短期变化的物理过程、影响因素和变化趋势;我国短期气候预测的动力学数值方法、经验和统计方法、动力和统计降尺度方法等。书中还着重阐述了近年来我国气候(降水、台风活动、沙尘活动、气温等)预测的新方法和新技术,以期为本领域的科研、教学和有关业务部门提供一本兼具理论和实用价值的学术专著。

图书在版编目(CIP)数据

我国短期气候预测的新理论、新方法和新技术 / 王会军等著.
—北京:气象出版社,2012.5
ISBN 978-7-5029-5475-8

Ⅰ．①我… Ⅱ．①王… Ⅲ.①短期天气预报-研究-中国
Ⅳ．①P456.1

中国版本图书馆 CIP 数据核字(2012)第 087068 号

Woguo Duanqi Qihou Yuce de Xinlilun、Xinfangfa he Xinjishu

我国短期气候预测的新理论、新方法和新技术

王会军 等 著

出版发行:气象出版社			
地　　址:北京市海淀区中关村南大街 46 号		邮政编码:100081	
总 编 室:010-68407112		发 行 部:010-68409198	
网　　址:http://www.cmp.cma.gov.cn		E-mail: qxcbs@cma.gov.cn	
责任编辑:李太宇		终　审:黄润恒	
封面设计:博雅思企划		责任技编:吴庭芳	
印　　刷:中国电影出版社印刷厂			
开　　本:787 mm×1092 mm　1/16		印　张:14.5	
字　　数:360 千字			
版　　次:2012 年 5 月第 1 版		印　次:2012 年 5 月第 1 次印刷	
定　　价:66.00 元			

前　言

预测天气、气候和环境变化是人类悠久的梦想！实现这个梦想却是一个长期的、艰难的科学创新历程，现在，或许可以说：曙光初现了！

气候的变化有多种时间尺度，包括从两周左右的振荡到年际—年代际和几十年—百年尺度的变化。这些不同时间尺度的变化带来气候多种变量的复杂变化，并时常引发气候异常事件和气候灾害。我国的气候多变，自古以来就是气候灾害多发的国度，也引发了中华古老文明和沧海桑田的波澜变迁。严重的气候异常对如今人口密集和经济社会高度发达了的我国经常带来严重的经济和社会灾害，因此，预测气候异常对人民生活和经济社会发展非常重要。

世界气候研究计划（WCRP）以及一系列相关计划的提出和实施对于气候变化及其预测理论的发展起到了极大的推进作用，气候预测也是 WCRP 的核心科学目标。但是，由于东亚气候系统的复杂性和我们对于气候系统变化规律认识的阶段性，气象业务中的气候预测水平还是相当有限的，远远无法满足实际需要。因此，加大科学研究的力度、探索气候预测的新理论和新方法、新技术就成为科技界的一项重大而紧迫的任务。

二十多年以前，本人在曾庆存先生的鼓励和指导下开始从事气候预测理论研究。本书作者们及其团队在过去二十多年的时间里坚持对东亚气候变异的规律和预测理论、方法进行持续不断的探索研究，取得了不少新的科学成果，在气候预测的理论和方法、技术方面提出了许多新的见解，并部分地通过国家有关科技项目的支持，在气候预测实践中得到试验应用和推广，取得了很好的阶段性成果，展示了乐观的前景。

本书的主要内容包括：东亚气候的基本特点和变异规律、物理过程，我国气候变异的主要影响过程和影响因子，我国气候的动力和统计预测新理论和新方法、新技术等几个方面，共分十三章。主要著者为王会军、范可、郎咸梅、孙建奇、陈丽娟。其他贡献著者有：姜大膀、鞠丽霞、陈活泼、于恩涛、祝亚丽、张颖、李菲、黄艳艳、贺圣平等。最后，由王会军和孙建奇对全书进行了统稿。

著者们衷心地期待本书的出版对于东亚气候变异和气候预测理论研究和预测业务发展起到些许推动和借鉴作用。限于我们的水平,书中瑕疵在所难免,诚恳地欢迎有关专家和学者提出批评和指正。

衷心地感谢曾庆存先生多年来对我们的气候预测及有关科学研究工作的关怀和指导。谨以此书献给尊敬的曾庆存先生。

最后,感谢国家"973"项目"全球变暖背景下东亚能量和水分循环变异及其对我国极端气候的影响(2009CB421400)"对本书所涉及主要部分科学研究工作的支持和资助。

王会军

2012 年 2 月于北京

目　　录

第 1 章　国内外短期气候预测研究的历史和现状

1934 年,中国著名的气象学家竺可桢先生发表了一篇论文,阐述了东南亚季风环流特征并证明其与中国降水的关系(竺可桢 1934)。之后,中国气象局原局长涂长望先生研究了中国降水和大气振荡之间的关系,试图通过大气振荡尤其是南半球涛动(Southern Hemisphere Oscillation)的前期信号预测中国夏季降水(涂长望 1937),这是对季节气候预测的首次尝试。之后,涂长望和黄士松(1944)进一步揭示了中国季风的季节性移动特征——春季至夏季从中国南部向北移,夏末到秋季向南回撤。这些研究发现都是具有划时代意义的重大科学进展,因为,在充分认识上述季节性移动的雨带以及与其局地相关和遥相关的大气环流特征的基础上,或许可以有效预测季节平均降水。

长期天气业务预报(指季节气候预测或者短期气候预测)始于 1958 年,当时主要是利用各种经验和统计方法。中国科学院大气物理研究所(IAP/CAS)资深气候学专家杨鉴初是该领域的先驱,他提出利用气候参量的连续性、历史的相似型、大气的周期性以及大气遥相关来做短期气候预测。之后,各种统计方法相继发展起来并被应用到科研以及业务性短期气候预测中。

1989 年,通过运行大气物理研究所的大气环流模式(AGCM)并耦合太平洋海洋环流模式(OGCM),曾庆存先生领导的气候模式发展组首次开展了动力学季节气候预测试验,试验结果令人鼓舞,并于 1990 年发表(曾庆存等 1990)。这在国际上也是首次尝试利用气候耦合模式来做跨季节气候预测。热带海洋异常(特别是 El Niño 和 La Niña 循环以及相关的南方涛动,后来被一起称为 ENSO)对全球大气的影响是该预测试验能够取得一定成功的理论基础,这也是为什么世界气候研究计划(WCRP)首先发起热带海洋和全球大气研究计划(TOGA)的原因,就是试图通过了解以 ENSO 为代表的热带海洋的变率来带动理解全球气候。王会军(1997)在考虑观测海表温度(SST)条件下,研究了 IAP AGCM 对我国夏季降水异常的预测效能,并分析了这种预测效能的空间差异和由于大气内部变率带来的不确定性。当然,这个结果具有较为普遍的意义,因为大多数模式的结果基本类似,海温驱动的气候可预测性总体上在中低纬区较高而在中高纬区较低。其结果显示,中国大部分地区夏季降水异常的可预测性普遍较低,尤其是在北方地区。这一方面是由于大气内部变率在中高纬区较大以及海温驱动的气候可预测性总体上在中高纬区就较低,另一方面也是由于季风气候变异的高度复杂性所致。

因此,为了提高气候模式预测的准确度,大量的订正和误差扣除技术被研发出来,用以改进 AGCM 的模拟结果,而且有关订正方案的应用也确实取得了一定的效果,例如,Zeng 等(1994)提出了多种数学方法来修正模式预测结果,包括:平均偏差修正法、最大相似法、最小极差法和一个基于经验正交分解(EOF)的耦合型订正技术。最大相似和最小极差实际上是为了导出一个回归方程系数的两种方法,因此,它们其实是属于一个回归方案,随后便使用了平均偏差修正法减小 IAP AGCM 的模式预测误差(赵彦等 1999;郎咸梅等 2003;Chen and Lin

2006)和提升中国地区夏季季节降水的预报技巧。

后来,王会军等(Wang 等 2000)提出利用东亚降水年际变化中的准两年变化信号来修正模式的降水以及大气环流预测,都收到了很好的效果。这一利用东亚大气准两年变化的思想后来还被进一步发展,从而提出将气候变量的年际增量来替代气候变量作为预测对象,从而研制了一系列新的针对我国夏季长江流域和华北降水、东北气温、西北太平洋台风活动频次、热带大西洋热带气旋活动频次等的动力统计预测新方法和模型,都收到了很好的效果(王会军等 2010;范可等 2007;范可等 2008;Fan 2010;Fan 和 Wang 2009;Fan and Wang 2010)。

实际上,基于气候模式预测结果的统计降尺度技术也可以认为是广义的误差修正技术,因为这类的统计降尺度技术都是利用模式能够较好地预测部分大气环流信息和其他气候变量信息来实现对降水(以及其他气候变量)的更加准确的预测。当然,统计降尺度方法和技术涉及气候动力学和气候变异的基本过程和基础理论,也涉及模式的基本性能的优劣和改进。模式中的预报因子的选择取决于预报量,并且应该满足两个条件,即,它必须和预报对象之间有显著的物理联系;预报因子能够被动力模式较好地预测。许多大尺度场,例如,位势高度,海平面气压,大气和表面温度,速度和热带 SST,已经被用作预报因子以提升降水的预报技巧(Zhang 等 2005;Ren 2008;Zhu 等 2008;Ke 等 2009;Chen 等 2008;Kang 等 2009)。

为改进 OGCM 和对 ENSO 的预测(周广庆等 1998;Zhou 和 Zeng 2001)以及提高模拟陆面过程模拟能力(Dai 和 Zeng 1997),学者们做了大量的科学尝试。我国自 20 世纪 80 年代开始发展自己的 OGCM,经过 20 多年的发展,目前的 OGCM 已经发展成为包括全球海洋、区域海洋以及中国近海的多种形式。OGCM 在不同的科学研究领域和气候预测中得到了广泛应用(张学洪和曾庆存 1988;曾庆存等 2008)。2011 年大气物理研究所海洋模式发展组将海洋模式的分辨率提高到了全球 10 km 的涡分辨尺度,实现了对"海洋中尺度涡旋"的模拟,这将进一步推动海洋科学和气候系统动力学的研究。ENSO 被认为是气候年际变化和预测的最强信号,不断改进的 OGCM 大大提升了对 ENSO 变化的模拟和预测能力。此外,专门针对 EN-SO 事件的可预测性问题,我国学者提出了创新性的方法和方案。在充分认识 ENSO 事件的非线性特征基础上,Mu 等(Mu 和 Duan 2003;Mu 等 2007)提出了条件非线性最优扰动方法(CNOP),揭示了 ENSO 事件发生的最优前期征兆及其形成的物理机制,明确了 CNOP 型初始误差在 ENSO 事件春季可预报性障碍研究中的重要性。周广庆等(1998)利用大气物理研究所发展的热带太平洋海洋与全球大气环流耦合模式,建立了 IAP ENSO 预测系统,开展了 ENSO 的实时预测。此后的工作进一步显示,在 ENSO 预测中,利用资料同化将海洋观测资料直接融合到预测模型中并采用集合预报的方案,可以较大提升 ENSO 的预测性能(周广庆和李旭 2000;Zhu 等 2006)。

在陆面模式方面,由 Dai 和 Zeng(1997)在大气物理研究所开发的综合陆面过程模式经过改编之后,成为美国国家大气研究中心(NCAR)编写通用陆面模式的主要依据(Dai 等 1997;Zeng 和 Mu 2002)。利用中国科学院大气物理研究所的大气环流模式,王会军等(1992;1992a,1992b)研制了简化的大气—海洋—海冰耦合模式,并完成了我国第一个 CO_2 加倍引起的气候变化的模拟试验并被 IPCC 报告引用。同时利用 AGCM 还进行了古气候模拟研究。

针对全球 AGCM 分辨率较低的情况,我国有关科研单位的一些课题组检验了动力降尺度方法的预测效果(例如:刘益民等 2005)。在欧洲中期天气预报中心(ECMWF)模式的基础上，中国大气物理研究所和国家气候中心联合开发了一个耦合气候模式(CGCM)。刘益民等(2005)利用上述耦合模式的回报结果作为强迫因子，运用改进的区域气候模式开展了一项十年(1991—2000)的回报实验。结果显示，夏季降水的观测值和模拟值间的异常型相关系数存在年际变化，但整体预报技巧有限。高学杰等(2006)的一项研究表明，区域气候模式的空间分辨率对于再现夏季降水异常有着至关重要的作用。他们指出，格点空间分辨率至少要达到 60 km 才能很好地再现观测到的降水型。

陆面过程对于中国短期气候变化的作用最初是通过 AGCM 敏感性试验来检验的。早期由 Ye 等(Ye 等 1983,1984)公布的试验结果显示，土壤湿度或积雪异常可能导致反常的夏季气候。该结论在后来的诸多数值实验中得到了证实(例如：林朝晖等 2001)。因此，为了提高季节气候预测技巧，相关人员花了大量精力来设计土壤湿度和气温的同化方案(张生雷等 2008)。另外还发现，积雪和海冰的变化以及植被动力过程在季节气候变化中也发挥了作用。

近年来，利用 CGCM 气候模式预测的大尺度大气环流信息(例如 500 hPa 的位势高度或海平面气压)的统计降尺度降水预测方法是一个新的研究热点(例如：Zhu 等 2008；Kang 等 2007)，这当然是因为模式直接预测的降水、气温等要素的准确度较低，而模式预测的某些大尺度环流信息的准确度较高。然而，相比东南亚地区，迄今为止的大部分统计降尺度方法在中国的应用效果较差。这主要是由于中国的降水除了受低纬地区的变量影响外，更大程度上受不易预测的中高纬地区的变量影响；而东南亚降水主要受热带地区的变量调节。因此，为了得到更好的预测结果，未来应该开发新的更适合于中国地区的统计降尺度方案。最近由王会军和范可(Wang and Fan 2009)提出的方案也许能够提供更高的预测技巧。他们的方案同时考虑了过去热带地区类似年份中的夏季降水异常型和模式模拟的降水异常型，进而得到最终预测结果。欧洲 CGCMs 模拟 1979—2001 年的 6 个结果证实了该新方案的预测效果。对夏季降水预测的交叉检验结果显示异常型的相关系数增加，并且均方根误差(RMSE)减小。

近几年来，国际上兴起了年代际气候预测研究，这个领域的兴起可以说和全人类对于未来气候变化的高度关注密切相关。气候变化的预估问题主要是考虑气候系统对于人类活动(包括温室气体的排放、气溶胶的排放、土地利用等)以及自然强迫(包括火山爆发、太阳活动等)的响应。而短期气候预测主要是气候系统对初始条件的自然响应和演变。年代际气候预测则是把两个问题结合起来，既考虑气候系统的外界强迫影响也要考虑气候系统的内部演变，而气候系统的内部演变当然是在相当程度上依赖于初始状态的。实际上，气候系统的自身演变有多种年代际尺度的变化，比如：北大西洋年代际振荡(AMO)、太平洋年代际振荡(PDO)等。另外，南方涛动、平流层准两年振荡(QBO)、南极涛动(AAO)、北极涛动(AO)等也都有长时间尺度变化特征。在年代际气候预测的实现层面上，必须要考虑上述的所有过程，其中，气候系统的"初始化"非常重要。这涉及海洋环流、海冰、冰盖、冻土及土壤水热状态等多方面的初始化，非常复杂，目前被考虑最多的是海洋和海冰系统的初始化。目前的年代际气候回报试验表明，预测的效果还是很令人鼓舞的。例如：Mochizuki 等(2010)关于 PDO 的年代际预测回报试验结果就说明，海洋环流的初始化至关重要，很大尺度上决定了可预测性；另外，关于人类活动和自然强迫条件的预设也是非常有讲究的，政府间气候变化专门委员会(IPCC)对这方面有非常详尽的考虑和改进。但是，由于这一问题的高度重要性和科学价值上的重大意义，未来的发展将会得到越来越大的关注和重视，IPCC 第五次科学评估报告已经设定了这方面的内容。

自 2003 年开始，动力模式和统计模式被开发用来进行中国北方的沙尘天气活动以及西北太平洋的热带气旋活动(王会军等 2003;王会军等 2006;Lang 和 Wang 2008)的气候预测,预测结果是基本合理的,尤其是将 CGCM 输出结果与前期观测的 SST 异常以及主要的大气模态如 AAO、北太平洋涛动(NPO)等联合考虑时,结果更是如此。

另一有趣的发现与预测对象的选择有关。传统上一般把相对于多年平均的降水异常作为预报量。而最近,有人将变量的年际增量作为新的预报量,并研究建立了一系列预测模型,其预报效果显著提高。这一点前文已经提及,在本专著第 9 章将专门介绍。

本专著主要论述著者及其科研团队在短期气候预测理论和方法领域的研究成果,包括:影响我国气候短期变动的主要过程和因子、基于气候模式进行的"两步法"和"一步法"预测研究、我国冬春季气候的预测方法和实践、西北太平洋台风气候预测试验、以及关于短期气候预测的降尺度方法和若干新方法等等。

参考文献

陈丽娟. 2008. 基于海气耦合模式的季节气候可预报性分析和解释应用. [学位论文]. 北京:中国科学院大气物理研究所.

戴永久,曾庆存,王斌. 1997. 一个简单的路面过程模式. 大气科学,**21**(6):705-716.

范可,林美静,高煜中. 2008. 用年际增量方法预测华北汛期降水. 中国科学 D 辑:地球科学,**38**(11):1452-1459.

范可,王会军,Choi Young-Jean. 2007. 一个长江中下游夏季降水的物理统计预测模型. 科学通报,**52**(24):2900-2905.

高学杰,徐影,赵宗慈等. 2006. 数值模式不同分辨率和地形对东亚降水模拟影响的试验. 大气科学,**30**(2):185-192.

郎咸梅,王会军,姜大膀. 2003. 中国冬季气候可预测性的跨季度集合数值预测研究. 科学通报,**48**(15):1700-1704.

林朝晖,杨小松,郭裕福. 2001. 陆面过程模拟对土壤含水量初值的敏感性研究. 气候与环境研究,**6**(2):240-248.

刘益民,李维京,张培群. 2005. 国家气候中心全球海洋资料四维同化系统在热带太平洋的结果初步分析. 海洋学报,**27**(1):27-35.

涂长望,黄士松. 1944. 中国夏季风之进退. 气象学报,**18**(1):1-20.

涂长望. 1937. 中国天气与世界大气的浪动及其长期预告中国夏季旱涝的应用. 气象杂志,**13**(11):647-697.

王会军,郎咸梅,范可等. 2006. 关于 2006 年西太平洋台风活动频次的气候预测试验. 气候与环境研究,**11**(2):133-137.

王会军,郎咸梅,周广庆等. 2003. 我国今冬和明春气候异常与沙尘气候形势的模式预测初步报告. 大气科学,**27**(1):136-140.

王会军,曾庆存,张学洪. 1992. CO_2 含量加倍引起的气候变化的数值模拟研究. 中国科学(B),**22**(6):663-672.

王会军,曾庆存. 1992a. 冰期气候的模拟研究. 气象学报,**50**:279-289.

王会军,曾庆存. 1992b. 9000 年前古气候的数值模拟研究. 大气科学,**16**:313-321.

王会军,张颖,郎咸梅. 2010. 论短期气候预测的对象问题. 气候与环境研究,**15**(3):225-228.

王会军. 1997. 试论短期气候预测的不确定性. 气候与环境研究,**2**(4):333-338.

曾庆存,袁重光,王万秋等. 1990. 跨季度气候距平数值预测试验. 大气科学,**14**(1):10-25.

曾庆存,周广庆,浦一芬. 2008. 地球系统动力学模式及模拟研究. 大气科学,**32**(4):653-690.

张生雷，谢正辉，师春香等. 2008. 集合 Kalman 滤波在土壤湿度同化中的应用. 大气科学，32（6）：1419-1430.

张学洪，曾庆存. 1988. 大洋环流模式的计算设计，大气科学，（特刊）：149-165.

赵彦，李旭，袁重光等. 1999. IAP 短期气候距平预测系统的定量评估及订正技术的改进研究. 气候与环境研究，4（4）：353-364.

周广庆，李旭，曾庆存. 1998. 一个可供 ENSO 预测的海气耦合环流模式及 1997/1998 ENSO 的预测. 气候与环境研究，3（4）：349-357.

周广庆，李旭. 2000. 一个基于大洋环流模式的全球海洋资料同化系统. 短期气候预测业务动力模式的研制. 北京：气象出版社，393-400.

竺可桢. 1934. 东南季风与中国之雨量. 地理学报，1（1）：1-27.

Chen H，Lin Z H. 2006. A correction method suitable for dynamical seasonal prediction. *Advances in Atmospheric Sciences*，**23**：425-430.

Dai Y J，Zeng Q C. 1997. A Land Surface Model (IAP94) for Climate Studies Part I：Formulation and Validation in Off-line Experiments. *Advances in Atmospheric Sciences*，**14**(4)：433-460.

Fan K，Wang H J. 2009. A new approach to forecasting typhoon frequency over the western North Pacific. *Weather and Forecasting*，**24**：974-986.

Fan K，Wang H J. 2010. Seasonal Prediction of Summer Temperature over Northeast China Using a Year-to-Year Incremental Approach. *Acta Meteorologica Sinica*，**24**(3)：269-275.

Fan K. 2010. A prediction model for Atlantic named storm frequency using a year-by-year increment approach. *Weather and Forecasting*，**25**(6)：1842-1851.

Kang H W，An K，Park C K，*et al*. 2007. Multimodel output statistical downscaling prediction of precipitation in the Philippines and Thailand. *Geophysical Research Letter*，**34**：L15710，doi：10.1029/2007GL030730.

Kang H W，Park C K，Hameed S N，*et al*. 2009. Statistical Downscaling of Precipitation in Korea Using Multimodel Output Variables as Predictors. *Monthly Weather Review*，**137**(6)：1928-1938.

Ke Z J，Zhang P Q，Dong W J，*et al*. 2009. A New Way to Improve Seasonal Prediction by Diagnosing and Correcting the Intermodel Systematic Errors. *Monthly Weather Review*，**137**(6)：1898-1907.

Lang X M，Wang H J. 2008. Can the climate back ground of western North Pacific typhoon activity be predicted by climate model? *Chinese Science Bulletin*，**53**(15)：2392-2399.

Mochizuki T，Ishii M，Kimoto M，*et al*. 2010. Pacific decadal oscillation hindcasts relevant to near-term climate prediction. *PNAS*，**107**(5)：1833-1837.

Mu M，Duan W S，Wang B. 2007. Season-dependent dynamics of nonlinear optimal error growth and ENSO predictability in a theoretical model. *Journal of Geophysical Research*，**112**：D10113，doi：10.1029/2005JD006981.

Mu M，Duan W S. 2003. A new approach to studying ENSO predictability：Conditional nonlinear optimal perturbation. *Chinese Science Bulletin*，**48**：1045-1047.

Ren H L. 2008. Predictor-based error correction method in short-term climate prediction. *Prog. Natural Sci.*，**18**：129-135.

Wang H J，Fan K. 2009. A New Scheme for Improving the Seasonal Prediction of Summer Precipitation Anomalies. *Weather and Forecasting*，**24**：548-554.

Wang H J，Zhou G Q，Zhao Y. 2000. An effective method for correcting the seasonal-interannual prediction of summer climate anomaly. *Advances in Atmospheric Sciences*，**17**：234-240.

Yeh T C，Wetherald R T，Manabe S. 1983. A Model Study of the Short-Term Climatic and Hydrologic

Effects of Sudden Snow-Cover Removal. *Monthly Weather Review*, **111**: 1013-1024.

Yeh T C, Wetherald R T, Manabe S. 1984. The Effect of Soil Moisture on the Short-Term Climate and Hydrology Change-A Numerical Experiment. *Monthly Weather Review*, **112**: 474-490.

Zeng Q C, Mu M. 2002. On the design of compact and internally consistent model of climate system dynamics. *Chinese Journal of Atmospheric Sciences*, **26**(2): 107-113.

Zeng Q C, Zhang B L, Yuan C G, *et al*. 1994. A note on some methods suitable for verifying and correcting the prediction of climatic anomaly. *Advances in Atmospheric Sciences*, **11**(2): 121-127.

Zhang L P, Ding Y H, Li Q Q, *et al*. 2005. An approach and its tests to improve simulated summer rainfall fields of National Climate Center coupled ocean-atmosphere model. *Clim. Environm. Res.*, **10**: 209-219.

Zhou G Q, Zeng Q C. 2001. Predictions of ENSO with a Coupled GCM. *Advances in Atmospheric Sciences*, **18**: 587-603.

Zhu J, Zhou G Q, Yan C X, *et al*. 2006. A three-dimensional variational ocean data assimilation system: Scheme and preliminary results. *Science in China* (D), **49**(12): 1212-1222.

Zhu, C W, Park C K, Lee W S, *et al*. 2008. Statistical Downscaling for Multi-Model Ensemble Prediction of Summer Monsoon Rainfall in the Asia-Pacific Region Using Geopotential Height Field. *Advances in Atmospheric Sciences*, **25**(5): 867-884.

第2章 影响我国短期气候变动的主要物理过程

2.1 影响我国气温变动的主要物理过程

气温是描述气候最主要的一个气象参量,也是与人民生活最息息相关的气象因子。气温的研究和预测问题是气象学里最基本也是最重要的内容之一。影响气温变化最直接的大气环流因子有两个,一个是局地上空的对流层中上层位势高度异常,一个为水平方向上温度平流输送。一般来讲,处于正位势高度异常控制的区域天气晴朗、盛行下沉气流,这样持续稳定的天气形势有利于该地区吸收更多的太阳辐射,加之气流下沉增温效应,从而气温偏高;相反,负位势高度异常容易产生云和降水,使得太阳辐射不能被很好地吸收,从而温度偏低。温度平流对于气温的影响就更简单,当异常大气环流将暖(冷)空气带到一个地方时,该地气温容易升高(降低)。

2.1.1 冬季气温

1. 东亚冬季风指数

对于我国冬季而言,东亚冬季风异常引起的冷空气入侵活动频繁与否和强弱与否是引起气温变化的最主要的原因之一:当东亚冬季风偏强(弱)时我国大部分区域气温偏低(高)。因此,如何定义指数来描述东亚冬季风的变化非常重要。

我国学者曾采用多种方法定义过东亚冬季风,大部分以海平面气压场或者位势高度场来刻画东亚冬季风的变化。这里,考虑到冬季风从字面和本质上首先应该表现为风的变化,我们采用东亚冬季风盛行区域的风场变化来定义新的东亚冬季风指数(王会军和姜大膀 2004),即以图 2.1 中方框所示区域(115°—145°E,25°—50°N)平均的风速作为描述冬季风强弱的指标。对该冬季风指数的小波谱分析,可以清楚地看到 2~4 a 的显著周期存在于整个研究时段,表明该指数可以较好地捕捉东亚冬季风变异中准两年振荡的特征。

如前所述,东亚冬季风强度与中国大陆中东部地区的表面温度关系密切:强东亚冬季风意味着温度偏低,反之则温度偏高。该指数可以很好地再现东亚冬季风与东亚地区冬季气温之间的对应关系(图 2.2)。在强的东亚冬季风年,东亚地区气温普遍偏低,尤其是在我国中东部到日本以东地区,降温幅度可以超过 0.05 的显著性水平检验。

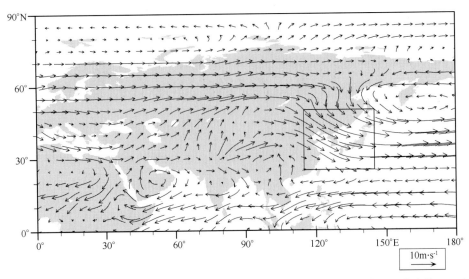

图 2.1 1948—1999 年冬季 850 hPa 层风速平均态(单位:m/s)(引自王会军和姜大膀 2004)

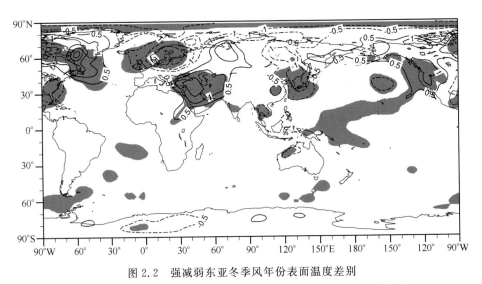

图 2.2 强减弱东亚冬季风年份表面温度差别

(单位:℃),阴影区为通过 0.05 显著性检验的区域(引自王会军和姜大膀 2004)

从环流场上来看,该冬季风指数与北大西洋涛动(NAO)、欧亚型遥相关(EU)、西伯利亚高压、东亚大槽以及阿留申低压等系统均存在密切联系(图 2.3),而这些系统都是影响东亚冬季风异常的最为主要的几个大尺度环流因子。

综合来看,该冬季风指数对于东亚冬季风的风场特征、大尺度环流场特征以及其与表面气温的关系都可以做到较好的刻画,这有利于我们更深入地研究强弱东亚冬季风年份之间大气环流场和 SST 场的差别,进而探寻显著影响东亚冬季气候变化的主要物理过程和预报因子,达到提高东亚冬季气候预测水平的目的。

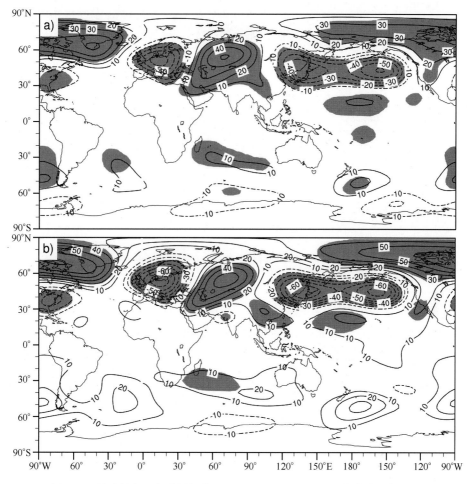

图 2.3　强减弱东亚冬季风年份(a)500 hPa 和(b)200 hPa 位势高度场差别
(单位:gpm) 阴影区为通过 0.05 显著性检验的区域(引自王会军和姜大膀 2004)

2. 北半球中高纬度环流的影响

　　自 20 世纪 80 年代以来,全球气候系统呈现出显著增暖的趋势,尤其是在冬季这种趋势更加突出。在全球,增暖最为显著的区域之一就在亚洲北部(包含我国北部地区)。2002 年这个地区出现一次超强的暖冬事件(为近 50 a 来亚洲北部区域最强的增暖),有意思的是在此次增暖事件中,气候系统的年际尺度变化的作用远大于增暖的年代际趋势的作用(王会军 2003a)。欧亚大陆中高纬度正负位势高度对比非常明显,使得北半球极地地区的冷空气受阻,不能南侵,从而造成亚洲北部地区出现超强暖冬现象。

　　紧接着 2002 年的超强暖冬现象,2003 年在全球变暖的大背景下,亚洲北部地区出现了一次强的冷冬,出现冷暖反转的现象(王会军 2003b)。从 2002 年冬到 2003 年冬,欧洲和北美东部最大降温幅度超过 5℃,亚洲北部(包含我国北方)也可达到 3℃之大(图 2.4)。相反,在白令海峡地区和阿拉斯加及其以北出现幅度达 4℃以上增温区。

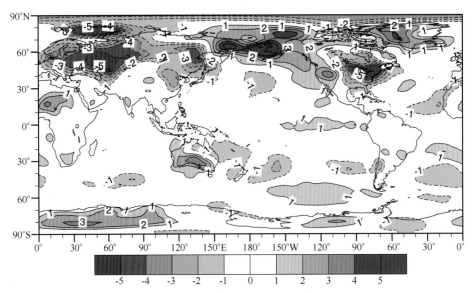

图 2.4 2003 年与 2002 年冬季 1000 hPa 气温的差值分布(℃)
差值幅度大于 2℃的区域用阴影标出(引自王会军 2003b)

　　造成北半球中高纬度冬季气温这次大幅度冷暖反转的两个关键系统分别位于欧洲北部和北太平洋地区(图 2.5)。位于欧洲北部地区的异常反气旋环流,意味着该地区冷空气异常强盛,在强大高压系统的推动下冷空气将不断向欧亚大陆中高纬广大地区侵袭,从而造成该地区由暖向冷的温度异常的反转。相反,位于北太平洋地区的异常气旋性环流,在北太平洋东部将形成向北的暖平流,从而有利于白令海峡附近气温由冷向暖的反转。可见北半球东西向异常环流的耦合作用对于亚洲北部(包含我国北方地区)冬季气候的影响非常重要,在一定程度上这种环流系统的年际变化可以减弱甚至抵消掉全球变暖的贡献,这对于开展全球变暖背景下我国冬季气候年际变率及其可预测性的研究具有重要意义。

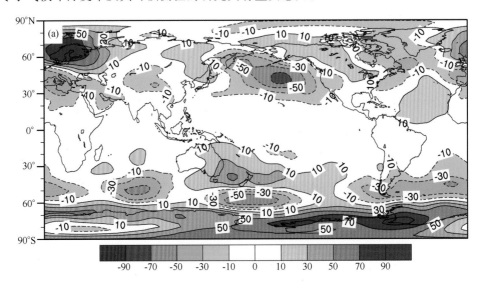

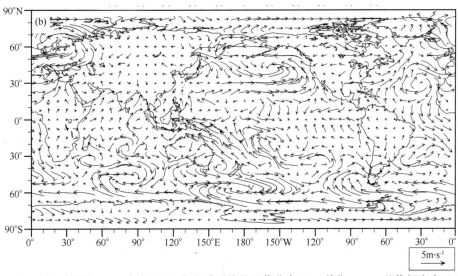

图 2.5　1000 hPa 高度场 2003 年与 2002 年冬季平均的差值分布(a)（单位:gpm,差值幅度大于 30 的区域用阴影标出）。(b)同(a),但为风场的差值分布（单位:m/s)(引自王会军 2003b)

3. 南半球大气环流的影响

关于东亚冬季风的异常变化,之前普遍关注的是北半球中高纬度大气系统的影响,如:东亚大槽、西伯利亚高压、NAO/AO 等(武炳义和黄荣辉 1999;龚道溢和王绍武 2003)。我们近期的一些研究发现,除了北半球的气候系统外,南半球大气环流对东亚冬季风的影响同样非常重要(范可和王会军 2006)。

图 2.6 为强和弱 AAO 年合成的冬季 500 hPa 风差异场。可以看到,在强的 AAO 年,南半球中高纬度纬向风场呈现出明显的反位相变化结构。在整个南半球高纬 60°S 附近存在一

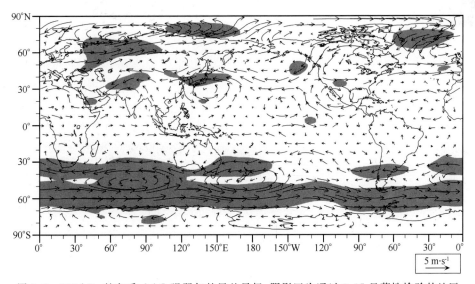

图 2.6　500 hPa 的冬季 AAO 强弱年的风差异场,阴影区为通过 0.05 显著性检验的地区
（引自范可和王会军 2006)

个显著的西风异常带,而副热带地区 30°S 附近为显著的东风异常带。这意味着南半球绕极极涡和副热带高压系统的加强,呈现出经典的 AAO 模态。除了南半球的异常系统存在外,在强弱 AAO 年,北半球中高纬度大气环流也出现异常变化。可以看到,欧亚大陆北部高纬度地区纬向西风显著增强,这种环流型将有利于欧亚地区极锋偏北,不利于极地冷空气南侵,从而使得东亚地区冷空气减弱。

如此的大气环流形势,引起两半球中高纬度温度场的变化。从图 2.7 我们可以看出,在强的 AAO 年,南半球极地地区气温显著偏低;在北半球欧亚大陆北部及北冰洋部分地区气温偏低,而欧亚大陆中纬度地区气温偏高。就我国而言,冬季 AAO 与北方大部分站点地面气温有显著正相关的关系,意味着在强的 AAO 年我国北方大部分地区会出现暖冬。

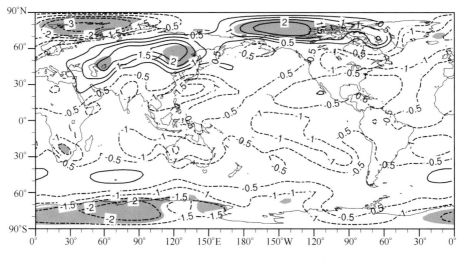

图 2.7 冬季 AAO 强弱年之间的 850 hPa 大气温度差异场
阴影区为通过 0.05 显著性检验的地区(引自范可和王会军 2006)

那么地处南半球中高纬度的 AAO 如何能影响到北半球中高纬度大气环流和气温的变化呢?我们进一步的研究发现,两半球之间的经向遥相关型是冬季 AAO 与北半球中高纬度气候系统联系的重要途径。这一点在图 2.8 中得到很好体现。在图中,从南极到北极纬向风呈现出显著的正负相间的正压结构经向遥相关型分布:南半球极地为异常东风带,60°S 附近为显著的异常西风带,30°S 附近为显著的异常东风带;北半球 30°N 附近为异常东风带,60°N 附近为显著的异常西风带,北极为异常东风带。可见,异常冬季 AAO 模态可以引起南半球平均经圈环流的变化,通过上述经向遥相关造成欧亚地区的局地经圈环流的异常,从而最终导致欧亚西风加强,冷空气活动减弱,欧亚大陆中纬度,尤其是东亚中纬度地区冬季气温偏高。

除了冬季,春季 AAO 对于北半球春季大气环流和气温的影响也很显著。其影响过程的结果与冬季类似,也即在强的 AAO 年,欧亚大陆纬向西风加强、冷空气活动较弱,欧亚大陆中纬度地区气温偏高。

其实在南北半球相互联系的过程中,除了上述的南北半球之间的经向遥相关外,还存在一环太平洋的大圆形遥相关波列,该波列对于 AAO 影响北半球的气候也起着重要的作用(Wang 2005)。这一大圆形模态的空间分布如图 2.9 所示。可以看到,经过 EOF 分解后

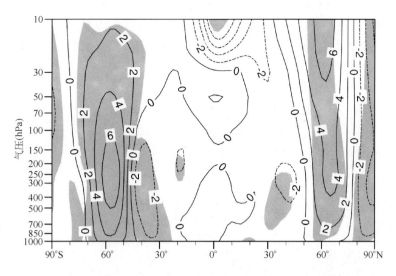

图 2.8　强弱冬季 AAO 年合成的欧亚地区(60°—120°E)纬圈平均的纬向风差异场的纬度－高度剖面
阴影区为通过 0.05 显著性检验的区域(引自范可和王会军 2006)

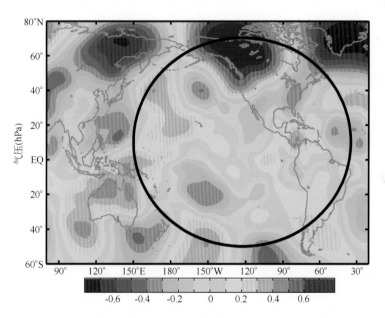

图 2.9　1970—2009 年年平均 100 hPa 经向风的 EOF 第二模态

100 hPa 经向风沿图中黑色大圆呈现出正负相间的异常波列分布,也即这个大圆上任何一个正负中心大气环流的变化都会引起其他地区大气环流和气候系统发生相应的变化。

进一步为了探讨这个模态在现实大气中的表现,我们采用个例分析的方法作更为深入的研究。图 2.10 为 2002—2003 年冬季 200 hPa 风场的空间分布。很明显,沿着图 2.9 中的大圆,出现气旋—反气旋相间的异常遥相关波列。在南半球,高纬度为气旋性环流异常,中纬度为反气旋性环流异常,表现出正位相的 AAO 模态。AAO 的异常信息,可以通过图中的大圆遥相关波列向北传播,在东亚及欧亚大陆中纬度地区造成异常偏南风,这意味着该地冷空气活动减弱,由此该地容易出现暖冬。当然,这里我们给出的季节平均的状况,对于 AAO 信息的北传过程不能很好地体现。但是如果从季节内尺度来分析的话,南半球大气环流异常通过这个大圆遥相关向北传播从而引起东亚地区大气环流和气候异常的过程就十分明显(Fan 和 Wang 2007)。

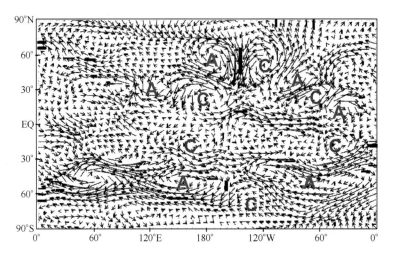

图 2.10　2002—2003 年冬季 200 hPa 异常风场的空间分布(引自 Wang 2005)

2.1.2　夏季气温

1. 夏季气温与位势高度的关系

与冬季气温主要受冬季风异常引起的温度平流过程不同,我国夏季气温的变化更多地受本地上空高低压系统异常的影响。这是因为处于正位势高度异常控制的区域天气晴朗、盛行下沉气流,这样持续稳定的天气形势有利于该地区吸收更多的太阳辐射,加之气流下沉增温效应,从而气温偏高;相反负值区容易产生云和降水,使得太阳辐射不能被很好地吸收,从而温度偏低。比如,我国南方地区夏季气温的高低与西太平洋副热带高压是否控制该区具有密切关系。同样我国北方地区夏季气温的高低与东亚中部地区位势高度的异常变化一致。Sun 等(2008)进一步的研究发现,影响我国表面气温的位势高度异常主要位于对流层中高层,低层位势高度的影响不大。

与平均气温的变化一致,影响我国夏季高温事件的主要因素也为对流层中高层的位势高度异常(孙建奇等 2011)。图 2.11 为我国南部、中部、北方东部、北方西部 4 个地区夏季极端高温发生日数指数与 500 hPa 位势高度场的相关分布。很显然,在这些地区极端高温日数偏多的年份,其上空都表现出正的位势高度异常。这些显著的正异常位势高度带来的晴空天气,为极端高温天气的发生提供了有利条件。

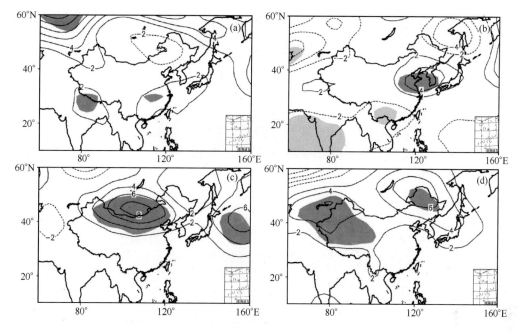

图 2.11　利用 1958—2002 年我国 4 个区域极端高温发生日数指数线性回归的夏季 500 hPa 异常位势高度场（单位 gpm）；(a)南方；(b)中部；(c)北方东部；(d)北方西部

深(浅)阴影区为正(负)相关系数大于 98%信度检验的区域(引自孙建奇等 2011)

2. 夏季北大西洋涛动的影响

近期,夏季北大西洋涛动(SNAO)对北半球夏季气候的影响越来越引起大家的关注。尤其是它在 20 世纪 70 年代末的一次年代际突变使得它对北半球气候系统的影响大大加强(Sun 等 2008)。

图 2.12 为 20 世纪 70 年代末前后两个时段,利用 SNAO 指数回归的北大西洋地区异常海平面气压场。很明显,在两个不同时段,SNAO 模态的空间位置和变异幅度都有显著差别。在第一个时段,SNAO 的两个活动中心位置都位于北大西洋地区,而在第二个时段,其活动中心位置明显西移。尤其是南部中心的活动位置偏移到了地中海一黑海地区,它的异常幅度也达到了之前的 2～3 倍。

SNAO 此次年代际突变显著地加强了它对北半球夏季气温的影响(Yuan 和 Sun 2009)(图 2.13)。在突变前,由于 SNAO 的影响区域主要集中在北大西洋地区,因此它对于北半球大陆地区夏季气温的影响较弱,除了北非地区存在一个显著的负异常区外,其他地区基本没有成片的异常分布。但是,在突变后,情况发生了极大变化。首先在北美东部和格林兰南部出现显著的大片负异常区域,北非地区的负异常区域进一步扩大延伸到覆盖了整个北非、地中海和阿拉伯半岛区域。此外,在东亚中部地区也出现一个显著的负异常区域。在我国区域,这意味着北方地区在强的 SNAO 年气温偏低。

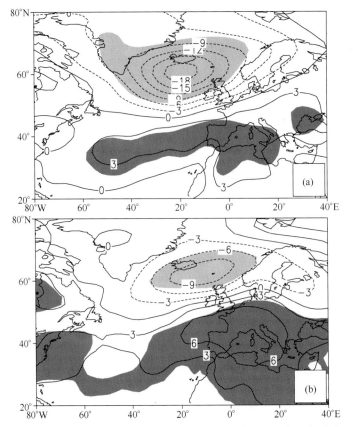

图 2.12　利用 SNAO 指数线性回归的夏季异常海平面气压场分布

(a)1951—1975；(b)1979—2003

深(浅)阴影区为正(负)相关系数大于 98％信度检验的区域(引自 Sun 等 2008)

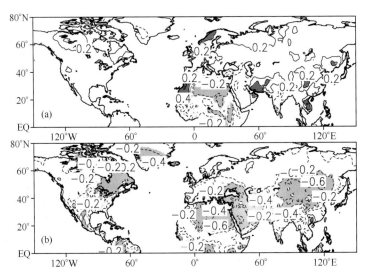

图 2.13　SNAO 指数与 CRU 表面气温的相关系数分布

(a)1951—1975；(b)1978—2002

深(浅)阴影区为正(负)相关系数大于 98％信度检验的区域(引自 Yuan 和 Sun 2009)

那么,SNAO 这次年代际突变如何能够引起东亚中部(包含我国北方地区)夏季气温的异常呢? 最重要的原因就在于,SNAO 这次年代际变化,使得其南部中心位置偏移到了地中海—黑海区域,而这个区域正好是亚洲高空西风急流的入口关键区,这个区域环流异常激发的 Rossby 波列,可以直接沿着高空急流波导向下游传播(图 2.14),从而最终在东亚中纬度地区形成气旋性异常环流,造成该地区夏季气温偏低的结果。

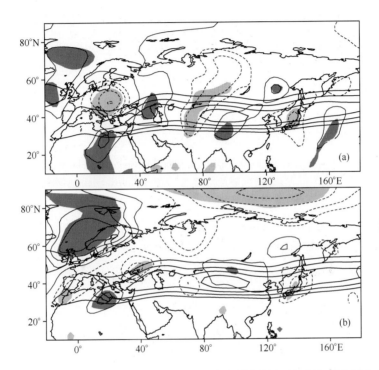

图 2.14 正负异常 SNAO 年合成的夏季 250 hPa 经向风及气候态 250 hPa 纬向风分布(粗线条)
(a)1951—1975;(b)1978—2002
深(浅)阴影区为正(负)异常超过 0.05 显著性检验的区域(引自 Sun 等 2008)

3. 东北地区夏季气温的变化及其影响因子

东北地区是我国重要的商品粮生产基地,由于其纬度较高,因此夏季气温高低对于粮食的丰歉具有决定性的作用。在对东北地区 23 个台站综合分析的基础上,孙建奇和王会军(2006)提出将东北地区夏季气温分成南北两个区域进行研究。东北地区南部和北部的划分基本上以 45°N 为界,两个区域夏季气温在年际和年代际尺度上都呈现出不同的变化特征。比如,在过去半个多世纪中,东北北部地区夏季气温表现出显著的持续增暖趋势,并在 1987 年前后发生了一次年代际突变(图 2.15a);而南部地区则更多地表现为冷暖交替的年代际变化特征,没有发生突变(图 2.15b)。

影响东北南部和北部地区夏季气温变化的大气环流因子是一致,都为各自区域上空中高层位势高度异常,这个与其他区域一致。但是影响东北地区南北部夏季气温的海温关键区域却有很大不同。东北南部地区夏季气温没有发生年代际变化,影响该地夏季气温的海洋关键区为中纬度西北太平洋和热带印度洋(图 2.16a)。对于北部地区而言,在突变前海

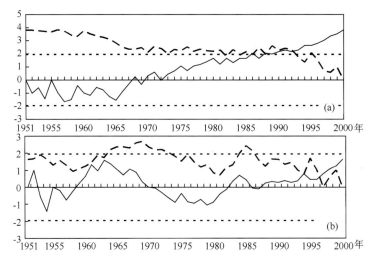

图 2.15　东北北部(a)和南部(b)夏季气温指数的 Mann-Kendall 检验
(实线为 Mann-Kendall 顺序检验量,虚线为 Mann-Kendall 逆序检验量,
点线为信度 95％的置信界)(引自孙建奇和王会军 2006)

洋关键区主要为赤道中东太平洋,也即 ENSO 事件的影响(图 2.16b);但是在突变后,影响的关键区发生变化,主要位于中纬度西北太平洋和热带印度洋东部地区(图 2.16c)。

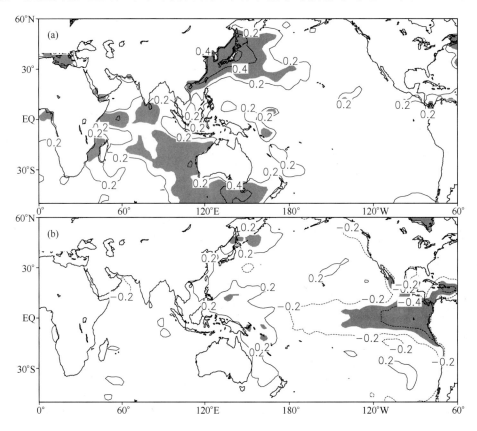

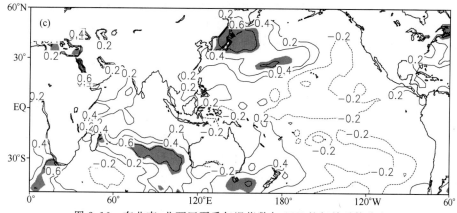

图 2.16　东北南、北两区夏季气温指数与 SST 的相关系数分布

（a）东北南部地区,相关时段为 1951—2000 年;（b）东北北部地区,相关时段为 1951—1987 年;（c）东北北部地区,相关时段为 1988—2000 年;图中阴影区为信度超过 95％的显著相关区（引自孙建奇和王会军 2006）

2.2　影响我国降水的主要物理过程和预测因子

2.2.1　夏季降水

1. 夏季风指数

降水的异常,可以带来严重干旱、洪涝这两个我国最主要的气象灾害,因此其变化对我国社会经济生活等方面具有重要影响。对我国东部地区降水来说,影响最大、最为直接的系统为东亚夏季风,若季风偏强则北方地区多雨,季风偏弱则南方地区多雨。当然,从这种对应关系的空间分布上看,还存在着年代际变化,需要引起特别的注意。所以,研究夏季降水就必须首先关注季风的变化。在过去的已有研究中,不同学者从不同角度定义了季风及其指数,有利用海平面气压场定义的（郭其蕴 1983;施能等 1996）,有利用纬向风定义的（张庆云等 2003）,也有利用经向风定义的（Wu 和 Ni 1997）。特别值得一提的是,曾庆存和张邦林（1998）从大气环流的季节变化的角度研究了全球季风的空间分布,使得传统季风区的概念得到拓展,全球季风系统除了经典的热带季风区外,还包括副热带季风区和温—寒带季风区。同时,他们定义的环流场标准化季节变率可以直接和简单明了地反映季风的年际变化,从而可以用作季风指数,来量化全球不同区域季风的强度变化。

此外,从东亚夏季风的本身特点出来,我们也发展了一个东亚夏季风指数（Wang 2000）。该指数的定义思想与冬季风一致,即用风速本身的变化来描述季风强度的变化[850 hPa 风速在东亚季风盛行区域（110°—125°E,20°—40°N）的平均值]。这个季风指数可以很好地再现东亚季风系统的主要特征。比如,在海平面气压场上,该指数可以表现出东亚季风系统海陆热力差异的特征;在位势高度场上,该指数可以刻画东亚季风系统与西太平洋副热带高压的密切关系;在降水场上,该指数可以描述我国东部降水南北异常分布的模态。所以,在近些年的东亚季风研究中,这个指数得到广泛的应用。

东亚夏季风系统非常复杂,影响的主要物理过程和因子非常多。在我们的研究中,一些新的物理因子得到揭示,这里我们以地域来分类,分别介绍南半球、热带和北半球区域影响东亚夏季风的物理因子的作用。

2. 南半球大气环流的影响

从能量学和质量学的角度来讲,冬半球的环流变化在两半球的相互作用中起着主导作用。所以在东亚夏季风的变异中,南半球大气环流系统的影响十分重要。在气候态分布上,影响东亚夏季风的主要气流有两支来自南半球,一支为起源于马斯克林高压、途经索马里-北印度洋到达我国的西南风;另一支为起源于澳大利亚高压、途经海洋性大陆-南海达到我国的偏南风。所以,在气候态上,马斯克林高压和澳大利亚高压是影响东亚冬季风的两个重要南半球大气环流系统。

除了在气候态上,在年际尺度上,马斯克林高压和澳大利亚高压对于东亚夏季风的影响也十分显著(薛峰等 2003)。当从春到夏,马斯克林高压增强时,我国长江流域到日本一带多雨,而其两侧地区则少雨;澳大利亚高压对我国夏季降水的影响主要局限在华南地区,当澳大利亚高压偏强(弱)时,华南多(少)雨。在物理机制上,马斯克林高压影响东亚夏季风的过程中,索马里急流引起的半球间水汽输送起着重要的作用(王会军和薛峰 2003)。因此,春季马斯克林高压和澳大利亚高压对东亚夏季风降水的预测具有重要价值。

对于马斯克林高压和澳大利亚高压的变化考察中,我们发现这两个高压系统的变化主要受控于 AAO 的异常。因此,我们得出结论:AAO 是除 ENSO 之外另一个能够影响东亚夏季风降水年际变化的强信号。这个结论在后续的研究中得到进一步的证实。

高辉等(2003)、Xue 等(2004)和 Sun 等(2009)的研究指出,春季 AAO 异常与我国东部夏季降水异常有密切的联系(图 2.17)。当春季 AAO 偏强时,我国江淮流域夏季降水偏多、梅雨出梅偏晚、梅雨期偏长。

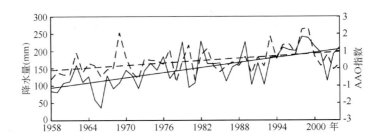

图 2.17 春季 AAO 指数(实线)与我国长江流域夏季降水指数(虚线)的变化曲线
图中直线表示两个指数的线性趋势(左纵轴对应降水量;右纵轴对应 AAO 指数)(引自 Sun 等 2009)

那么,位于南半球中高纬度的春季 AAO 如何对北半球副热带地区东亚夏季风产生显著的滞后影响呢?在系统分析 AAO 相关环流及其季节演变的基础上,Sun 等(2009)给出了一种物理解释。前期春季 AAO 异常可以在对流层高低层激发出显著的经向遥相关波列(图2.18)。这些遥相关波列在对流层低层热带东印度洋地区形成异常偏西风、在热带西太平洋地区形成异常偏东风;在对流层高层则形成辐散形环流。这样低层辐合、高层辐散,加强了海洋性大陆地区的对流活动。从春到夏,随着季节的循环海洋性大陆地区对流异常向北移动,从而与西太平洋副热带高压相互作用,促使西太平洋副热带高压西伸、南压,最终造成我国长江流域夏季降水的异常。

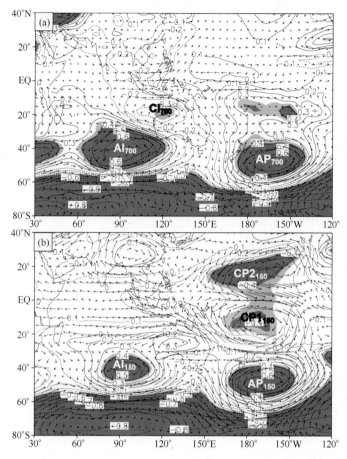

图 2.18　1958—2004 年春季 AAO 指数与同期(a)700 hPa 和(b)150 hPa 位势高度场的相关系数(曲线),图中矢量场为强弱 AAO 年合成的春季风场。深(浅)阴影区表示相关系数达到 0.05(0.10)显著性的区域。图中"A(C)"表示异常反气旋(气旋);"I(P)"表示印度洋(太平洋);"150(700)"表示150 hPa(700 hPa)(引自 Sun 等 2009)

　　AAO 对东亚夏季降水的影响不但表现在器测资料上反映清楚,在历史重建资料中这种关系也有着明确的反映(Wang 和 Fan 2005)。由图 2.19 可以看到,从 1736—1998 年,AAO 指数与我国华北地区的夏季降水表现出显著的负相关关系,在 200 多年的时间里,两者的相关系数可以达到－0.22。在我国,华北地区的夏季降水经常与长江流域呈现出反位相变化的特征,这样 AAO 与我国东部降水的关系在长江流域为正相关,而在华北地区为负相关。该研究的意义十分突出,在空间尺度上它将 AAO 对东亚夏季降水的影响研究扩展到了我国华北地区,在时间尺度上它将 AAO 对东亚夏季气候的影响拓展到了百年以上。这进一步证明了 AAO 在东亚夏季气候变异中的重要作用。

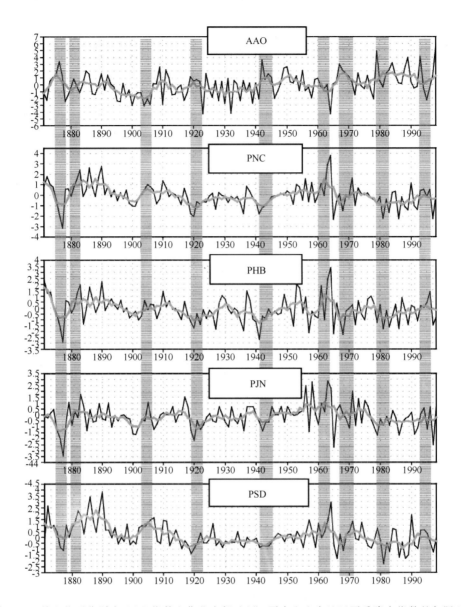

图 2.19　从上往下分别为 AAO 指数和华北中部、河北、晋南和山东地区夏季降水指数的年际（细线条）和 5 年平均（粗线条）。图中灰色柱子表示极端高低数值所在时段（引自 Wang 和 Fan 2005）

　　AAO 主要反映的是南半球中高纬大气低层的变化，虽然 AAO 具有准正压结构，但对流层上层的大气变化还是有许多不同的特征（王会军和范可 2006）。在对 150 hPa 纬向风场作 EOF 分析后，我们发现南半球对流层上层中纬和高纬之间纬向平均风之间存在正负反位相变化的涛动关系（ISH）（图 2.20）。

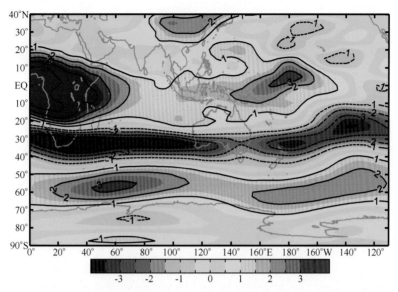

图 2.20 夏季 150 hPa 纬向风的经验正交函数分解的特征向量，解释方差为 29%

（引自王会军和范可 2006）

ISH 的变化与东亚夏季风之间存在密切联系，这一点从 ISH 和东亚夏季风指数的变化图上得到很好体现（图 2.21）。可以看到无论在年代际还是年际尺度上，这两个指数序列的反相关都很明显。扣除线性趋势前后的数值分别为 -0.78 和 -0.40，这些相关均超过了 0.01 的显著性水平。

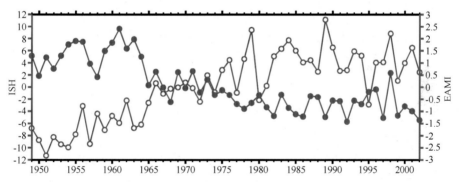

图 2.21　夏季 JJA 平均的 ISH（圆圈点线）和东亚夏季风指数（实心点线）的时间序列

（引自王会军和范可 2006）

与 ISH 的正位相对应，在对流层高层，南半球高纬度纬向西风加强、中纬度纬向西风减弱；在热带为正异常的纬向西风，如图中箭头所指，该正异常纬向西风一直可以延伸到南亚季风区和东亚季风区，从而减弱亚洲季风环流的高空支（图 2.22）。此外，ISH 的变化还与北半球欧亚大陆区的纬向异常遥相关波列有关，这个遥相关波列同样会减弱对流层上层的东亚夏季风环流。

在对流层低层，南半球纬向风环流异常与高层相似，但是异常幅度有所减弱（图 2.23）。不同于高层 ISH 通过印度洋上空的环流影响东亚夏季风，在低层 ISH 影响东亚夏季风的关键区在热带太平洋，在 ISH 正位相年份热带太平洋为异常西风，这就有利于减弱西太平洋副热带高压，从而最终减弱东亚夏季风环流。

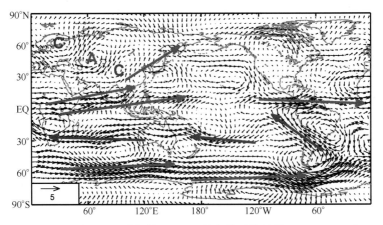

图 2.22　夏季 ISH 强弱年份 100 hPa 风场的平均差异(1971—2000 年)
单位为 m·s⁻¹(引自王会军和范可 2006)

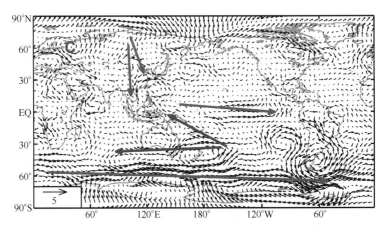

图 2.23　显示的对流层低层 850 hPa 的变化同样说明了东亚夏季风环流在 ISH 正位相的年份减弱的
事实,在东亚季风区,异常的风场由北向南,形成减弱夏季风低层环流的形势。同图 2.22,但为
850 hPa 风场的平均差异(引自王会军和范可 2006)

3. 夏季索马里和澳大利亚越赤道气流的变换及其对亚洲季风的意义

由上面分析可以看到,在南半球系统影响北半球气候的过程中,越赤道气流起着重要的作用。这里,进一步探讨越赤道气流本身变化对亚洲夏季风的贡献。在气候态上,索马里低空越赤道气流(LLS CEFs)为亚洲夏季风带来大部分的水汽。夏季,LLS CEFs 输送的水汽源于南印度洋,经过阿拉伯海、印度半岛、孟加拉湾、中南半岛,部分到达东亚地区(图 2.24)。澳大利亚北部的越赤道气流(LLA CEFs)是东亚夏季风的另一个重要水汽来源,它们输送的水汽起源于南太平洋的澳大利亚高压,在西太平洋地区越过赤道,部分到达东亚地区。

(1)时间变化和垂直结构

用区域平均(10°N—10°S, 35°—65°E;10°N—10°S, 100°—140°E)的经向风分别来表示索马里和澳大利亚北部 CEFs 的强度(图 2.25)。两者均在 925 hPa 层次南风最强,150 hPa 层次北风最强。20 世纪 70 年代末期以后 LLS CEFs 变强,90 年代末以后变弱,这两次变化可能与中国东部夏季降水分布型在 20 世纪 70 年代末和 90 年代末的两次年代际变化有密切联系。

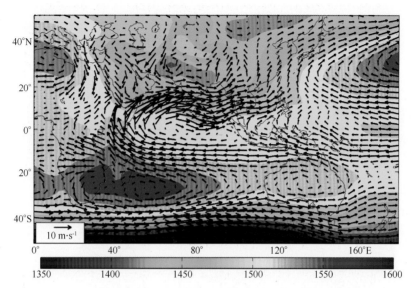

图 2.24　1980—1999 年夏季 850 hPa 气候态风场(箭头)和位势高度(单位:gpm)
(引自 Zhu 2012)

LLA CEFs 的强度也发生了类似的变化。尽管气候态上 LLA CEFs 比 LLS CEFs 的强度小得多,但前者的年际变率却更强,其原始年际序列的标准差分别为 0.59 和 0.35,而其年际分量序列(通过 9 年高通滤波获得)的标准差则分别为 0.45 和 0.22。

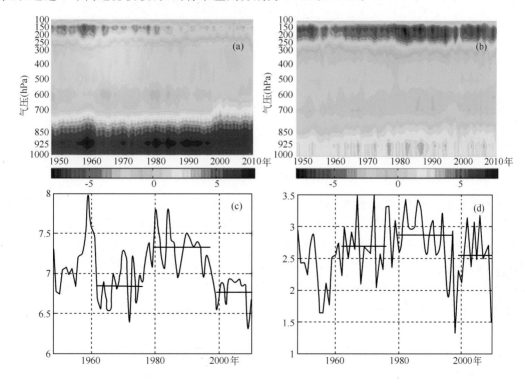

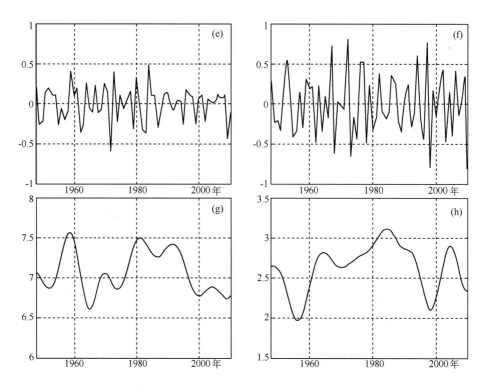

图 2.25 (a)10°N—10°S, 35°—65°E;(b)10°N—10°S, 100°—140°E 区域平均的经向风;(c)原始 LLS 和(d)LLA CEFs 序列;(e)9 年高通滤波后的 LLS 和(f)LLA CEFs 序列;(g)9 年低通滤波后的 LLS 和(h)LLA CEFs 序列(引自 Zhu 2012)

(2)对亚洲夏季降水的意义

与印度降水的联系

与印度各区域降水的相关显示,LLS CEFs 与印度大部分地区,尤其是季风区的降水显著联系,而与印度东北、西北部和印度半岛的降水没有显著相关。LLA CEFs 除与印度半岛的降水联系显著外,与印度其他地区的降水关系不显著。它与水汽场的相关关系揭示了一致的特征。

与东亚降水的联系

通过比较 1979—2010 年间夏季 LLS/LLA CEFs 与中国 160 站降水的相关图(图 2.26),发现不管对原始资料还是只保留了年际信号(经过 9 年高通滤波)的资料,LLA CEFs 与中国降水的联系均比 LLS CEFs 强。黄河—长江中游之间地区的降水与 LLA CEFs 显著相关,而与 LLS CEFs 显著相关的区域很小且分布零散,这个特征对于其单纯的年际分量来说更为突出(图 2.26(c),(d))。所以尽管气候态上 LLS CEFs 为中国夏季降水带来更多的水汽,但是在年际尺度上 LLA CEFs 与中国夏季降水的联系更密切,这一点需要引起特别的重视。对于年代际和更长时间尺度分量来说,二者与中国降水的相关呈现出相似的分布特征:长江以北为正相关,以南为负相关。

水汽通量场上,LLA CEFs 较强的年份,热带印度洋和印太交汇区出现大范围异常,其西南和西北部地区分别为西风和东风距平,分别对应水汽含量正异常和负异常。强 LLA CEFs

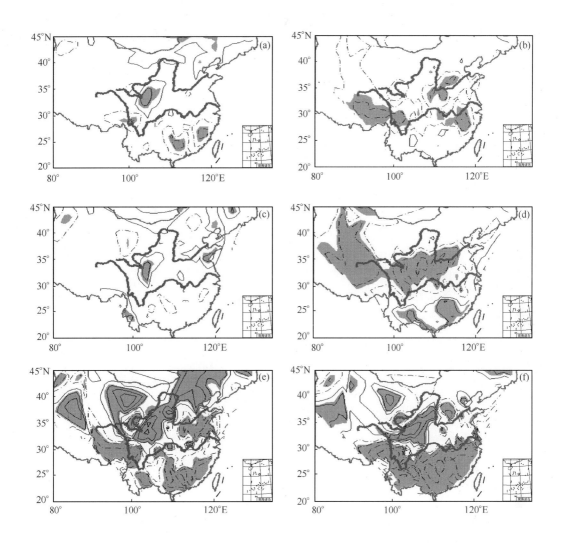

图 2.26　LLS/LLA CEFs 与中国 160 站降水的相关图

(a)，(b)原始资料；(c)，(d)年际分量；(e)(f)年代际和更长时间尺度分量。

阴影区代表相关系数通过 95％信度的学生-t 检验(引自 Zhu 2012)

年份，澳大利亚大部分地区、其北部的海洋性大陆地区、以及东部的南太平洋部分地区水汽含量为负异常，而热带太平洋大部分地区为正异常。另外，在中国地区，与降水相对应，黄河和长江中游之间的地区(华南)水汽含量偏少(偏多)。

在与全球海温的联系上，LLS CEFs 与热带西印度洋、阿拉伯海、中东热带太平洋的海温负相关。LLA CEFs 与局地海温(印太交汇区和澳大利亚东部的副热带太平洋)显著负相关，与中东太平洋海温正相关，显示其与 ENSO 具有显著联系。年际尺度上的春、夏季 LLA CEFs 存在显著相关，1979—2010 年间的相关系数为 0.4。这个季节持续特征是由于其相联系的海温距平从春到夏的持续性。与夏季 LLA CEFs 相联系的澳大利亚北部和东部的海温异常在春季出现，然后随赤道辐合带的季节进程向北扩展并加强(Sun 等 2009)。而春季 LLA CEFs 与中国夏季降水的相关和夏季同期的相关呈现类似的分布型，因此春季 LLA CEFs 及其相联系的海温距平可能为东亚夏季降水提供一些重要的预测信息。

LLS CEFs 与东亚夏季风环流的联系较弱也是可以理解的:因为 LLS CEFs 从南印度洋起源,经过阿拉伯海、印度季风区、孟加拉湾和中南半岛,最后才到达东亚地区,其沿途经过的区域都是典型的季风区,降水受到诸多不确定因素的影响,都会影响到最后输送到东亚地区的水汽情况,因此我们看到的 LLS CEFs 与东亚夏季降水在年际尺度上的联系表现较弱是合理的。

4. 热带系统的影响

谈到热带系统的影响,首先需要关注的就是全球气候系统年际变化的最强信息源 ENSO 对我国夏季降水的影响。关于这一点,我国学者已作了大量的工作,指出 ENSO 是影响我国夏季降水的一个最强外强迫源,对于我国夏季降水预测具有重要参考价值(陈烈庭 1977;符淙斌和腾星林 1988;黄荣辉和吴仪芳 1992;Wang 等 2000)。我们的工作进一步揭示了 ENSO 影响东亚夏季风一个重要事实,那就是这种影响关系的存在不稳定性,即:在有的时间段两者关系紧密,有的时段两者关系则不太明显(Wang 2002)。这给我们利用 ENSO 这个强年际信号来进行我国东部地区夏季降水的预测带来很大的复杂性,这也是在有些 ENSO 年份,我国夏季降水预测相当成功,而在有些年份预测失败的一个重要原因。

近期,我们将 ENSO 的影响从降水拓展到了对我国干湿状况的影响上(苏明峰和王会军 2006)。研究发现,ENSO 的异常对我国气候干湿变化具有显著影响。在 El Niño 年,我国大部分地区都偏干,尤其以华北地区最甚;相反我国长江以南地区和西北偏湿;长江中下游地区处于变干和湿的过渡区,干湿状况没有明显变化。在 La Niña 年,中国区域干湿的变化与 El Niño 年正好相反。在 20 世纪 80 年代以来,中国气候出现了显著的干湿年代际变化,比如,华北地区日趋变干而西北地区则越来越湿,这些变化与 El Niño 事件在近几十年更加频繁发生有着紧密的联系。

与东亚季风的关系一样,ENSO 与中国气候干湿变率之间的关系也存在不稳定性。两者的小波一致性分析显示(图 2.27),在 1951—1962 年和 1976—1991 年两个时间段两者关系密切,而在 1963—1975 年和 1992—2000 年两时段内,两者的关系较弱。

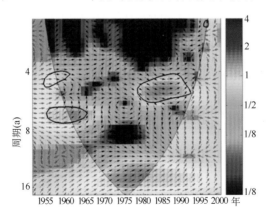

图 2.27   中国区域 PDSI 指数 EOF 第一模态时间序列和达尔文站气压指数的小波一致性分析
箭头表示相对位相关系,箭头向右表示同位相,向左表示反位相,黑色粗实线所围区表示
通过 95%信度检验(引自苏明峰和王会军 2005)

除了 ENSO 事件,还存在一个重要的气候系统,那就是纬向平均的经圈环流,即哈得来(Hadley)环流。哈得来环流是联系热带和副热带地区气候变化的重要桥梁。研究显示(Zhou和 Wang 2006),春季哈得来环流对于东亚夏季降水具有显著的滞后影响(图 2.28)。在哈得来偏强(弱)时,我国长江流域夏季降水偏多(少)。

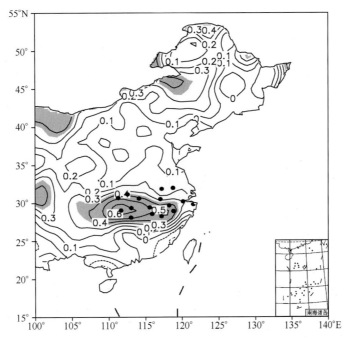

图 2.28　1970—1999 年春季 Hadley 环流与夏季中国降水的相关系数分布

阴影区为超过 0.05 显著性检验的区域。图中的点表示长江流域的站点

(引自 Zhou 和 Wang 2006)

在春季哈得来环流影响长江流域夏季降水的过程中,印度洋和南海地区海温异常从春到夏的持续性起着重要的桥梁作用。春季强的哈得来环流,可以通过海气相互作用引起北印度洋—南海地区正的海温异常。由于海温异常相较大气异常具有更长时间的持续性,因此春季哈得来环流的信息会通过这些海洋过程传播到夏季(图 2.29)。而夏季北印度洋—南海地区的海温是造成东亚地区大气环流和气候异常的重要因子,因此通过这个过程春季哈得来环流产生了对后期东亚夏季风和长江流域夏季降水产生显著影响。

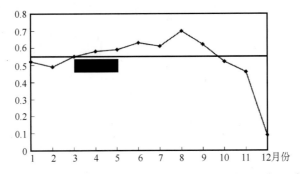

图 2.29　春季哈得来环流指数与印度洋—南海地区(90°—140°E,10°S—30°N)

逐月 SST 的相关系数(引自 Zhou 和 Wang 2006)

5. 北半球气候系统的影响

在北半球中低纬度,气候态上存在两个主要的大气活动中心,一个为北太平洋地区的高压系统和印度北部一阿拉伯半岛地区的南亚夏季风低压系统。研究显示,这两个气候系统之间存在显著的负相关关系,也即当北太平洋高压系统加强时,南亚夏季风低压系统同时加深。依据这两个气候系统中心地理位置的名称,我们将这个"跷跷板"式遥相关模态命名为阿拉伯半岛一北太平洋型遥相关(APNPO)(孙建奇等 2008)。

由于北太平洋高压和南亚夏季风低压是影响东亚夏季风和南亚夏季风的两个主要大气系统,因此 APNPO 与东亚夏和南亚夏季风的变化之间存在紧密关系(图 2.30)。众所周知,在过去的半个多世纪中,东亚夏季风发生了两次明显的年代际气候突变,分别在 20 世纪 60 年代中期和 70 年代末期,通过这两次气候突变,东亚夏季风持续减弱。和东亚夏季风变化一致,APNPO 指数也几乎在同时发生了两次明显的气候突变。在整个分析时段上,APNPO 和东亚夏季风指数之间的相关系数为 0.68,去除线性趋势后相关系数也达 0.58,均超过 0.01 显著性检验。APNPO 与南亚夏季风指数的相关系数也类似,从年代际到年际尺度上,两者的变化都非常一致,去除线性趋势前后相关系数分别为 0.58 和 0.56,都是非常显著的。

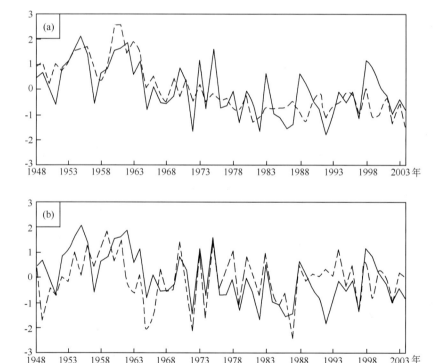

图 2.30 1948—2004 年夏季(JJAS)APNPO 指数(实线)与 EASM 指数(虚线)的变化(a)和
1948—2004 年夏季(JJAS)APNPO 指数(实线)与 SASM 指数(虚线)的变化(b)
(引自孙建奇等 2008)

除了对亚洲季风系统环流的影响外,APNPO 还显著地影响着印度洋、南海和太平洋对亚洲季风区的水汽输送。通过对环流和水汽的综合影响最终在印度半岛和我国东部地区形成较强的水汽辐合辐散(图 2.31),从而最终导致印度和我国东部地区降水的异常。

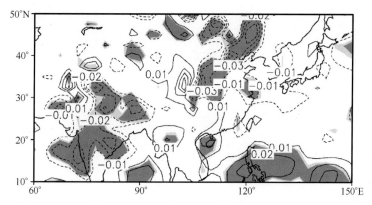

图 2.31　异常强、弱 APNPO 夏季(JJAS)合成的整层水汽输送通量散度(单位：10^{-3} kg·m^{-2}·s^{-1})
深色(浅色)区域为通过 0.05(0.10)显著性检验的区域(引自孙建奇等 2008)

　　进一步的研究还发现,春季 APNPO 的变化与亚洲夏季风的关系也是显著的,从这个意义上讲,春季 APNPO 变化的超前性对于后期亚洲夏季风降水的预测具有潜在的重要参考价值,值得进一步研究。

　　1954、1991 年和 1998 年是新中国成立以来江淮地区 3 次最强的大水年。在对这三个异常年份的大气环流和 SST 做对比分析后,我们发现海温异常在这三年中不具有较强的一致性特征,相反北半球高纬度地区的一些大气环流异常对这三个大水年的发生都有着重要的贡献(王会军,2000)。例如,这三年中,大气环流的一个共同点是亚洲北部对流层中层存在一个强的位势高度正异常区,而其南部为一负距平区,另外,东亚及夏季急流的减弱也是一个共同点;热力场的共同点是对流层中上层(300 hPa 附近)亚洲北部地区存在一大片增暖区。这样的环流形势,有利于高纬度冷空气南下,同时东亚夏季风偏弱,这样冷暖空气频繁交会于我国东部江淮流域,从而有利于大水的发生。因此,欧亚大陆地区大气环流,特别是中高纬度大气环流的异常是影响我国东部夏季降水的重要机制。

6. 我国夏季降水的年代际变化

　　在过去半个多世纪中,我国夏季降水经历了复杂的年代际变化,这一点可以从图 2.32 中清晰地看出。其中,最强也最系统化的一次年代际突变发生在 20 世纪 70 年代末,关于这次年代际突变,我们早在 2001 年就揭示出来了(Wang 2001),并且同时揭示了我国东部夏季降水南方偏多而北方偏少的特征、以及对流层中层(特别是 300 hPa 附近)大气温度不升反降的独特性(因为,北半球其他区域在对流层基本上升温的)。而且对于这次年代际突变的原因作了分析,得出结论,东亚夏季风的持续性减弱是造成我国东部夏季降水在 20 世纪 70 年代末南北反转的根本原因(图 2.33)。此后,针对东亚夏季风减弱的原因探讨成为近十多年来的一个热点课题。从大气系统内部来看,西太平洋副热带高压、欧亚西风、澳大利亚高压、AAO 等的年代际变化都对东亚夏季风的减弱有着积极的贡献(Han 和 Wang 2007)。从整个气候系统的角度来看这次年代际季风减弱,其真正的科学成因还没有得到很清楚的认识,到底是气候系统的自然变化所致还是人类活动导致的大气成分变化所致,这个问题还需要更多的探究。

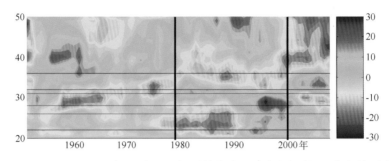

图 2.32　1951—2008 年 110°—121°E 平均的我国夏季降水时间—纬度剖面图
（图中曲线为 7 年滑动平均的结果）（引自 Zhu 等 2011）

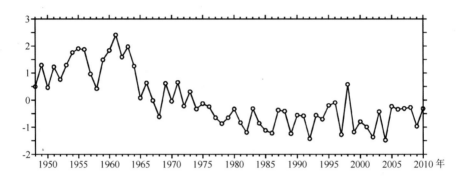

图 2.33　1948—2010 年东亚夏季风指数曲线（引自 Wang 2002），资料更新到 2010 年

从大气系统外部来看，此次东亚夏季风的年代际减弱的归因比较复杂。在气候系统年代际演变中，海洋的影响至关重要。因此，我们利用大气物理研究所的气候模式通过数值试验的方式，探讨了过去几十年海洋变化对此次东亚夏季风减弱的贡献（Han 和 Wang 2007）。多成员集合的结果显示，海洋过程的年代际变化对于这次东亚夏季风的年代际减弱的作用不明显。之后，有些研究利用其他一些气候模式作了类似的模拟试验，部分结果显示热带海洋对于东亚夏季风的这次减弱是有贡献的。不同研究结果意味着，现在气候模式中大气对海洋过程的响应还存在很强的模式依赖性，海洋影响的过程还需要做更为系统和深入的研究。

近 50 年来的气候变化，除了自然过程外，还夹杂着很强的人类活动的影响，尤其是人类活动引起的全球变暖的影响。那么，东亚夏季风在近几十年的减弱趋势是否受到全球变暖的影响呢？为此，我们分析了参加 IPCC 第三次评估报告的六个 CGCM 对 20 世纪的模拟结果，结果显示东亚夏季风年代际衰减过程与 20 世纪后期人类活动引发的全球变暖之间没有明显的联系，应该为一次自然的气候变化过程（姜大膀和王会军 2005）。模式分析结果还显示，在全球变暖进一步增强的情况下，东亚夏季风将会变得更强。后来，利用参加 IPCC 第四次评估报告更多模式的分析结果也显示，在全球变暖加剧的背景下，东亚夏季风将会增强（Chen 和 Sun 2009）。

除了 20 世纪 70 年代末的那次年代际变化，我国东部夏季降水在 2000 年左右又发生一次年代际突变（Zhu 等 2011）。不同于 70 年代末的突变，2000 年左右的突变空间尺度较小，主要集中在江淮流域，出现雨带的北推现象，也即长江流域的夏季降水由之前的偏多变为偏少，而淮河流域则相反。造成这次雨带年代际北推现象的主要大气环流因子为贝加尔湖地区的位势高度增加、西太平洋副热带高压的东撤、东亚西风急流以及南北向温度梯度的减弱(图 2.34)，其间的季风环流变化似乎不是很显著，这从图 2.33 也可以得到一定印证。

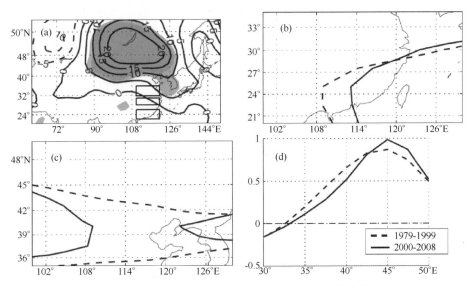

图 2.34　2000—2008 年平均值与 1979—1999 年平均值的差值

(a)500 hPa 位势高度(单位:gpm)；(b)西太平洋副热带高压(以 5860 gpm 来代表)；(c)200 hPa 西风急流(以 24 m·s⁻¹ 风速线来代表)；(d)200 hPa 气温在 110°～120°E 平均的纬向变化图。图(b)、(c)和(d)中实(虚)线表示 2000—2008(1979—1999)的平均值(引自 Zhu 等 2011)

造成 2000 年左右这次年代际突变的一个重要外强迫因子是 PDO 位相在 2000 年左右，由正位相向负位相的转变(图 2.35)。伴随着 PDO 此次年代际突变，东亚地区夏季大气环流发生变化，形成有利于雨带北推的环流背景。这些观测资料的特征，在随后的数值模拟试验中得到进一步的佐证。

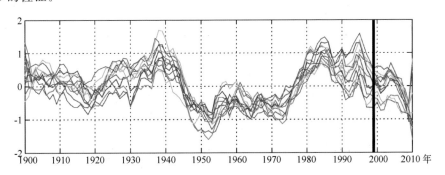

图 2.35　1900—2008 年不同月份(1—12 月分别表现为图中的 12 条曲线)PDO 指数
(引自 Zhu 等 2011)

7. 1979—2009 年期间我国黄淮—江淮流域上空水汽输送及其收支的变化

东亚夏季风对我国东部地区夏季降水有重要影响，由其主导的水汽输送是其中的重要组成部分，与东亚地区夏季降水有直接联系(Zhou，Yu 2005；Zhou，Wang 2006)。下面，进一步我们探讨一下近 30 年来东亚地区水汽变化对于我国东部地区夏季降水在 20 世纪 90 年代末这次突变的作用。关于东亚地区上空水汽输送的时空特征，前人已有诸多研究工作。一般来说,影响我国东部地区夏季水汽输送的因子主要有印度季风,与西太平洋副热带高压紧密联系的东亚季风,以及中纬度西风带。印度季风及东亚季风主要向我国东部地区输送来自低纬的暖湿空气,而中纬度西风环流则向我国输送相对干冷的空气。Ding 和 Chau(2005)发现,亚洲夏季风爆发后,来自中南半岛及中国南海上空的水汽输送对东亚降水的水汽供应有重要影响作用,同时导致东亚夏季气候型态发生改变。Zhou 和 Yu(2005)发现我国典型异常降雨的水汽来源与正常季风降雨不同。

随着东亚夏季风在 20 世纪 70 年代末的显著减弱(Wang 2001,2002),东亚地区大气环流及降水分布型都发生了显著变化。一些研究表明,20 世纪 70 年代末以后长江流域夏季降雨量的增加及我国北方夏季降雨量的减少可能与水汽输送的变化有关。因此我们猜测我国东部地区夏季降水在 2000 年的这次突变也应该与我国东部地区上空的水汽输送及其收支的变化有着重要联系,为了证明这个推测,Sun 等(2011)对近 30 年来东亚地区的水汽平均状况、输送异常以及收支变化作了系统研究。

(1)我国东部地区上空水汽输送的气候态

受夏季风影响,我国上空夏季整层水汽输送通量呈现出一个明显的由东南沿海向西北内陆递减的趋势。黄淮及江淮流域上空主要表现为西南—东北方向的水汽输送,这主要由两支水汽流汇合而成:一支来自阿拉伯海及孟加拉湾上空,绕过青藏高原或者越过中南半岛进入黄淮—江淮流域;另一支沿西太平洋副高西侧,携带西太平洋及我国南海上空的暖湿空气进入黄淮—江淮流域。此外,中纬度西风带对黄淮流域北部的水汽供应也有部分贡献。

1979—2009 年期间,黄淮流域(32.5°—37.5°N, 110.0°—122.5°E)南边界的夏季水汽入流通量平均为 $6.73×10^7\,\mathrm{kg·s^{-1}}$,北边界为 $-2.85×10^7\,\mathrm{kg·s^{-1}}$,西边界为 $3.09×10^7\,\mathrm{kg·s^{-1}}$,东边界为 $-6.06×10^7\,\mathrm{kg·s^{-1}}$,净收支为 $9.02×10^6\,\mathrm{kg·s^{-1}}$;江淮流域(27.5°—32.5°N, 110.0°—122.5°E)南边界的夏季入流通量平均为 $1.57×10^8\,\mathrm{kg·s^{-1}}$,北边界为 $-6.73×10^7\,\mathrm{kg·s^{-1}}$,西边界为 $3.45×10^7\,\mathrm{kg·s^{-1}}$,东边界为 $-6.50×10^7\,\mathrm{kg·s^{-1}}$,净收支为 $5.97×10^7\,\mathrm{kg·s^{-1}}$。黄淮流域水汽净收支远小于江淮流域,这主要由南北气候的自然差异造成,同时可能受 1979—2000 年为黄淮/江淮流域的干旱/湿润期这一事实影响。两区域上空的水汽输送均主要表现为辐合,其中江淮流域为辐合中心,表明两区域均为水汽汇区。

(2)水汽输送型的变化

Zhu 等(2011)的研究表明,黄淮流域的夏季降水在 2000—2008 年期间相比 1979—1999 年有显著增加,而长江流域的夏季降水则表现为减少,这主要由两区域上空的垂直运动及水汽输送的变异造成。Sun 等(2011)据此比较了两区域上空水汽输送在 1979—1999 年及 2000—2009 年两个不同时期的特征,发现 2000—2009 年期间我国东部地区水汽输送相比 1979—1999 年有显著不同。

图 2.36a 为 2000—2009 年夏季平均水汽输送与 1979—1999 年夏季平均水汽输送的差异场。在我国南部及南海地区上空存在气旋式的输送差异,表明在 2000—2009 年期间,西南水汽入流及向东的水汽出流均有所减弱,这可能与西太平洋副高的东移有关(Zhu 等 2011)。同时,中纬度东亚大陆上空向西的水汽输送差异也表明中纬西风带的水汽输送在 2000—2009 年期间有所减弱。可见,2000—2009 年期间,我国东部地区的水汽供应强度相比 1979—1999 年有所下降。图 2.36b 为黄淮—江淮流域上空水汽输送在以上两个时期的差异场。经向水汽输送方面,在江淮流域的南边界主要表现为向西南的水汽输送差异,表明 2000—2009 年期间从

南边界进入江淮流域的水汽有所减少;而在黄淮流域的南边界(或江淮流域北边界)则存在较小的向北输送差异,表明从南边界进入黄淮流域(或从北边界流出江淮流域)的水汽有所增加。纬向水汽输送方面,从两区域西边界进入的水汽入流及从东边界流出的水汽出流均表现为减弱。

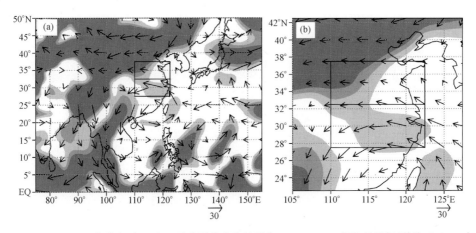

图 2.36　(a)2000—2009 年期间东亚地区夏季平均水汽输送与 1979—1999 年的差异场(单位:kg·m⁻¹·s⁻¹)深色阴影区为差异显著性超过 0.01 的区域,浅色阴影区为差异显著性超过 0.20 的区域,图中两方框分别表示黄淮流域(上)和江淮流域(下);(b)同(a),黄淮流域与江淮流域的水汽输送差异场

(引自 Sun 等 2011)

通过垂直积分整层水汽输送得到的结果表明,相比 1979—1999 年,2000—2009 年黄淮流域夏季水汽输送的收支变化为:南边界水汽入流增加 6.23×10^6 kg·s⁻¹,西边界水汽入流减少 8.66×10^6 kg·s⁻¹,东边界水汽出流减少 6.37×10^6 kg·s⁻¹,北边界水汽出流增加 8.90×10^5 kg·s⁻¹,净收支增加 3.04×10^6 kg·s⁻¹;相应的江淮流域水汽收支变化为:南边界水汽入流减少 1.34×10^7 kg·s⁻¹,西边界水汽入流减少 8.49×10^6 kg·s⁻¹,东边界水汽出流减少 2.10×10^7 kg·s⁻¹,北边界水汽出流增加 6.23×10^6 kg·s⁻¹,净收支减少 7.17×10^6 kg·s⁻¹。黄淮流域和江淮流域在 1979—1999 年的夏季平均水汽输送净收支分别为 8.08×10^6 kg·s⁻¹ 和 6.21×10^7 kg·s⁻¹。可见,2000—2009 年黄淮流域的夏季平均水汽输送净收支增长了 37.94%,而黄淮流域则下降了 11.56%,这对于黄淮—江淮流域夏季降水分布型在 20 世纪末以后的转变有重要意义。另外值得注意的是,黄淮和江淮流域西边界的水汽入流分别减少了 25.70% 和 22.80%,表明在 2000—2009 年期间我国东部地区上空纬向水汽输送显著减弱。由图 2.37 可知,黄淮流域水汽输送净收支的增加主要与其南边界水汽入流的增加有关,而江淮流域水汽输送净收支的减少主要受东亚季风及印度季风主导的西南水汽入流的减弱影响。

(3)水汽输送的时间变率

黄淮—江淮流域上空夏季平均水汽输送净收支的时间序列(图 2.37)表明其在 1979—2009 年期间发生了较为明显的年代际变化。在 1979—2009 年期间,黄淮流域上空夏季平均水汽输送净收支为 9.03×10^6 kg·s⁻¹,标准差为 1.12×10^7 kg·s⁻¹。从 20 世纪初开始呈现下降趋势,在 1995 年达到极大值 2.25×10^7 kg·s⁻¹,并于 1999 年迅速下降到 -2.49×10^7 kg·s⁻¹。20 世纪末以后,黄淮流域上空夏季平均水汽输送净收支呈现出显著增长的趋势,并于 2005 年达到极大值 2.96×10^7 kg·s⁻¹。1979—1999 年期间,黄淮流域夏季水汽净收支的平均值和标准差分别为 $8.05\times10^6\,\mathrm{kg\cdot s^{-1}}$ 和 $1.11\times10^7\,\mathrm{kg\cdot s^{-1}}$;2000—2009 年期间则分别增至 $1.11\times10^7\,\mathrm{kg\cdot s^{-1}}$ 和 $1.17\times10^7\,\mathrm{kg\cdot s^{-1}}$。

同时,江淮流域上空的夏季水汽输送净收支表现出不同的变化特征。1979—2009 年期间其平均值为 $5.97\times10^7\,\mathrm{kg\cdot s^{-1}}$,标准差为 $1.50\times10^7\,\mathrm{kg\cdot s^{-1}}$。1979—1985 年间呈现出微弱下降趋势,在 1985 年达到极小值 $3.05\times10^7\,\mathrm{kg\cdot s^{-1}}$;1985 年后,转为明显的增长趋势,并于 1998 年达到极大值 $1.09\times10^8\,\mathrm{kg\cdot s^{-1}}$;1998 年后,水汽净收支迅速减少,在 2000—2009 年期间持续保持较低水平。1979—1999 年期间,江淮流域上空夏季水汽净收支及其标准差分别为 $6.21\times10^7\,\mathrm{kg\cdot s^{-1}}$ 和 $1.68\times10^7\,\mathrm{kg\cdot s^{-1}}$;2000—2009 年期间则分别降至 $5.49\times10^7\,\mathrm{kg\cdot s^{-1}}$ 和 $9.53\times10^6\,\mathrm{kg\cdot s^{-1}}$,表明在此期间江淮流域上空夏季水汽输送收支的年际变化有所减弱。

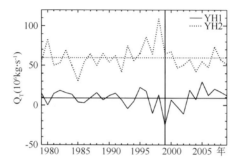

图 2.37　1979—2009 年期间黄淮流域(YH1)与江淮流域(YH2)上空夏季平均水汽输送通量净收支的时间序列,图中水平直线表示相应的 31 年平均值,垂直线表示可能的年代际变化转折点(1999 年)(引自 Sun 等 2011)

从 7 年滑动平均的标准化距平时间序列来看,黄淮与江淮流域上空的水汽收支存在反位相的年代际变化,且黄淮流域滞后于江淮流域。黄淮流域在 20 世纪 90 年代初由正位相向负位相转变,于 90 年代末达到负位相峰值,之后迅速向正位相转变,江淮流域反之。这与 Zhu 等(2011)发现的两区域的夏季降水的在 20 世纪 90 年代末发生的显著年代际转变一致。

通过黄淮—江淮流域各边界的水汽通量直接决定了两区域的水汽收支情况。黄淮流域的南边界夏季平均入流通量从 20 世纪 90 年代初开始呈现下降趋势,并于 90 年代末达到极小值,之后显著增加。1979—2000 年期间南边界入流通量平均为 $6.52\times10^7\,\mathrm{kg\cdot s^{-1}}$,2000—2009 年间平均为 $7.15\times10^7\,\mathrm{kg\cdot s^{-1}}$,增长 9.6%。类似地,西边界入流通量从 20 世纪 90 年代开始显著下降,于 90 年代末达到极小值,随后转为增长趋势。西边界平均水汽入流通量从 1979—1999 年的 $3.37\times10^7\,\mathrm{kg\cdot s^{-1}}$ 下降至 2000—2009 年的 $2.50\times10^7\,\mathrm{kg\cdot s^{-1}}$,下降 25.7%。北边界水汽出流通量前后变化不大,前后两时期均值分别为 $2.82\times10^7\,\mathrm{kg\cdot s^{-1}}$ 和 $2.91\times10^7\,\mathrm{kg\cdot s^{-1}}$。东边界出流通量在 20 世纪 90 年代呈现出减少的趋势,随后转为增长的趋势,其平均值由 1979—1999 年的 $6.27\times10^7\,\mathrm{kg\cdot s^{-1}}$ 下降到 2000—2009 年的 $5.63\times10^7\,\mathrm{kg\cdot s^{-1}}$,下降 10.2%。西边界的入流通量与东边界的出流通量均在 90 年代末由减少转为增长趋势,这表明虽然 2000—2009 年我国东部地区上空纬向水汽输送的平均值小于 1979—1999 年,但其变化趋势是在 20 世纪 90 年代末由减弱转为增长的。

江淮流域南边界的水汽入流通量从 20 世纪 80 年代中期呈现出增长趋势,于 90 年代末转为下降,1979—1999 年间平均值为 $1.62\times10^8\,\mathrm{kg\cdot s^{-1}}$,2000—2009 年间平均值为 $1.48\times10^8\,\mathrm{kg\cdot s^{-1}}$,下降 8.3%。其西边界水汽入流与黄淮流域相似,在 20 世纪 90 年代显著下降,在 21

世纪初转为增长趋势,其均值由 1979—1999 年的 $3.72 \times 10^7 \, \mathrm{kg \cdot s^{-1}}$ 下降至 2000—2009 年的 $2.88 \times 10^7 \, \mathrm{kg \cdot s^{-1}}$,下降 22.8%。北边界的水汽出流在 20 世纪 90 年代末由减少趋势转为增长趋势,其均值由 1979—1999 年的 $6.52 \times 10^7 \, \mathrm{kg \cdot s^{-1}}$ 增至 $7.15 \times 10^7 \, \mathrm{kg \cdot s^{-1}}$,增长 9.7%。东边界的水汽出流在 20 世纪 90 年代即呈现出显著的减少趋势,并持续至 21 世纪初,其均值由 1979—1999 年的 $7.17 \times 10^7 \, \mathrm{kg \cdot s^{-1}}$ 降至 $5.08 \times 10^7 \, \mathrm{kg \cdot s^{-1}}$,下降 29.2%。

　　黄淮—江淮流域夏季水汽输送的净收支的时间序列与各个边界的水汽通量有着不同的相关性,表明通过不同边界的水汽输送对于净收支有着不同的影响与贡献。在 1979—2009 年期间,黄淮、江淮流域夏季水汽净收支与各自南边界的水汽入流通量的相关系数分别为 0.77 和 0.75,均超过与其他边界的相关性,且显著性均超过 0.01,可见南边界的水汽入流对两区域上空水汽收支的影响作用是极为重要的。黄淮流域西边界的水汽入流、东边界的水汽出流与其净收支的相关系数分别为 0.43 和 0.45,显著性均超过 0.05;江淮流域西边界的水汽入流、东边界的水汽出流与其净收支的相关系数分别为 0.50 和 0.67,显著性均超过 0.05。可见,纬向水汽输送的增强对于净收支的增加也有着重要意义。相比之下,两区域各自北边界的水汽出流与其净收支的相关性相对较小,显著性较差。此外,经过 7 年滑动平均后,上述时间序列间仍然存在类似的显著相关,表明不论在年际尺度还是在年代际尺度上,通过各边界的水汽输送对于黄淮—江淮流域的水汽收支具有同样重要的意义。

　　上述研究结果显示,我国东部地区夏季降水分布型在 20 世纪 90 年代末的这一转变,在水汽输送方面也得到了充分体现。黄淮流域上空夏季水汽输送的净收支在 20 世纪 90 年代末由减少趋势转为增长趋势,2000—2009 年期间其平均值相比 1979—1999 年增长 37.8%;而江淮流域则相反,其水汽净收支在 20 世纪 90 年代末由增长趋势转为减少趋势,2000—2009 年期间其平均值相比 1979—1999 年下降 11.6%。这对于 21 世纪初黄淮流域夏季降水的增加、江淮流域夏季降水的减少有重要意义。通过各个边界的水汽入流(出流)对于两区域上空的水汽收支有重要作用,尤其是南边界的水汽入流通量。我国东部地区上空夏季水汽输送在 20 世纪 90 年代末以后的转变,与东亚夏季风的变异密不可分,同时也受西风带纬向水汽输送减弱的一定影响。

2.2.2　春季降水

　　春季降水虽然从量值上比夏季小很多,但是春季正值我国春耕的关键时刻,因此降水多寡的影响十分重大。在系统研究了我国春季降水及主要大尺度环流系统的气候特征的基础上,我们提出了华南春季风的概念(Wang 等 2002),因为东亚大气环流在春季和在夏季或者是冬季都显著不同,同时还具有独特的一些性质。从雨带的季节循环以及各月降水的关系分析可以发现,华南春季风一般发生在 4 月和 5 月。而且,降水雨带主要来自于北太平洋副热带雨带的西伸,这一点与我国夏季降水具有很大不同,夏季降水的主要雨带来自于热带雨带的北移。因此,春季风期间和夏季风期间我国东部降水的水汽来源情况也大有不同。

　　在环流场上,华南春季风系统与东亚冬、夏季风系统也具有明显不同。冬季,我国东部盛行西北风、夏季盛行西南风,而春季环流系统则介于两者之间。主要的环流系统为西太平洋副热带高压西侧的东南风气流。因此,从气候态来看,对于华南春季风而言,影响它的主要系统为西太平洋副热带高压的变化。

　　影响华南春季风年际变异的环流因子,相对于东亚冬夏季风而言要简单一些,主要系统为北太平洋地区的气压异常以及此相伴随的西风急流的变化,从空间分布来看比较类似于西太平洋型遥相关。在海温因子上,影响华南春季风的主要海区位于太平洋,为典型的PDO和ENSO模态。

近期,一个新的遥相关模态被揭示,那就是亚洲—太平洋型遥相关(Zhao等 2007)。这个遥相关模态主要表征了亚洲和北太平洋区域对流层高层大尺度温度场反位相的变化特征。在此遥相关的影响下,东亚地区地层会出现显著异常气旋/反气旋性环流,从而加强/减弱向我国江淮流域的西南风,最终导致该地春季降水的变化(Zhou and Zhao 2010)。

参考文献

陈烈庭. 1977. 东太平洋赤道地区海水温度异常对热带大气环流及我国汛期降水的影响. 大气科学,2(1): 1-12.

范可,王会军. 2006. 南极涛动的年际变化及其对东亚冬春季气候的影响. 中国科学 D 辑(地球科学), 36(4):385-391.

符淙斌,滕星林. 1998. ENSO与中国夏季气候的关系. 大气科学,特刊:133-141.

高辉,薛峰,王会军. 2003. 南极涛动年际变化对江淮梅雨的影响及预报意义. 科学通报,48(S2):87-92.

龚道溢,王绍武. 2003.近百年北极涛动对中国冬季气候的影响. 地理学报,58(4):559-568.

郭其蕴. 1983. 东亚夏季风强度指数及其变化的分析. 地理学报,38(3):207-216.

黄荣辉,吴仪芳. 1992. 关于 ENSO 循环动力学的研究. 海洋环流研讨会论文集. 北京:海洋出版社. 41-51.

姜大膀,王会军. 2005. 20世纪后期东亚夏季风年代际减弱的自然属性. 科学通报,50(20):2256-2262.

施能,鲁建军,朱乾根. 1996. 东亚冬、夏季风100年强度指数及其气候变化. 南京气象学院学报,19(2): 168-177.

苏明峰,王会军. 2006. 中国气候干湿变率与ENSO的关系及其稳定性. 中国科学 D 辑(地球科学),36(10): 951-958.

孙建奇,王会军. 2006. 东北夏季气温变异的区域差异及其与大气环流和海表温度的关系. 地球物理学报, 49(3):662-671.

孙建奇,袁薇,高玉中. 2008. 阿拉伯半岛-北太平洋型遥相关及其与亚洲夏季风的关系. 中国科学 D 辑(地球科学),38(6):750-762.

孙建奇,王会军,袁薇. 2011. 我国极端高温事件的年代际变化及与大气环流的联系. 气候与环境研究, 16(2):199-208.

王会军,姜大膀. 2004. 一个新的东亚冬季风强度指数及其强弱变化之大气环流场差异. 第四纪研究, 24(1):19-27.

王会军,范可. 2006. 南半球对流层上层纬向风与东亚夏季风环流. 科学通报,51(13):1595-1600.

王会军,薛峰. 2003. 索马里急流的年际变化及其对半球间水汽输送和东亚夏季降水的影响. 地球物理学报, 46(1):18-25.

王会军. 2000. 关于我国几个大水年大气环流特征的几点思考. 应用气象学报,11(增刊):79-86.

王会军. 2003a. 2002 年亚洲北部的超强暖冬事件及其超常大气环流. 科学通报,48(7):734-736.

王会军. 2003b. 2003 与 2002:大幅度冬季温度异常反转事件及其异常大气环流. 科学通报,48(S2):1-4.

武炳义,黄荣辉. 1999. 冬季北大西洋涛动极端异常变化与东亚冬季风. 大气科学,23(6):641-651.

薛峰,王会军,何金海. 2003. 马斯克林高压和澳大利亚高压的年际变化及其对东亚夏季风降水的影响. 科学通报,48(3):287-291.

曾庆存,张邦林. 1998. 大气环流的季节变化和季风. 大气科学,22(6):805-813.

张庆云,陶诗言,陈烈庭. 2003. 东亚夏季风指数的年际变化与东亚大气环流. 气象学报,61(4):559-568.

Chen H P, Sun J Q. 2009. How the "Best" Models Project the Future Precipitation Change in China. *Advances in Atmospheric Sciences*, **26**(4): 773-782, doi: 10.1007/s00376-009-8211-7.

Ding Y H, Chan J C L. 2005. The East Asian summer monsoon: an overview. *Meteorology and Atmospheric Physics*, **89**: 117-142, doi: 10.1007/s00703-005-0125-z.

Fan K, Wang H J. 2007. Dust Storms in North China in 2002: A Case Study of the Low Frequency Oscillation. *Advances in Atmospheric Sciences*, **24**(1): 15-23.

Han J P, Wang H J. 2007. Interdecadal variability of the East Asian summer monsoon in an AGCM. *Advances in Atmospheric Sciences*, **24**(5): 808-818.

Sun B, Zhu Y L, Wang H J. 2011. The recent interdecadal and interannual variation of water vapor transport over eastern China. *Advances in Atmospheric Sciences*, **28**(5): 1039-1048.

Sun J Q, Wang H J, Yuan W. 2008. Decadal variations of the relationship between the summer North Atlantic Oscillation and middle East Asian air temperature. *Journal of Geophysical Research*, **113**: D15107, doi:10.1029/2007JD009626.

Sun J Q, Wang H J, Yuan W. 2009. A possible mechanism for the co-variability of the boreal spring Antarctic Oscillation and the Yangtze River valley summer rainfall. *International Journal of Climatology*, **29**: 1276-1284, doi:10.1002/joc.1773.

Wang H J, Fan K. 2005. Central-north China precipitation as reconstructed from the Qing dynasty: Signal of the Antarctic Atmospheric Oscillation. *Geophysical Research Letters*, **32**: L24705, doi: 10.1029/2005GL024562.

Wang H J, Matsuno T, Kurihara Y. 2000. Ensemble Hindcast Experiments for the Flood Period over China in 1998 by Use of the CCSR/NIES Atmospheric General Circulation Model. *Journal of the Meteorological Society of Japan*, **78**(4): 357-365.

Wang H J, Xue F, Zhou G Q. 2002. The spring monsoon in South China and its relationship to large-scale circulation features. *Advances in Atmospheric Sciences*, **19**(4): 651-664.

Wang H J. 2000. The interannual variability of the East Asian monsoon and its relationship with SST in a coupled atmosphere-ocean-land climate model. *Advances in Atmospheric Sciences*, **17**(1): 31-47.

Wang H J. 2001. The Weakening of the Asian Monsoon Circulation after the end of 1970's. *Advances in Atmospheric Sciences*, **18**(3): 376-386.

Wang H J. 2002. The instability of the East Asian summer monsoon ENSO relations. *Advances in Atmospheric Sciences*, **19**(1): 1-11.

Wang H J. 2005. The Circum-Pacific Teleconnection Pattern in Meridional Wind in the High Troposphere. *Advances in Atmospheric Sciences*, **22**(3): 463-466.

Wu A, Ni Y. 1997. The influence of Tibetan Plateau on the interannual variability of Asian monsoon. *Advances in Atmospheric Sciences*, **14**(4): 391-504.

Yuan W, Sun J Q. 2009. Enhancement of the Summer North Atlantic Oscillation Influence on Northern Hemisphere Air Temperature. *Advances in Atmospheric Sciences*, **26**(6): 1209-1214, doi: 10.1007/s00376-009-8148-x.

Zhao P, Zhu Y N, Zhang R H. 2007. An Asian-Pacific teleconnection in summer tropospheric temperature and associated Asian climate variability. *Climate Dynamics*, **29**: 293-303.

Zhou B T, Wang H J. 2006. Relationship between the boreal spring Hadley circulation and the summer precipitation in the Yangtze River Valley. *Journal of Geophysical Research*, **111**: D16109, doi: 10.1029/2005JD0070006.

Zhou B T, Zhao P. 2010. Influence of the Asian-Pacific oscillation on spring precipitation over central eastern

China. *Advances in Atmospheric Sciences*，**27**(3)：575-582，doi：10.1007/s00376-009-9058-7.

Zhou T J，Yu R C. 2005. Atmospheric water vapor transport associated with typical anomalous summer rainfall patterns in China. *Journal of Geophysical Research*，**110**：D08104，doi：10.1029/2004JD005413.

Zhu Y L，Wang H J，Zhou W，*et al*. 2011. Recent changes in the summer precipitation pattern in East China and the background circulation. *Climate Dynamics*，**36**(7-8)：1463-1473，doi：10.1007/s00382-010-0852-9.

Zhu Y L. 2012. Variations of the summer Somali and Australia cross-equatorial flows and the implications for the Asian summer monsoon. *Advances in Atmospheric Sciences*，in press.

第3章 影响我国沙尘和台风活动气候变动的主要过程和因子

3.1 影响我国春季沙尘天气的物理过程

沙尘天气是出现在我国北方冬、春季节主要的天气现象。北方又以西北地区为最多,多发区主要分布在两大区域:以和田和民丰为中心的南疆盆地及其附近地区以及以甘肃河西走廊(民勤)为中心的河西走廊、阿拉善高地至腾格里沙漠地区,另外华北地区和青海柴达木盆地也是两个沙尘暴相对多发区。气象上根据沙尘天气出现时能见度和风力大小上将沙尘天气定义为扬沙、浮尘和沙尘暴。浮尘是指尘土、细沙均匀地浮游在空中,使水平能见度小于 10 km 的天气现象;扬沙是指风力较大,将地面尘沙吹起,使空气相当浑浊,水平能见度在 1~10 km 的天气现象;沙尘暴是指强风把地面大量沙尘卷入空中,使空气特别浑浊,水平能见度低于 1 km 的天气现象,强沙尘暴是水平能见度小于 500 m 的天气现象。

我国的沙尘天气是受到多种气候要素及地理条件综合影响的结果。沙尘暴产生的天气条件有大风;不稳定的大气层结状况;丰富的沙尘源。同时冷空气的活动能激发冷锋、气旋及中尺度系统生成。大气环流提供沙尘天气发生的气候条件。

我国大部分沙尘天气出现在春季,一半以上以 4 月份出现最多。西北西部大部分地区5—6 月最多,西北的东部经华北到东北西部及东北北部 4 月出现最多,东北中部和北部最多为 5 月,青藏高原东部 2—3 月最多。秦岭、淮河以南沙尘发生次数少,沙尘发生的关键因素是当地的下垫面条件和长期的气候环境。大风和湿度是影响沙尘天气形成主要气候因子(翟盘茂和李晓燕 2003)。沙尘天气多的季节大风也多,而相对湿度则小,沙尘天气较少的冬季,地表温度低,大气层结稳定,对流活动弱,不利于沙尘天气形成。

我国沙尘天气发生的日数和次数的年际和年代际变化是受到全球范围内大气环流异常和气候系统异常影响。沙尘天气发生频次(DWF)在 20 世纪 70 年代中后期出现年代际的变化,表现为 70 年代中后期以前沙尘频次较多,之后显著减少(Fan 和 Wang 2004;康杜娟和王会军2005)。沙尘天气频次的年代际变化与全球大气环流系统年代际变化是密切联系的,如东亚季风环流在 20 世纪 70 年代末的年代际减弱(Wang 2001),相应的气象要素温度和降水、风速、湿度等也发生了年代际明显的变化,而这些因素都对沙尘天气的发生、发展有直接的影响。

康杜娟和王会军(2005)重点研究与我国沙尘气候的年代际变化相应的冬、春季气候和大气环流异常特征。冬、春季的大气环流和气温、降水在我国北方沙尘活动频繁年代(1956—1970)和稀少年代(1985—1999)都有显著差别,它们是造成沙尘频次年代际变化的直接原因。造成沙尘频次稀少年代的大气环流形势和气候特征是 AO 处于正位相,对应冬季极涡异常加深、北半球西风增强、东亚极锋锋区位置偏北、东亚大槽偏弱;西伯利亚高压北部及中心强度变弱,阿留申低压减弱;东亚季风强度变弱,中国的冷空气势力减弱,冬、春季大风天气变少(图3.1)。同时北方大部地区冬季温度增加,西北和内蒙古的沙源地区春季降水明显增多。他们还揭示了前冬的西风指数、AO 指数及冬季东亚季风指数是影响我国北方的沙尘活动频次的年际变化的因子。当 AO 强,北半球西风加强,东亚冬季风弱,造成我国北方地区的冷空气减弱,沙尘发生的动力条件减弱,冷锋和气旋及大风天气减少,就不利于我国北方沙尘天气发生。

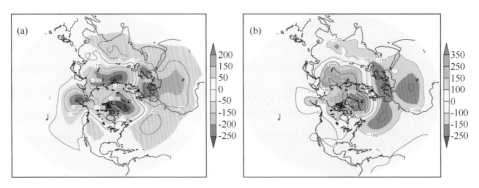

图 3.1 沙尘频繁年代(1956—1970)(a)和沙尘稀少年代(1985—1999)冬季海平面气压距平合成分布(b)
(引自康杜娟和王会军 2005)

事实上,我国北方沙尘天气的发生频次的年际和年代际变化不仅与东亚局地大气环流有关,它还和全球的大气环流,特别是南北半球中高纬的气候变率模态有关。范可和王会军(2006)进一步分析了与我国北方沙尘频次的年际变化相关的冬、春季的全球大气环流。在冬季,有利于沙尘天气的发生的大气环流形势是东亚地区的中高纬呈现经向环流,欧亚地区高空西风显著减弱,极地的冷空气活跃南下,同时,西伯利亚冷高压加强和阿留申低压加深,造成东亚沿岸气压梯度加强和冬季风加强。东亚强冬季风环流形势使冬季气温偏低。冬季气温较低,冻土层变厚,春季回暖后,沙土层增厚为沙尘天气发生的提供丰富的物质条件(Qian 等2002;张莉和任国玉 2003)。与此同时,南半球中高纬呈现 AAO 的负位相,南半球高纬位势高度增加和中纬度位势高度降低(图 3.2a)。春季从华北、日本到北太平洋中部的对流层高层西风急流加强,将有利于高空动量的下传、造成低空蒙古气旋加强和地面锋生和沙尘的频繁发生。值得注意的是,对应沙尘频次多年,AAO 在冬、春季节都呈现负位相(图 3.2a)。

AAO 与我国春季沙尘频次以及 AAO 与东亚冬春气候的关系,在此之前,还没有被揭示和研究。冬、春季节 AAO 在年际尺度和年代际尺度上与我国北方沙尘频次关系如何,冬春季两半球的大气环流联系过程是什么? 为什么 AAO 在春季与我国北方沙尘相关关系较 AO 更为显著? 冬季的 AAO 能否作为沙尘发生的一个气候预测信号? 基于以上问题,Fan 和 Wang(2004)开展了研究,他们发现在 1954—2001 年期间,冬、春季的 AAO 与我国北方沙尘频次在年际和年代际变化上的确具有显著的反相关关系(图 3.3)。冬、春季 AAO 异常强(正位相),我国北方沙尘频次减少;冬、春季 AAO 弱(负位相),我国北方沙尘频次增多;反之。在 20 世纪 70 年代中后期,冬、春季 AAO 从正位相转变负位相,北方沙尘频次也由多向少转变。冬、春季 AAO 通过两半球的经向大气遥相关和平均经圈环流影东亚冬春气候及沙尘频次(范可和王会军 2006;2007)。他们发现当冬季 AAO 的正异常时,在对流层中高层从南半球高纬到欧亚地区的纬向风异常分布表现为正、负、正相间的经向大气遥相关。通过这两半球的经向遥相关,冬季 ΛΛO 的异常使得欧亚西风加强,从而阻挡极地冷空气南下侵入东亚,东亚冷空气

图 3.2　北京站多沙尘频次年减少沙尘频次年的环流形势

(a)冬季 500 hPa 的高度差异场(单位:gpm);(b)春季 200 hPa 的全风速差异场(单位:m·s^{-1})

(引自范可和王会军 2006)

减弱,大风天气减少,进而减弱我国北方沙尘发生的动力条件。同时冬季气温的偏高,不利于冻土层增厚,春季回暖后的沙尘层相应减少,沙尘发生的物质条件随之减弱。春季,两半球的经向遥相关,使得东亚高空急流减弱抑制高空动量的下传和抑制低层蒙古气旋发生和发展。Fan 和 Wang(2004)还注意到在春季,太平洋高空上经向风表现环状的大气遥相关,它表明春季 AAO 异常可能通过赤道西太平洋对流影响东亚沿岸环流及北太平洋环流(东亚大槽和阿留申低压等),进而影响沙尘发生的气候条件。太平洋区域大气遥相关是春季 AAO 与沙尘频次密切联系的另一个可能的途径。

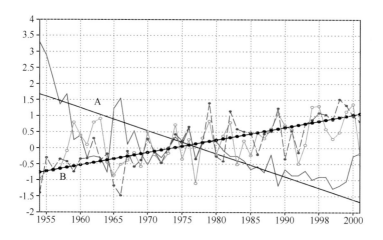

图 3.3 1954—2001 标准化曲线,北京站沙尘频次(红色),冬季 AAO(蓝色),春季 AAO(粉红),
A(沙尘),B(春季 AAO)的线性趋势(引自 Fan 和 Wang 2004)

为了进一步验证 AAO 与我国北方沙尘频次、冬春气候联系的物理过程存在,范可和王会军(2007)开展了 AAO 异常对冬春季北半球大气环流异常的数值实验,数值实验结果再现了冬、春 AAO 异常两半球纬向风异常呈现的经向遥相关,通过经向遥相关,南半球中高纬的西风加强,欧亚西风减弱,东亚冷空气活动减弱,冬、春气温增暖,数值实验结果印证了资料分析结果。进一步研究发现 AAO 与我国沙尘的频次的显著的反相关关系不仅反映在年际、年代际时间尺度上,在特定年份的低频尺度也是存在的。在沙尘事件的多发年,在低频尺度上,南半球的绕极低压强度的变化与阿留申低压强度的变化呈现相反变化,表现南半球绕极低压减弱,阿留申低压加强,蒙古气旋加深,东亚地区大风加强,春季沙尘事件频繁发生(范可和王会军 2006)。因此,AAO 异常与我国北方的沙尘频次及冬春气候在年际、年代际、低频尺度有密切联系,这是一个新现象,其意义在于加深两半球中高纬大气环流在冬春季节的联系过程,并揭示出冬季 AAO 是影响和预测我国北方春季沙尘气候形势的一个重要因子。Lang(2008,2011)将冬春季 AAO,欧亚西风,南方涛动等发展了高效的统计及统计—动力结合的我国北方沙尘频次的预测模型,在多年回报及实际业务预测中均显示了较好的预测性能。

Gong 等 (2007)研究显示了北太平洋区域环流是影响我国沙尘频次的一个关键的系统。他们发现东亚春季沙尘暴发生天数年际变化与春季太平洋北美型的大气遥相关存在着显著的正相关关系,二者显著的正相关关系不受 ENSO 的影响。东亚急流有可能是二者的一个联系纽带。

有学者研究表明 ENSO 通过影响东亚冬季风强度而影响我国沙尘天气发生。尚可政等(1995)研究发现甘肃河西走廊的沙尘暴发生次数与前两年的赤道中、东太平洋海温的负相关最好;张仁健等(2002)认为 2000—2002 年处于反 El Niño 事件的高峰期,东亚冬季风强,中国北方沙尘频繁发生。

3.2 影响西太平洋台风活动气候变异的主要物理过程和预测因子

西北太平洋是全世界台风活动最活跃的区域,也是在全世界范围内唯一全年都有台风活动的海域。台风的本质是出现在热带海洋面上天气尺度的有组织的对流系统。有利于台风形成的若干动力和热力的环境条件是:(1)低空辐合:能启动和诱导高温高湿的空气产生扰动,使气流辐合上升;(2)地转偏向力作用:能使辐合气流逐渐形成为强大的逆时针旋转的水平涡旋;(3)弱的纬向风垂直切变:可以使凝结潜热不向外扩散,保持台风的暖心结构和台风中心气压继续降低;(4)海面温度和暖水层厚度:超过 26.5℃海面温度是台风形成的临界温度;(5)对流不稳定;(6)对流层中层相对湿度高;(7)高空辐散场。台风形成的内部的物理机制主要与积云对流造成的凝结潜热释放过程有关。积云对流提供驱动大尺度扰动所需的热能,大尺度扰动又产生发生积云对流所需的湿空气辐合。

西太平洋台风活动的高频期是夏季和秋季,这与西太平洋海域海表面温度高于 26.5℃及西北太平洋季风槽出现有关。西北太平洋季风槽区是西南季风与东南信风的汇合区,具有典型的低层正涡度气旋式环流,高层负涡度反气旋式环流特征,且垂直风切变的零值区经过季风槽区位置,使这一区域集中了暖湿空气释放的能量。因此,西北太平洋季风槽是影响台风活动一个重要的系统,它的强度、位置决定台风生成频次多少及位置分布。研究表明季风槽强,台风生成数多且位置偏东,季风槽弱时,台风生成数少且位置偏西。西太平洋夏季风、西太平洋暖池、ENSO 主要通过季风槽影响台风活动。西太平洋夏季风不但通过季风槽活动影响台风生成的年际变化,而且通过季风的季节内振荡影响台风的生成.

ENSO 和 QBO 是影响台风活动年际变化的两个主要因子。很多研究表明赤道东太平洋海温异常可以通过影响太平洋低纬地区的纬圈环流、赤道辐合带、海温等、对流、风切变幅度进而影响西太平洋台风的活动频次、强度、位置(潘怡航 1982;Chan 1985;李崇银 1985;董克勤和钟铨 1989;Chia 和 Ropelewski 2002;Camargo 和 Soble 2005)。Chan(1985)揭示了西太平洋台风数和前一年南方涛动指数具有相同的 3~3.5 a 变化周期,二者具有显著的正相关关系,即前一年南方涛动指数减弱(ENSO 正位相),下一年台风数减少。在 El Niño 当年,150°E 以东台风较正常偏多。Chan(2000)细致分析了对应 ENSO 正位相和负位相发生的前一年、当年及后一年期间热带气旋不同活动的特征。比如,El Niño 前一年,日本东南部热带气旋数较正常偏少。La Niña 前一年,菲律宾东部热带气旋偏多。在 La Niña 年,菲律宾以东的热带气旋数少,南海热带气旋数多;在 La Niña 年的下一年,整个西太平洋热带气旋是数偏多。Chen 等(1998)研究表明,ENSO 正常位相使得西太平洋季风槽位置偏南和偏东,热带气旋容易在较低的纬度和较东的位置生成。Wang 和 Chan(2002)研究发现热带气旋平均生命周期在 ENSO正常位相年(7 d)较 La Niña 年(4 d)更长。ENSO 位相的异常影响热带气旋的路径,如 El Niño 年,热带气旋 7—9 月的路径更多偏北,10—11 月偏西。

El Niño 和 La Niña 的异常主要通过 Walker 环流等与 ENSO 异常相关的大尺度环流影响热带气旋的热力和动力环境,进而改变台风活动。在 El Niño 成熟期间,赤道中东太平洋维持较强的西风异常并与信风作用,加强气旋性切变导致西太平洋季风槽位置偏南和东移,造成更多热带气旋生成在西太平洋东南部分。西移登陆的热带气旋,因移动路径较长,它们的生命周期也较长。与此同时,西太平洋副高减弱,热带气旋容易转向。在 La Niña 年发展期,由于热带西太平洋日界线附近是东风异常,因此气旋性切变减弱,季风槽偏北,西太平洋副高偏强,因此,热带气旋在西太平洋的西北区域。由于热带气旋登陆路径短,热带气旋的生命周期也短。ENSO 对台风活动的影响有重要的作用,但由于 ENSO 发生不同时期和强弱都对西太平洋台风活动产生不同的影响。二者关系却很复杂。在业务预测中,ENSO 指数仍是西太平洋热带气旋活动的季节气候预测的一个重要指标(Chan 2000;陈兴芳和赵振国 1999)。

此外,Gray(1984)和 Chan(1995)发现当平流层低层纬向风处于西风位相时,热带西太平洋区域 850 hPa 和 200 hPa 纬向风垂直切变减弱,有利于西太平洋台风活动增加。

中高纬的大气环流对台风活动影响也很重要,中高纬与热带大气遥相关以及太平洋区域海气相互作用是影响台风活动年际变化的一个重要的物理过程(王会军和范可 2007;Fan 2007)。

3.2.1 南极涛动与台风频次的年际变化

在早期,我国气象学家就已经注意南半球中低纬大气环流对西太平洋台风活动有密切的关系(李宪之 1956;陶诗言等 1962;何诗秀等 1986;丁一汇等 1977),他们认为当南半球低纬是经向环流,澳洲有冷空气爆发,南半球的越赤道气流加强,导致赤道辐合带加强,西太平洋容易生成台风。然而,南半球中高纬大气环流与台风关系如何却不清楚。近几年来的研究发现,AAO 通过影响南半球副热带高压及越赤道气流、海洋大陆对流,西太平洋热带对流等进而影响东亚夏季气候(Xue 等 2004;王会军和薛峰 2003;Wang 和 Fan 2005;范可 2006;Sun 等 2009)。Thompson 和 Lorenz(2004)研究也发现 AAO 和 AO 都和另外一个半球的副热带和热带大气相联系。这些研究都表明 AAO 和热带大气环流存在密切联系。由此提出问题:AAO 和台风活动在年际变化上是否有联系呢?联系过程是什么?王会军和范可将 AAO 指数定义为纬向平均的标准化海平面气压在 40°S 和 60°S 的差,并扣除了数据中的线性趋势(王会军和范可 2007),发现 6—9 月 AAO 和西北太平洋台风生成频次的确具有显著的反相关关系(1949—1998 年期间年际变化的相关系数为 -0.48)。产生这种相互关系的原因:当 AAO 处于正位相时,热带气旋活动区域的纬向风切变幅度变大,海温降低,对流层低层有异常反气旋式环流,对流层高层有异常气旋式环流存在,从而抑制热带气旋活动区对流活动的发展,这些变化是不利于台风的生成和发展的原因。而 AAO 处于负位相时,西太平洋热力和动力条件则有利于台风的生成和发展。研究中发现从南半球中高纬到赤道西太平洋区的大气遥相关波列可能是联系 AAO 和台风活动的一个关键纽带,AAO 的异常通过这个大气遥相关波列与赤道西太平洋区对流活动异常联系,赤道西太平洋对流的异常激发准定常行星波(称为东亚波列,或者太平洋—日本波列)的传播,进而影响台风活动(图 3.4)。AAO 并非是通常认为具有纬向对称性特征的环状模,范可研究揭示 AAO 在 6—9 月具有纬向不对称性,这种纬向不对称性受 ENSO 的影响(Fan 2007)。随后发现 AAO 的纬向不对称与北大西洋飓风生成频次的年际变化有显著关联。6—10 月西半球的 AAO 与北大西洋飓风频次具有显著的相关关系,在 1871—1998 年(127 年)二者相关系数是 0.36,1949—1998 年是 0.42,去除 ENSO 影响外,二者仍存在显著的相关关系(Fan 2009)。

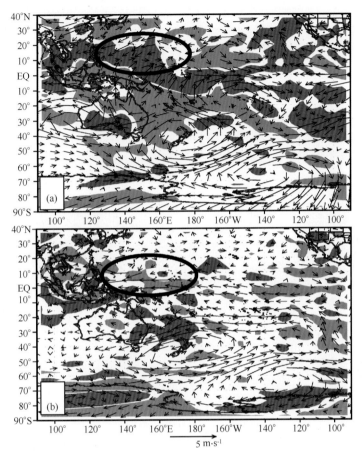

图 3.4　关于标准化 JJAS AAO 的 150 hPa(a)和 850 hPa（b）的组合差值分布

AAO 大于 0.5 的年份组合为正异常组合，AAO 小于 −0.5 的年份组合为负异常组合，并扣除了 ENSO 年份(10 个 El Niño 年和 10 个 La Niña 年)。阴影区为散度绝对值大于 2×10^{-7} s^{-1} 的区域(引自王会军和范可 2007)。

3.2.2　北太平洋涛动与台风及飓风频次的年际变化

北太平洋涛动(NPO)是北太平洋大气年际变化的主要模态,反映的是北太平洋区域海平面气压在高纬和低纬之间的翘翘板式变化特征,用两个点(65°N，170°E)和(25°N，165°E)之间的气压差的标准化值表示(王会军等 2007)。NPO 强对应阿留申低压和北太平洋高压减弱;当 NPO 弱,两个气压系统加强。他们研究发现 6—9 月 NPO 指数和台风/飓风频次存在显著高相关,在 1949—1998 年期间和西太平洋台风频次相关系数是 0.37,和热带大西洋飓风频次的相关系数为 −0.28。NPO 还与上述两个区域热带风暴频次的相关系数分别是 −0.20 和 0.23,但相关的程度要弱于台风和飓风。是什么原因导致 NPO 变化与台风、飓风生成频次出现反相的关系？纬向风的垂直切变幅度对热带气旋生成和发展是非常重要的一个环境参量,我们将其定义为 150 hPa 和 850 hPa 之间纬向风垂直切变的绝对值,若纬向风垂直切变幅度小将有利于台风飓风发生和发展,反之则不利于台风飓风的发生。NPO 指数与纬向风垂直切变的相关分布很清楚呈现大气遥相关分布型,一个位于在北太平洋和热带西太平洋之间,另一个位于在北太平洋和热带大西洋之间,即 NPO 强,热带太平洋纬向风垂直切变减弱而热带大西洋纬向风垂直切变加强,这两个遥相关型把 NPO 的变化和西太平洋台风和飓风的动力条件变化联系起来(图 3.5)。此外,海温是热带气旋的生成和发展的热力条件。当 NPO 处于正位相时热带太平洋(热带大西洋)倾向于有正(负)的海温距平,将有(不)利于台风(飓风)生成和发展。另一个联系 NPO 与台风和飓风频次的途径是东亚急流变化。当北太平洋增加时,在 150 hPa 上 20°—40°N 区,西风急流在太平洋地区加强及在热带大西洋减弱,造成纬向风切变幅度分别在热带太平洋减弱及热带大西洋加强,则有利于(不利于)台风(飓风)生成。海气耦合模式数值试验进一步验证了 NPO 与纬向风垂直切变及 NPO 与海温相关分布。

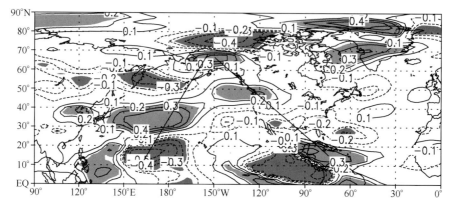

图 3.5　1949—1998 年 6—9 月 NPO 和 MWS 在太平洋—大西洋区域的相关系数的空间分布
阴影区为 t 检验信度超过 95% 的区域(引自王会军等 2007)

3.2.3　北太平洋海冰与西北太平洋台风频次的关系

既然 NPO(6—9 月)与西北太平洋台风生成频次有密切关联,NPO 变化是否受到冬、春季海冰外强迫因子的影响?若存在这样的物理过程,则冬、春季的北太平洋海冰将是西北太平洋台风频次的一个新的预测因子。太平洋海冰主要覆盖在白令海和鄂霍次克海区域,因此将北太平洋海冰指数选取 53.5°—66.5°N, 158.5°E—159.5°W, 和 44.5°—59.5°N, 140.5°—155.5°E 两个区域海冰面积之和来表示(范可 2007)。冬季和春季北太平洋海冰面积指数与西北太平洋台风活动频次在 1965—2004 年中有显著的反相关关系,相关系数分别为 −0.42 和 −0.49,表示冬、春季北太平洋海冰面积越大,西北太平洋台风生成频次减少。冬、春季的北太平洋海冰是如何影响台风频次?我们对北太平洋海冰异常年份作组合分析(正异常−负异常),并排除 ENSO 事件发生对台风活动的影响。研究表明春季北太平洋海冰正(负)异常,对应着负(正)位相的 NPO 模态,由此证实北太平洋冬、春季北太平洋海冰的确与冬、春季的 NPO 相联系,有可能是除 ENSO 外西太平洋台风频次的新预测因子。与冬春季北太平洋海冰正异常对应的台风活动主要时期(6—10 月),出现热带西太平洋季风槽减弱,纬向风的垂直切变幅度增大,澳大利亚的越赤道急流减弱,以上大气环流变异都不利于台风的生成。冬、春季节的北太平洋海冰异常如何持续影响到 6—10 月台风生成条件?其中的可能的物理过程冬、春季北太平洋海冰异常通过 NPO 或北太平洋区域从高纬到热带的大气遥相关(如图 3.6 中直线所示),影响热带太平洋环流,热带环流异常能够持续到台风活动的盛期(6—10 月),进而影响台风生成。同时,春季正(负)的北太平洋海冰面积指数异常对应着赤道太平洋 140°E 以东的海温负(正)异常,由于该区域海温的季节持续性,抑制(加强)了 6—10 月 140°E 以东赤道太平洋的对流发展,导致了西北太平洋台风生成频次减少(增加)。

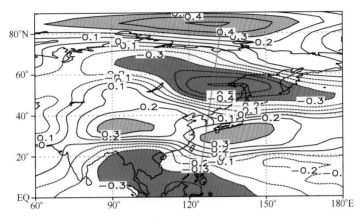

图 3.6　格点(65°N,170°E)海平面气压与 200 hPa 春季纬向风的相关系数分布场

(引自范可 2007)

3.2.4　亚洲—太平洋涛动与西北太平洋热带气旋频数的关系

亚洲—太平洋涛动反映的是热带外亚洲和太平洋区域上空大气环流的一种遥相关特征(Zhao 等 2007)。夏季 500～200 hPa 垂直积分的瞬变温度(T')的气候状态图表现出的基本特征为:欧亚大陆上空为正值(正值中心为 4℃,位于青藏高原),北太平洋上空为负值(负值中心为 −4℃,位于北太平洋中东部),呈现一种跷跷板式的结构。周波涛等(2008)采用这两个区域平均的瞬变温度差定义亚洲—太平洋涛动强度指数(T'(60°—120°E,15°—50°N)−T'(180°—120°W,15°—50°N))。他们研究发现夏季亚洲—太平洋涛动强弱的年际变化与西北太平洋热带气旋频数多寡之间具有显著的同期正相关关系,夏季亚洲—太平洋涛动偏强(弱)时,西北太平洋热带气旋偏多(少)。并且二者在年代际尺度变化上也具有联系,20 世纪 70 年代中期之前,亚洲—太平洋涛动位于正位相阶段而热带气旋发生频率相对较高时期,70 年代中期亚洲—太平洋涛动位于负位相阶段,热带气旋发生频率相对较低时期(图 3.7)。

亚洲—太平洋涛动变异可导致西北太平洋区域主要大气环流系统出现异常是亚洲—太平洋涛动与西北太平洋热带气旋频数相联系的原因。当亚洲—太平洋涛动处于正位相时,西太平洋副热带高压减弱,位置偏东偏北;西北太平洋地区高层大气异常辐散,低层大气异常辐合;纬向风垂直切变减弱。这些变化均为西北太平洋热带气旋的形成提供了有利的大气环流条件,因此,西北太平洋热带气旋频数偏多,反之亦然。此外,亚洲—太平洋涛动变异还可以导致 NPO 出现异常,这也可能是亚洲—太平洋涛动与西北太平洋热带气旋生成频次相联系的一种途径。

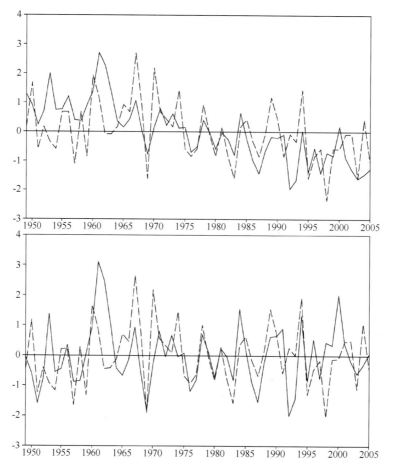

图 3.7　滤去趋势前(a)后(b),夏季亚洲—太平洋涛动强度指数(实线)和西北太平洋
热带气旋频数(虚线)的标准化时间序列(引自周波涛等,2008)

3.2.5　春季的哈得来环流与西北太平洋热带气旋频次关系

哈得来环流是连接热带到中高纬度热量、动量和水汽输送一个重要的纬向平均经圈环流。周波涛等(2008;2009)研究从观测资料和数值试验发现在年际变化的时间尺度上,春季的哈得来环流与6—9月的西北太平洋热带气旋频次有显著的反向变化关系,并给出春季哈得来环流影响西太平洋热带气旋数的基本物理过程。他们发现春季哈得来环流异常可以影响春季到夏季印度洋和南海的海温异常,该区域海气相互作用主要是大气对海洋的强迫,哈得来环流的异常信息能从春季保留到夏季就是在海温这种缓变介质的辅助下得以完成(图3.8)。具体物理过程如下:春季哈得来环流正异常通过海气耦合作用导致印度洋—南海 SST 偏暖,由于海洋对于其温度异常信息的长时间记忆特性,正的 SST 异常从春季持续到夏季,进而导致西北太平洋地区纬向风垂直切变加大,低层大气异常辐散且高层大气异常辐合,西太平洋副高偏南,东亚夏季风减弱,不利于西北太平洋热带气旋发生发展,西北太平洋热带气旋频数减少。

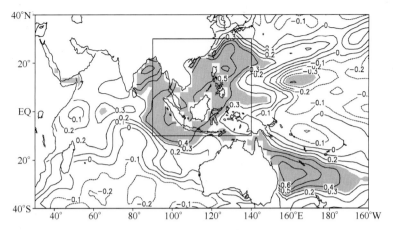

图 3.8　春季哈得来环流指数与夏季 SST 的相关分布

阴影区表示通过 95％信度(引自 Zhou 和 Cui 2008)

3.2.6　澳大利亚东侧海温与西北太平洋热带气旋生成频数关系

南半球 SST 变化对西太平洋热带气旋生成频数也有影响,研究显示春季澳大利亚东侧 SST 与 6—10 月西北太平洋热带气旋频数之间具有显著的反位相变化关系(图 3.9),由于澳大利亚东侧 SST 从春季到夏季有很好的季节持续性,因此澳大利亚东侧 SST 是预测西北太

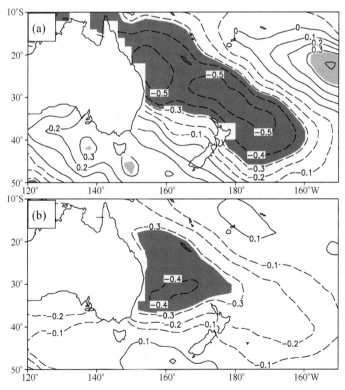

图 3.9　6—10 月 WNPTCF 与春季(a)和同期(b)SST 的相关

阴影区表示通过 95％信度(引自周波涛和崔绚 2010)

平洋热带气旋生成频数的一个预测信号(周波涛和崔绚 2010)。当澳大利亚东侧春季 SST 异常偏高时,大气异常下沉从而抑制对流活动;纬向风垂直切变加大,不利于西北太平洋热带气旋的生成和发展,反之亦然。

3.2.7　西太平洋台风活动的年代际变化及影响因素

Chan 和 Shi(1996)分析 1959—1994 年热带气旋数和台风数的变化,表明西太平洋热带气旋生成数 20 世纪 60 年代较多,70 年代末—80 年代末减少,90 年代增加,之后减少。陈兴芳和晁淑懿(1997)年表现为 70 年代前期以前台风数增多、台风偏强趋势;70 年代中期以后则相反,为台风数减少台风偏弱趋势。80 年代末台风数再次转为增多趋势,但强度的气候趋势没有发生变化。台风登陆数的气候变化情况与生成数的变化趋势基本一致,只是气候突变的时间比生成数要早 1~2 年。他们分析表明,台风活动的气候振动和气候突变现象与北半球大气环流,特别是西太平洋副高的强度和南北位置的气候变化有着一定的相关关系。台风活动加强时期也是副高弱且位置偏北的气候时期;反之,台风活动减弱的时期是副高加强且位置偏南的气候时期。台风活动的气候振动和气候突变现象与西风漂流区和赤道东太平洋冷水区 SST 的气候变化相关较好。

Ho 等(2004)分析 1951—2001 年西太平洋台风路径年代际变化。有两段年代际变化时期,第一段是 ID1(1951—1979)和第二段是 ID2(1980—2001),ID2 时期通过东海和菲律宾海域台风减少,通过南海台风数增加,这与西太平洋副热带高压西扩,菲律宾 850 hPa 的相对涡度减少和纬向风垂直切变增大有关。

参考文献

陈兴芳,赵振国. 1999.中国汛期降水预测研究及应用.北京:气象出版社.

陈兴芳,晁淑懿. 1997. 台风活动的气候突变. 热带气象学报,**13**(2):97-104.

丁一汇,范惠君,薛秋芳,等. 1977. 热带辐合区中多台风同时发展的初步研究. 大气科学,**2**(1):89-98 .

董克勤,钟铨. 1989. 赤道东太平洋海温与南海热带风暴频数的相关关系. 热带气象学报,**5**(3):345-350.

范可,王会军. 2006. 北京的沙尘频次的年际变化及其全球环流背景分析. 地球物理学报,**49**(4):1006-1014.

范可,王会军. 2006. 南极涛动的年际变化及其对东亚冬春季气候的影响.中国科学(D),**36**(4):385-391.

范可,王会军. 2007. 南极涛动异常及其对冬春季北半球大气环流影响的数值模拟试验.地球物理学报,**50**(2):397-403.

范可. 2006. 南半球环流异常与长江中下游旱涝的关系.地球物理学报,**49**(3):672-679.

范可. 2007. 北太平洋海冰,一个西北太平洋台风生成频次的预测因子? 中国科学(D 辑),**37**(6):851-856.

范可. 2007. 西太平洋台风活动频次的新预测因子和新的预测模型研究.中国科学(D 辑),**37**(9):1260-1266.

何诗秀,张宝严,傅秀琴. 1986. 西北太平洋盛夏台风频数与大尺度环流条件的关系.热带气象,**2**(3):251-256.

康杜娟,王会军. 2005. 中国北方沙尘暴气候形势的年代际变化.中国科学(D),**35**(11):1096-1102.

李崇银. 1985. 厄尔尼诺与西太平洋台风活动.科学通报,**30**:1087-1089.

李宪之. 1956. 台风生成的综合学说.气象学报,**27**(2):87-89.

潘怡航. 1982. 赤道东太平洋的热力状况对西太平洋台风发生频率的影响.气象学报,**40**(1):25-33.

尚可政,孙黎辉,王式功,等. 1995.甘肃河西走廊沙尘暴与赤道中、东太平洋海温之间的遥相关分析.中国沙漠，**15**(1)：19-30.

陶诗言，徐淑英，郭其蕴. 1962. 夏季东亚热带和副热带地区经向和纬向环流型的特征. 气象学报，**32**(1)：91-103.

王会军，范可. 2007. 西太平洋台风生成频次与南极涛动的关系. 科学通报，**51**(24)：2910-2914.

王会军，孙建奇，范可. 2007. 北太平洋涛动与台风和飓风频次的关系研究. 中国科学（D 辑），**37**(7)：966-973.

王会军，薛峰. 2003. 索马里急流的年际变化及其对半球间水汽输送和东亚夏季降水的影响. 地球物理学报，**46**(1)：18-25.

翟盘茂，李晓燕. 2003. 中国北方沙尘天气的气候条件. 地理学报，**58**(增刊)：125-131.

张莉，任国玉. 2003. 中国北方沙尘频数演变及其气候成因分析. 气象学报，**61**(6)：744-750.

张仁健，韩志伟，王明星，等. 2002. 中国沙尘暴天气的新特征及成因分析. 第四纪研究，**22**(4)：374-380.

周波涛，崔绚，赵平. 2008. 亚洲-太平洋涛动与西北太平洋热带气旋频数的关系. 中国科学 D 辑：地球科学，**38**(1)：118 - 123.

周波涛，崔绚. 2009. 春季 Hadley 环流异常对夏季西北太平洋热带气旋频数影响的数值模拟试验. 地球物理学报，**52**(12)：2958-2963.

周波涛，崔绚. 2010. 澳大利亚东侧海温：西北太平洋热带气旋生成频数的预测信号. 科学通报，**55**(31)：3053-3059.

Camargo S J，Sobel A H. 2005. Western North Pacific tropical cyclone intensity and ENSO. *Journal of Climate*，**18**(15)：2996-3006.

Chan J C L，Shi J. 1996. Long-term trends and interannual variability in tropical cyclone activity over the western North Pacific. *Geophysical Research Letters*，**23**(20)：2765-2767，doi：10.1029/96GL02637.

Chan J C L. 1985. Tropical cyclone activity in the North West Pacific in relation to the ElNiño/ Southern Oscillation phenomenon. *Monthly Weather Review*，**113**(4)：599-606.

Chan J C L. 1995. Tropical cyclone activity in the western North Pacific in relation to the stratospheric quasi-biennial oscillation. *Monthly Weather Review*，**123**：2567-2571.

Chan J C L. 2000. Tropical cyclone activity over the western North Pacific associated with El Niño and La Niña events. *Journal of Climate*，**13**：2960-2972.

Chen T，Weng S P，Yamazaki N，*et al*. 1998. Interannual variation in the tropical cyclone formation over the western North Pacific. *Monthly Weather Review*，**126**：1080-1090.

Chia H H，Ropelewski C F. 2002. The interannual variability in the genesis location of tropical cyclones in the Northwest Pacific. *Journal of Climate*，**15**(20)：2934-2944.

Fan K，Wang H J. 2004. Antarctic oscillation and the dust weather frequency in North China. *Geophysical Research Letters*，**31**：L10201，doi：10.1029/2004GL019465.

Fan K. 2007. Zonal asymmetry of the Antarctic Oscillation. *Geophysical Research Letters*，**34**，L02706.

Fan K. 2009. Linkage between the Atlantic Tropical Hurricane Frequency and the Antarctic Oscillation in the Western Hemisphere. *Atmospheric and Oceanic Science Letters*，**2**(3)：159-164.

Gong D Y，Mao R，Shi P J，*et al*. 2007. Correlation between east Asian dust storm frequency and PNA. *Geophysical Research Letters*，**34**：L14710，doi：10.1029/2007GL029944.

Gray W M. 1984. Atlantic seasonal hurricane frequency. Part I：El Niño and 30 mb quasi-biennial oscillation influences. *Monthly Weather Review*，**112**：1649-1668.

Ho C H，Baik J J，Kim J H，*et al*. 2004. Interdecadal changes in summertime typhoon tracks. *Journal of Climate*，**17**：1767-1776.

Lang X M. 2008. Prediction model for spring dust weather frequency in North China. *Science in China Series*

D(Eearth Sciences)，**51**(5)：709-720.

Lang X M. 2011. Seasonal prediction of spring dust weather frequency in Beijing. *Acta Meteorologica Sinica*，**25**(5)：682-690.

Qian W H，Quan L S，Shao S Y. 2002. Variations of the dust storm in China and its climate control. *Journal of Climate*，**15**：1216-1229.

Sun J Q，Wang H J，Yuan W. 2009. A possible mechanism for the co-variability of the boreal spring Antarctic Oscillation and the Yangtze River valley summer rainfall. *International Journal of Climatology*，**29**：1276-1284，doi：10. 1002/joc. 1773.

Thompson D W J，Lorenz D J. 2004. The signature of the annular modes in the tropical troposphere. *Journal of Climate*，**17**(22)：4330-4342.

Wang B，Chan J C L. 2002. How does ENSO regulate tropical storm activity over the western North Pacific? *Journal of Climate*，**15**：1643-1658.

Wang H J，Fan K. 2005. Central-north China precipitation as reconstructed from the Qing dynasty：Signal of the Antarctic Atmospheric Oscillation. *Geophysical Research Letters*，**32**：L24705，doi：10. 1029/2005GL024562.

Wang H J. 2001. The Weakening of the Asian Monsoon Circulation after the End of 1970's. *Advances in Atmospheric Sciences*，**18**(3)：376-386.

Xue F，Wang H J，He J H. 2004. Interannual variability of Mascarene high and Australian high and their influences on East Asian summer monsoon. *Journal of the Meteorological Society of Japan*，**82**(4)：1173-1186.

Zhao P，Zhu Y N，Zhang R H. 2007. An Asian-Pacific teleconnection in summer tropospheric temperature and associated Asian climate variability. *Climatic Dynamics*，**29**：293-303.

Zhou B T，Cui X. 2008. Hadley circulation signal in the tropical cyclone frequency over the western North Pacific. *Journal of Geophysical Research*，**113**：D16107，doi：10. 1029/2007JD009156.

第4章 基于"两步法"的我国季节性气候预测研究

4.1 "两步法"数值气候预测及其发展历史和现状

随着我们对于东亚气候变异过程和规律不断深入和全面的科学认知,用基于这些科学认知的统计方法预测短期气候变化的水平不断提高。但是统计预测方法也存在局限性,特别是对于极端气候灾害等小概率事件的预测能力非常有限,于是动力学预测方法是非常重要的,将两者结合起来是未来短期气候预测的最有效方法。

短期气候预测(季度到年际)方法的研究,尤其是数值模式(即动力学)的预测方法及其在实际预测业务中的应用,是世界气候研究计划(WCRP)及其子计划"热带海洋和全球大气研究计划(TOGA)"、"全球能量和水循环试验(GEWEX)",以及"国际气候变率及其可预测性计划(CLIVAR)"等的核心科学目标之一。随着 TOGA 取得成功和国际气候变率及其可预测性计划的深入开展,中国做出了积极的响应,在开展动力学气候预测工作,尤其是跨季度(而非月或季)预测方面,是世界上最早的国家,迄今尚是世界上最成功的国家之一。

20 世纪 90 年代初,ENSO 被认为是热带和中纬度气候变化具有不同程度可预测性的主要原因,这种可预测性能够在多大程度上转化为实际预测能力取决于气候模式对平均气候态及气候季节—年际变异的模拟能力。由于海气耦合模式对观测的平均气候态以及热带海洋和大气的异常状况存在相当大的模拟偏差,曾庆存等(1990)以及 Bengtsson 等(1993)提出了"两步法"预测思想,即,先利用耦合模式或者统计模式得到全球的 SST 距平演变,而后将其提供给 AGCM 来预测大气环流各有关变量的异常趋势。利用"两步法"进行季度和年度气候预测所依据的物理基础是,大气中存在低频变化,而热带地区的大气低频变化可能主要是由缓变的边界条件强迫出来的。缓慢变化的边界强迫异常,尤其是海温异常以及陆地表面,对大气运动具有显著影响,使其具有潜在可预报性。由此可见,SST 强迫场的预测准确度,在很大程度上决定着 AGCM 的预测能力。虽然"两步法"相对"一步法"而言缺少了一些耦合反馈过程(如海气耦合、陆气耦合等),特别是在海气耦合剧烈的区域,但该方法易于实现,并且因为相对而言可以更好地模拟到平均气候态以及热带海洋和大气的异常状况,能够更好地捕捉到遥相关,因而具有一定的预测优势。

早在 1989 年,IAP 气候预测研究小组就在深入探讨了海洋和大气相互作用的基础上,首次利用自行研制的 OGCM 和 AGCM,通过"两步法",对我国汛期旱涝趋势进行了数值气候预测试验并取得了成功(曾庆存等 1990)。从 20 世纪 80 年代开始,我国科学家开始了 AGCM 和 OGCM 的研究工作,不断推动我国短期气候预测技术水平及业务能力。随着预测系统的不断发展和完善,数值预测的研究取得了令人鼓舞的成果。

IAP 利用垂直方向两层分辨率的 AGCM 和稍高分辨率热带太平洋环流模式建立了主要

用于年际气候变率模拟和预测的 IAP 热带太平洋和全球大气耦合环流模式,并针对两个模式的特点,设计了一个有效的同步耦合方案,实现了两个环流模式的耦合,建立了 IAP ENSO 预测系统(周广庆等 1998)。该系统是一个动力海洋模式和动力大气模式的结合,覆盖区域为 $30°S—30°N$,$121°E—69°W$,在东西边界有真实的海岸线。海洋模式的水平分辨率为 $1°×2°$,垂直分层有 14 层,层次在 60 m 以内和 60～240 m 的分辨率分别为 20 m 和 30 m。大气模式的水平分辨率为 $4°×5°$,垂直分层为两层,顶层在 200 hPa。对起报于 11 月份的 1981—1997 年回报试验的评估结果表明,该预报系统对赤道中东太平洋地区 SST 距平的预报技巧(预报结果与实测间的相关系数)在 6 个月时仍高于 0.57,高于 0.52 的预报可持续 18 个月,而均方根误差 RMSE 小于 0.9℃(Zhou and Zeng 2001)。此外,起报于 3 月份的预测结果与实况间相关系数在 8 个月后仍高于 0.6,这恰好利于提高我国汛期实时气候数值预测的准确度。自首次成功地预测了 1997/1998 年 ENSO 事件发生之后,该预测系统的实时预测结果已成为我国气候预测会商的重要参考信息,是目前最早使用耦合气候动力学模式开展 ENSO 预报的系统。

Zhang 和 Zebiak(2004)基于一个动力海洋模式耦合经验大气模式的中等复杂程度的 ENSO 预测系统,通过研究 ENSO 集合预测方法,建立了一个可以进行实时预测的 ENSO 集合预测系统,并且提出了耦合同化方法。该系统对 Niño3.4(Niño3)区的预测结果与观测间的相关系数在模式积分 12 个月以后仍然可维持在 0.7(0.6)以上,而样本均值的 RMSE 小于 0.72℃(0.83℃)。

随着 IAP ENSO 预报系统的建立,海洋四维同化系统、海气耦合积分、订正技术、气候集合预测理论和方法等相继得到发展,一套跨季度短期气候预测系统(IAP DCP—I)逐步被完善并建立了起来。随后,陆表过程模式、海洋模式和预测 SST 距平方法、初值形成和预测订正方法等有了重要改进,夏季汛期预测所用的第二代数值气候预测系统(IAP DCP—II)得以形成,并被定型为现行的正式用于业务气候预测的版本。在此期间,一个垂直分层为九层的大气环流格点模式(IAP9L—AGCM)在建立和发展 IAP 两层 AGCM 的基础上得以建立。利用该模式针对 1970—1999 年夏季气候异常的集合回报试验结果表明(图 4.1),模式对大气要素场的预测能力在低纬大于中、高纬,海洋大于陆地,对北半球中高纬部分地区的预报技巧甚至超过了国际上的先进模式。位势高度场和表面气温的可预测性最大,并且前者呈明显的带状分布;降水的相对较小,基本局限于赤道附近地区。在热带地区,中、高层对流层的纬向可预测程度变化不大,只在日界线附近略有减小;而在对流层中,随着高度的增大,大气环流场在经向的可预测范围及中高纬地区的可预测程度都有所增大。就纬向平均而言,可预测性区域基本局限在热带范围内,并向两半球高纬地区逐渐减小。在时间尺度上,模式对夏季平均气候的预测能力要大于月平均气候。Lang 和 Wang(2005)对季节尺度气候可预测性的考察发现,赤道地区各季节气候可预测性差别不大,在北半球中、高纬度地区,春季气候的可预测性往往较低,而表面气温和中、高层位势高度场(风场和降水场)的可预测性往往在夏季(冬季)相对更高。在我国西部,尤其是西北地区季节平均气候的模式预测技巧明显受 Niño3 区海温异常的影响。特别值得一提的是,同期北太平洋对我国夏季东部(东北、华北和东南)气候可预测性影响显著,是热带太平洋以外值得特别关注的洋区。

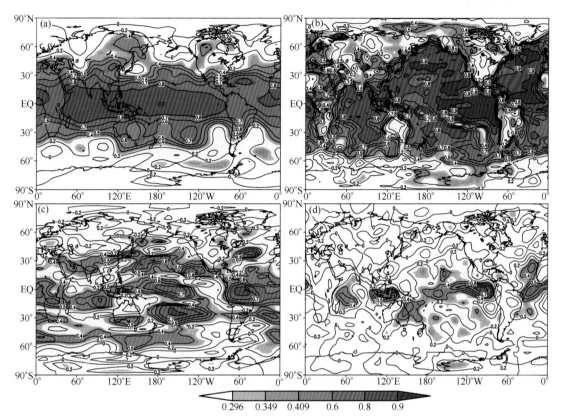

图 4.1　IAP9L—AGCM 回报试验结果与再分析资料间相关系数分布(1970—1999 年)

(a)500 hPa 位势高度场;(b)表面气温场;(c)200 hPa 纬向风场;(d)降水场。

阴影区表示通过 90%,95%,以及 99%(相关系数分别为 0.296,0.349,和 0.409)信度检验的区域。

4.2　基于"两步法"的我国汛期气候异常的数值预测

　　我国幅员辽阔,河流众多,地形复杂且季风气候特点显著,极易在汛期产生洪涝、干旱等灾害性天气和气候。因此,提前掌握汛期降水异常状况对我国防洪、抗旱乃至防灾减灾具有重大意义。多年来,汛期旱涝引发的自然灾害一直是我国气象工作者不懈研究的一项重要课题,也是我国跨季度实时气候预测最为关注的问题。为做好汛期气象服务,中国气象局分别在每年的 3 月和 5 月针对我国汛期气候异常召开实时预测会商会,对全国各大预测单位的预测意见进行综合集成,形成最终的预测意见。

　　随着用于预测 SST 的海气耦合模式和用于预测大气环流演变的 AGCM 得以建立和初步完善,"两步法"预测方法开始在我国的实时气候预测中得到尝试和应用。利用 IAP 两层 AGCM 并结合 IAP ENSO 预测系统的实时预测始于 1998 年。随后,在 IAP 9L—AGCM 得以建立并被证实具有一定预测能力后,于 2002 年开始参与我国的实际气候预测中,与 IAP 两层模式一起作为 IAP 数值预测的代表参加中国气象局组织的全国气候预测会商。截至目前,"两步法"的数值预测方法仍然是我国实时气候预测的主要手段之一,并在实时气候预测中展现了良好的应用前景。

通常,"两步法"是先利用 ENSO 预测系统预测出积分过程中月平均 SST 距平演变。然后,在同时考虑大气初始异常的影响和实际月平均实际 SSTA 的作用下进行预测。目前,IAP 用于预测 SST 距平的海气耦合模式有两个:热带太平洋和全球大气耦合的 IAP ENSO 预测系统和一个动力海洋模式耦合经验大气模式的中等复杂程度的 ENSO 预测系统。用于预测气候异常的 AGCM 为 IAP 自行发展的两层和九层大气环流格点模式。在进行跨季度实时预测时,通常是先利用 IAP ENSO 预测系统预测出每年 3—9 月月平均 SST 距平演变。然后,在同时考虑当年 2 月份若干大气初始异常的影响和该月月平均实际 SST 距平的作用下,采用 IAP 自行发展的 AGCM 由 2 月底某一天出发积分至当年 8 甚至 10 月底,取单个积分的等权重算术平均作为夏季跨季度集合预测结果。对于下边界 SST 距平的月平均演变,一般考虑 3 种方案:(1)考虑到 SST 的持续性,维持初始月观测 SST 距平在积分过程中不变;(2)在无实测 SST 的积分时段以及有预测海温的区域,完全考虑 ENSO 预测系统地预测结果。其他区域维持初始月观测海温信号;(3)兼顾初始月观测 SST 距平的信号和 ENSO 预测结果,在有预测海温的区域(通常为热带太平洋地区)考虑初始月(通常为 2 月)实测 SST 距平和其他各月预测 SST 距平的线性组合,随着时间的积分,实测(预测)SST 距平的权重逐渐减小(增大)。在其他区域维持初始月实测 SST 距平不变。系统性实时预测技巧分析表明,方案(3)较方案(2)的设计更为合理(Lang 2011),应作为实时预测中的首选方案。目前,IAP 已经实现了 IAP9L—AGCM 和 RegCM3 的嵌套,该嵌套模式对某些气候变量的预测优势也已通过初步的系统性评估得到了肯定,有望为我国的实时预测作出新的贡献。

对于实时预测中关注的预测结果,通常是气候变量的距平值,这需要在大气环流因子以及要素场的预测结果中减去模式气候态。模式气候态有两种方式得到。一是进行控制试验,即,将数值模式在初、边值条件都为气候态的情况下连续积分多年(6 年以上),认为模式有 1 年的调整期,将自第二年起的所有年份预测结果进行集合算术平均,得到月平均预报量的基准态。二是进行系统的回报试验,即,采用与实时预测一致的方案对过去的多个年份进行回报,将多年平均的回报试验结果作为模式气候态。由于这种模式气候态是从实时预测的意义上获得的,将其作为基准态可在更大程度上扣除预测结果中存在的某些偏差。此外,回报试验可用于考察气候模式从不同起报时间进行气候预测的实际预测能力,为气候模式是否有能力进行预测实践提供必要的参考。但另一方面,需要针对不同时间段的实时气候预测分别进行大量系统性回报试验,不但耗用大量的计算机资源,还需要更多的人力和财力来收集和处理资料。

在对 1998 年夏季气候的实时气候预测中,基于对热带海温的成功预测,IAP DCP—II 提前一个季度成功地捕捉到了 1998 年夏季长江流域和嫩江流域的洪涝灾害(林朝晖等 1998)。该模式还成功地预测出了 1999 年夏季我国南涝北旱以及 2000 年我国北方地区的干旱少雨,雨带主要位于黄淮之间等降水分布形势(林朝晖等 2000)。自 2002 年起,IAP9L—AGCM 开始应用到我国季节性气候实时预测中。对于 850 hPa 风场,模式成功地预测出了这一年夏季我国境内最主要的两个风场变化特征,即中国东部夏季风明显减弱、青藏高原出现一明显的辐散中心。此外,北太平洋的异常气旋性环流和赤道西太平洋的西风距平亦被很好地复制。不足的是,模式对印度洋上空的风场异常以及索马里急流异常的预测能力还有待提高。同时,模式成功地预测出了我国该年夏季降水的主要分布特征,如华南、东北大部,西部地区的多雨,以及黄河及长江流域间的大范围干旱等(图 4.2)。由于我国本身具有特殊地形和地理位置,降水的影响因素复杂而多变,加之受数值模式本身性能的制约,数值预测水平尤其是针对降水而言还普遍比较低。例如 2003 年,淮河流域出现了罕见的特大洪涝灾害,江南出现了严重高温。虽然主要的外强迫信号,如海温异常,高原积雪,以及大气内部的演变过程都在 3 月初得到了较为准确地预测。然而,对于这次主要的洪涝灾害和高温异常,全国各家预测单位还是预测失败了。此外,2004 和 2005 年夏季,长江以南出现了严重干旱,这些气候异常事件也几乎都未能成功地被数值模式提前预测出来。综合近 10 年的预测技巧来看,现有的数值模式具有一定的预测能力,但预测技巧总体上不够高也不够稳定,总体水平都还有待提高。IAP9L—AGCM对 1982—2007 年我国夏季气候的实时预测技巧主要在华南部分地区和内蒙古东部,而在备受关注的黄淮、长江一带没有明显的预测能力。为了克服这一缺陷,目前普遍考虑采用模式结果订正方案或采用动力结合统计的方法进行预测。

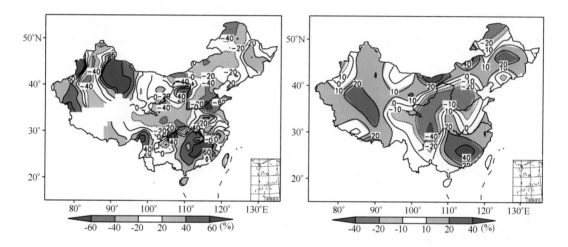

图 4.2　2002 年夏季中国地区降水距平百分率实况(左)和 IAP AGCM 实时预测结果(右)

目前,IAP/CAS 的两层和九层 AGCM 于每年初春和秋末分别针对当年夏季气候异常和当年冬季气候异常以及次年春季气候异常超前一个季度或半年进行预测。在实时预测能力的时间尺度上,模式对夏季平均旱涝形势的预报结果要好于汛期逐月月平均状况。在我国目前的汛期气候预测中,通常是兼顾统计预测和数值预测结果。由于我国自身地理环境特殊,气候变异的影响因子多而复杂,而且大部分地区的气候变异受 ENSO 信号的影响不够显著,加之全球海温的预报水平还有限,数值预测的准确率仍然较低,当外部信号较弱时更是如此。因此,目前夏季降水的数值预测结果往往需要采用某种订正方案,希望借此进一步提高其预测水平。目前,IAP 两层和九层 AGCM 分别采用奇异值分解(SVD)(秦正坤等 2011)和扣除系统性模式误差(赵彦等,1999)的方法对夏季降水的实时预测结果进行订正,但从近几年的实时预测效果来看,已有的订正方法并不十分理想,迫切需要探索更为有效的模式结果订正方案。

4.3 夏季降水模式结果修正方案的探索

当前模式在预测性能上还存在普遍的问题,例如对气候要素或大气环流场量值的预测还不够,主要表现为对异常幅度的预测能力通常还比较弱。其原因既包含有物理可预报性的限制,还与模式自身性能有关,如模式的水平分辨率较粗,模式的敏感性及系统性误差等。由于多种因素的联合限制,通过改变模式本身来提高数值预报效果难以在短期内实现,目前往往借用一些后处理技术对模式结果加以修正,如改进集合方法,采用模式结果修正技术。对于集合预报,虽然个别样本的预测技巧会大于集合预报的结果,但由于从长期的数值预测实践中还无法找出明显的统计规律,目前对模式结果的修正主要还是通过订正技术加以解决。(例如:赵彦等 1999;Wang 等 2000;Kang 等 2004;李芳等 2005;Chen 和 Lin 2006)。然而,由于订正方法往往结合模式本身特点研究得到,其订正效果具有很大的模式依赖性。例如,Wang 等(2000)基于夏季降水存在准两年振荡的特征,以及认识到气候模式对季节性振荡具有模拟能力,提出了一个预测年际降水异常和大气环流距平的有效订正方法。对于 IAP 两层 AGCM结合 IAP ENSO 预测系统针对 1983—1996 年跨年度集合回报结果,该方法的效果非常显著,尤其是对于大气环流场,可以使预测结果与实况间的距平相关系数由 0.0 左右提高到 0.5 左右。由于夏季降水的可预测性因物理过程异常复杂而非常有限,采用该订正方法后预测技巧的改进效果不如大气环流场显著。然而,如果在这种订正方法的基础上,将订正区域零散化,按照回报结果中要素场本身的年际变化周期特征进行订正,则可以明显提高 IAP9L—AGCM对全国大部分地区降水的预测技巧(郎咸梅 2003)。这就说明,如果从气候背景、区域特点等入手,进行更加细致透彻地考虑和探索,能够得到较为理想的订正效果。基于 IAP9L—AGCM 回报结果的研究还发现,无论是基于要素年际变化的周期特征,通过订正模式结果年际变率标准差进行订正,还是考虑模式对季节演变的模拟性能以及扣除模式结果中系统偏差进行订正,订正的效果各有优劣,并与要素场本身有关;高纬地区的订正效果普遍较中、低纬显著。此外,无论哪种订正方法,订正效果都不是很稳定。

既然现有订正方案的订正效果还没有一定的规律可循,那么同时综合几种订正技术进行订正可否进一步提高预测水平?鉴于此,Lang(2011)从实时预测的角度,利用 IAP9L—AGCM 结合新一代 IAP ENSO 预测系统针对中国夏季气候进行了系统性回报试验,并通过综合考虑回报结果及其订正结果的预测优势,对预测结果进行了解释应用,从而提出了能够进一步改善该预测系统实时预测技巧的有效预测方案。采用该方案后,全国 160 站夏季降水的预测结果与实况间相关系数和距平同号率在 1983—2007 年分别由原始预测结果的 0.02 和49%左右提高到 0.14 和 54%。夏季降水预测技巧有明显改进的站点共有 41 个,其中最为突出的是东北大部和黄河下游和长江下游之间(图 4.3),后者预测结果与实况间相关系数由直接预测结果的—0.06 提高到了 0.12,距平同号率在研究时段都超过了 55%,最高可达 90%以上。利用该方法对 2010 年该区域夏季的降水进行了实时预测,从图 4.4 可以看出,这一年夏季该区域降水距平百分率南多北少以及以偏少为主的分布形式都与实况相当吻合,只是异常的幅度与实况仍然存在一定差异。总体来看,这种新的预测方案是可行的,研究思路对于不同的模式结果具有普适性。针对不同模式结果,需要综合模式订正前后预测结果设计方案,因此采用适合于模式本身的有效的订正方案很关键。

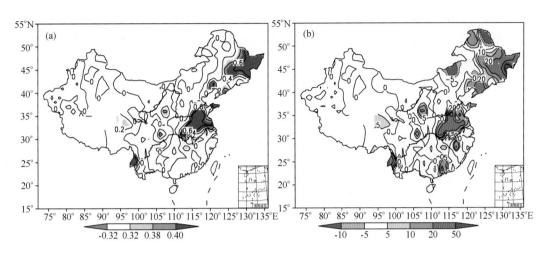

图 4.3　修正方案与 IAP9L AGCM 原始结果间夏季降水的(a)距平相关系数和(b)距平同号率差异

(a)中阴影区由浅至深分别表示通过了 90%,95%,99% 的信度

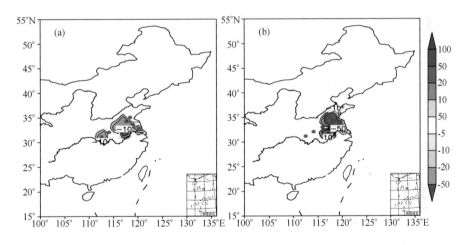

图 4.4　2010 年长江下游和黄河下游间夏季降水距平百分率(a)实况(b)新方法预测结果

4.4　基于"两步法"的我国冬季气候异常的数值预测

自 1986 年以来,我国已连续十几年冬季偏暖。这种气候现象是自然因素和人类活动共同作用的结果,往往会加剧水资源供需矛盾,带来北方频繁的区域性沙尘天气,对人类的生产、生活环境产生深刻的影响。

有研究表明,厄尔尼诺事件的发生、东亚冬季风减弱、西太平洋副热带高压增强、欧亚大陆积雪面积减小、火山活动减少以及温室效应等都会影响到中国地区冬季气温异常。而冬季气候异常又会显著影响到后期我国夏季气候的变化,例如,前冬的气候异常对后期夏季我国江淮流域旱涝异常乃至中低纬度环流变化都有重要作用;前冬 12 月—1 月,特别是 1 月东亚中高纬度地区的大气环流变化对云南夏季旱涝有重要的指示意义;当冬季东亚西风急流强度出现显著异常时,会导致冬季风强度发生变化,最终影响到我国的陆面降温和降水;冬季西大西洋型(WA)和太平洋北美型(PNA)遥相关强度、AO、以及 NAO 异常都在中国冬季气候变化中具有重要作用。汤懋苍等(2005)研究指出,冬季大地冷涡在中国有 80% 的出现率,它与春夏季降水异常存在较好的对应关系,从而可以作为我国春夏季降水的一个重要预测因子。此外,冬季气候异常与次年春季沙尘天气的气候异常存在密切的联系。例如,当我国东北北部冬季降水偏多、新疆东部夏季表面温度偏高、以及蒙古境内冷空气偏强时,都有利于后期我国华北春季沙尘天气的发生。可见,对冬季气候进行气候预测研究具有重要的意义。

已有的针对冬季气候数值可预测性的研究表明,冬季气候的可预测性对模式本身具有很大的依赖性,例如,Yang 等(1998)认为气候可预测性最大和最小的季节分别为夏季和冬季;而Kumar(2003)则指出二者相当。Lang 和 Wang(2005)研究指出北半球风场和降水场的可预测性在冬季相对较大。就冬季气候而言,IAP9L—AGCM 模式对我国东北及南方地区冬季气温年际变化趋势预测能力相对较高。当海温信号异常强(ENSO 事件发生)时,模式的预报技巧会有显著的提高,但提高的程度以及模式预报潜力对赤道太平洋冷、暖信号的反应因模式而异。体现了动力数值模式在对冬季气候的预测中具有良好的应用前景以及 SST 异常对预报准确程度极为关键的事实。基于 IAP9L—AGCM 的研究结果表明,我国西北、西南、东北及华南中部要素场的可预测性在 El Niño 年有明显提高,中国乃至东亚地区环流场及温度场的可预测性在 La Niña 年提高的更加明显,这在我国西北、江淮以及整个东亚地区尤为突出。

2002 年秋季,王会军等(2003)首次针对我国冬季气候异常(主要是降水,气温,以及低层风场的异常)和春季气候异常(主要是沙尘天气气候异常),利用 IAP9L—AGCM 从实时预测的角度出发进行了跨年度实时气候预测试验。预测指出当年冬季不会出现过去十几年几乎每年都有的暖冬现象(相对于 1961—1990 年平均),因而大的年际变化有时可以淹没个别年份全球变暖的信号。该初步尝试充分说明,对我国冬季气候异常进行实时数值预测是可行的也是有必要的。之后,该模式以及 IAP 两层模式都开始被应用于我国冬季气候异常的年度实时气候预测中,于每年 11 月前后为 IAP 和中国气象局举行的秋季预测会商提供当年冬季和次年春季气候异常的预测意见。实践证明,采用这种跨年度预测的方法提前预测我国冬季气候异常是非常有意义的。例如,对于 2008 年冬季发生的极端气候事件,IAP 两层和九层模式都具有一定的预测能力,尤其是 2008 年 1 月我国偏强的冬季风,南方地区异常低温多雨,以及东北的高温少雨。总体来看,IAP9L—AGCM 对于该次极端天气事件具有一定的实时气候预测能力,但由于气候预测的最小时间尺度是时间达一个月的平均结果,如果天气过程比较集中或短暂,即使是非常强烈,也不容易从气候预测的角度捕捉到。特别的,在目前的实时预测中只考虑热带太平洋地区预测 SST 的信号,预测技巧难免存在局限性。因此,迫切需要研发全球海洋—大气环流耦合模式,这在目前来讲仍然是一个极具挑战性的科学问题。

热带海洋上对流活动以及与热带相联系的大气遥相关、热带外低层冷涌以及高空急流的向南伸展是冬季高低纬之间相互作用的主要枢纽,该季节位势涡度梯度以及 Rossby 波的增强增大了冬季北半球中高纬地区的气候可预测程度。虽然这些物理机制及其特征可以在一定程度上得到气候模式的验证,但现有模式对中高纬地区冬季气候的预报普遍还存在很大困难——预测技巧低甚至没有预测技巧。因此,我国目前的数值气候预测水平还远不能满足社会需求,统计方法仍然是实时预测的主要预测手段。数值预测研究还有很长的一段路要走。

4.5　关于 1998 年我国夏季降水异常的系统性回报试验研究以及全球海温和大气初始场的作用

　　1998 年是我国一个典型的大水年,江淮流域和东北嫩江、松花江流域均出现了罕见的雨水偏多的情况,造成了严重的灾害。当年夏季是一个强厄尔尼诺事件的衰减期热带东太平洋区域还维持着一个小范围的正 SST 距平区域,中太平洋区域已经是 SST 负距平区域。重要的是:太平洋的西侧从南半球到北半球均是 SST 正距平,而且非常强。另外,热带大西洋和北大西洋区域也是 SST 的正距平区域。

　　为了系统研究海温距平和大气初始场异常对我国 1998 年夏季降水异常的作用,Wang 等(2000)利用日本东京大学和日本环境研究所联合发展的 CCSR/NIES 全球大气环流谱模式进行了系统性数值模拟回报试验研究,试验采用多个初始场的集合模拟试验,分别从 1998 年 4 月 1—30 日开始积分,积分到 8 月底结束,最后分析 6—8 月的平均情况,并和模式先行完成的给定气候平均海温条件下的大气模式多年积分之平均结果相比较,得到模拟的气候距平以便和实际观测到的气候距平比对。

　　这个工作得到的几个重要结论是:

　　(1)该大气环流模式在给定全球海温距平和大气初始场的情况下,其多初始场的集合结果能够基本重现观测到的我国夏季降水异常的空间分布,特别是江淮流域和东北的异常多降水观测事实;并且模式也能够基本合理地模拟出夏季东亚大气环流异常的基本特征。说明,对于气候预测而言,海温的作用确实是非常关键的。

　　(2)即使给定气候平均的全球海温分布(即,全球没有任何海温异常),单单考虑 4 月份的实际全球大气环流初始异常,仍然可以模拟出显著的夏季降水异常,并且在江淮和东北区域也是降水正距平,当然量级较小,但却是显著的正距平。这个结果一定意义上否定了之前普遍认定的短期气候预测是一个大气的边值问题,大气的初始场异常被认定为无关紧要。

4.6　小结与讨论

　　多年来,已有大量工作致力于提高模式分辨率,改进物理过程参数化方案,优化处理技术,以及更好地考虑下边界条件(如:土壤湿度,温度异常过程,高纬度海冰、积雪等过程)的影响等,我国在"两步法"数值气候预测方面已取得很大进展。一方面,针对提供 SST 预报结果的海气耦合模式的研制和改进工作从未停止。另一方面,数值预测水平从改善 AGCM 本身性能,采用降尺度方法和后处理技术(订正方法),优化初始信息等方面得到了提高。在 Zeng 等(1994)最先提出了一系列关于模式误差订正方案的设想之后,基于模式对气候准两年及季节性振荡的模拟能力,扣除模式结果中系统性误差的思想,以及采用 EOF,SVD 等方法,颇具成效的订正方案相继被提出。然而,但一方面由于订正方案本身对数值模式本身具有很大依赖性以及数值模式本身的性能还不够完善,已有的订正方案虽然能够有效地改进模式预测技巧,在实际应用中都还缺乏普适性。

　　目前,在 IAP 的"两步法"预测中,热带太平洋地区 SST 的预测准确度在逐步得到提高,但由于缺乏对热带太平洋以外地区 SST 的实时预测,无疑限制了预测系统对大气环流异常的预测准确性。因此,迫切需要发展热带太平洋以外地区耦合预测系统来提高"两步法"实时预测的合理性和有效性。可喜的是,最新的研究已成功地将现有预测系统对 SST 的实时预测范围扩大到了整个热带太平洋地区,在定性地评估该预测结果及其结合大气物理研究所 AGCM 的系统性实时预测能力后,IAP 将会尽快在实时预测中采用这一最新研究成果。近年来,随着我国气候预测事业的发展,气候预测领域的交流和合作也日益加强,不断有新的预测方法得以提出。例如,可以基于动力降尺度的思想,利用数值模式结果中可预测性较大的大尺度环流因子预测气温、降水等的动力—统计方法。另外,为了既能利用前期关键气候异常信号,又能充分考虑数值模式结果中有用的预测信息,有学者提出了兼顾前期观测信息和同期数值模式预测信息进行动力结合统计的方法进行预测的新思路。由于这些方法都需要数值模式预测产品,因而数值模式本身的预测能力是至关重要的,因此提高数值预测系统的实时预测能力仍然是提高我国实时气候预测水平的一个关键出路。随着我国气象事业的发展,全国气候预测会商的次数有了明显增加,由最初的只针对汛期气候的会商扩大到针对冬季气候异常以及春季沙尘天气气候异常的会商,为我国气候预测业务的发展和提高创造了良好的合作和交流平台,不断推动着我国短期气候预测研究水平的发展。

参考文献

郎咸梅. 2003. 跨季度短期气候的模式预测理论、方法与集合预测试验研究:[学位论文]. 北京:中国科学院大气物理研究所.

李芳,林中达,左瑞亭,等. 2005. 基于经验正交函数和奇异值分解对东亚季风区跨季度夏季降水距平的订正方法. 气候与环境研究,10(3):658-668.

林朝晖,李旭,赵彦,等. 1998. 中科院大气物理研究所短期气候预测系统的改进及其对 1998 年全国汛期旱涝形势的预测. 气候与环境研究,3(4):340-348.

林朝晖,赵彦,周广庆,等. 2000. 1999 年中国夏季气候的预测及检验. 气候与环境研究,5(12):97-108.

秦正坤,林朝晖,陈红,等. 2011. 基于 EOF/SVD 的短期气候预测误差订正方法及其应用. 气象学报,69(2):289-296.

汤懋苍,张拥军,李栋梁. 2005. 近 50 年中国冬季大地冷涡与春夏季干旱相关的统计. 气象学报,63(6):1006-1009.

王会军,郎咸梅,周广庆,等. 2003. 中国今冬明春气候异常与沙尘气候形势的模式预测初步报告. 大气科学,27(1):136-140.

曾庆存,袁重光,王万秋,等. 1990. 跨季度气候距平数值预测试验. 大气科学,14(1):10-25.

赵彦,李旭,袁重光,等. 1999. IAP 短期气候距平预测系统的定量评估及订正技术的改进研究. 气候与环境研究,4(4):353-364.

周广庆,李旭,曾庆存. 1998. 一个可用于 ENSO 预测的海气耦合模式及 1997/1998 ENSO 预测. 气候与环境研究,3(4):349-357.

Bengtsson L, Schlese U, Roeckner E, et al. 1993. A two-tiered approach to long-range climate forecasting. *Science*, 261:1027-1029.

Chen H, Lin Z H. 2006. A correction method suitable for dynamical seasonal prediction. *Advances in Atmospheric Sciences*, 23(3):425-430.

Kang I S, Lee J Y. 2004. Potential predictability of summer mean precipitation in a dynamical seasonal prediction system with systematic error correction. *Journal of Climate*, 17:834-843.

Kumar A. 2003. Variability and predictability of 200-mb seasonal mean heights during summer and winter.

Journal of Geophysical Research, **108**(D5): 4169, doi:10.1029/2002JD002728.

Lang X M, Wang H J. 2005. Seasonal differences of model predictability and the impact of SST in the Pacific. *Advances in Atmospheric Sciences*, **22**: 103-113.

Lang X M. 2011. An effective approach for improving the real-time prediction of summer rainfall over China. *Acta Meteorologica Sinica*, **4**(2): 75-80.

Wang H J, Zhou G Q, Zhao Y. 2000. An effective method for correcting the seasonal-interannual prediction of summer climate anomaly. *Advances in Atmospheric Sciences*, **17**(2): 234-240.

Wang H J, Matsuno T, Kurihara Y. 2000. Ensemble Hindcast Experiments for the Flood Period over China in 1998 by Use of the CCSR/NIES Atmospheric General Circulation Model. *Journal of the Meteorological Society of Japan*, **78**(4): 357-365.

Yang X Q, Anderson J L, Stren W F. 1998. Reproducible forced modes in AGCM ensemble integrations and potential predictability of atmospheric seasonal variations in the extratropics. *Journal of Climate*, **11**: 2942-2959.

Zeng Q C, Zhang B L, Yuan C G, et al. 1994. A note on some methods suitable for verifying and correcting the prediction of climate anomaly. *Advances in Atmospheric Sciences*, **11**(2): 2-12.

Zhang R H, Zebiak S E. 2004. An embedding method for improving interannual variability simulation in a hybrid coupled model of the tropical Pacific ocean-atmosphere system. *Journal of Climate*, **17**: 2794-2812.

Zhou G Q, Zeng Q C. 2001. Predictions of ENSO with a coupled atmosphere-ocean general circulation model. *Advances in Atmospheric Sciences*, **18**(4): 587-603.

第5章 基于"一步法"的
我国夏季气候趋势预测研究

短期气候异常在早期首先被认为是大气之外的强迫信号（主要是SST）影响大气环流的结果（Charney和Shukla 1981），因此基于"二步法"（Tier-two）的气候预测思想得到快速发展，同时将海洋表面温度异常（SSTA）等外强迫信号作为边界场驱动AGCM。早期的SSTA驱动场是取近期的观测值作持续性外延。随着OGCM的发展，OGCM可以提供预报的SSTA场驱动AGCM。同时，其他外强迫信号与大气环流关系的物理诊断工作也不断取得进步，尤其是关于积雪对短期气候影响（Hahn和Shukla 1976）的认识。在这样的认知背景下，基于"二步法"（Tier-two）思路的数值预报在短期气候预测研究和业务应用中经历了较长的时间。随着海气、陆气相互作用的深入研究，越来越多的气象学家认识到Tier-two的可能缺陷，即无法真实地反映海气相互作用的事实，尤其是在西太平洋和印度洋这些海气相互作用活跃地区。Wang等（2005）提出利用Tier-two模式系统给出的预测信息与实况不吻合，他们认为AGCM耦合OGCM才能模拟SST与降水的真实关系，当大气对海洋的反馈处于临界状态时，在季风区耦合的海气过程越发重要。近些年，考虑海气耦合的"一步法"（Tier-one）模式系统也得到了快速发展并在业务中应用，但是还需要在如何减少气候漂移、如何改进大气和海洋相互作用物理过程、如何改进季风区要素预报等方面做深入的工作。本章主要介绍国家气候中心第一代海气耦合模式的预测应用情况。

5.1 "一步法"数值气候预测及其发展历史和现状

国际上的知名研究机构大都有自己的全球海气耦合模式，包括美国国家大气研究中心（NACR）（Boville等2001）、美国地球物理流体力学实验室（GFDL）（Knutson等1999）、美国空间飞行研究中心（GISS）（Russell等1995；Miller等1996）、英国气象局（UKMO的Unified Model）（Gordon等2000）、德国Max-Plank气象研究所（MPI）（Cubasch等1997）、澳大利亚联邦科学和工业研究组织（CSIRO）（Gordon和Farrel 1997）、美国马里兰大学COLA（Kirtman等2002）、日本Frontier Research Center for Global Change（Luo等2003）等各自研究开发的模式。

在全球发展耦合模式系统的形势下，中国科学院大气物理研究所IAP发展了海洋—大气—陆面过程耦合模式系统及其一系列不同版本。国家气候中心联合大气物理研究所等科研、高校机构的科学家，在"九五"重中之重项目支持下建立了国家气候中心第一代海气耦合模式系统（BCC_CM1.0），该模式系统于2004年移植到IBM cluster 1600进行业务化运行，在强大计算机资源的支撑下，进行了全面系统的回算、业务预测能力检验和实时预报服务。

5.2 海气耦合模式简介和试验设计

这里我们以国家气候中心的海气耦合模式为例来进行简要介绍。BCC_CM1.0(又称为 NCC_CGCM1.0)是由国家气候中心的全球大气环流模式(T63L16 AGCM 1.0)与 IAP 的 L30T63 OGCM 通过日通量距平耦合方案在开洋面上逐日耦合而形成的,该海气耦合模式称作 BCC_CM1.0。AGCM(董敏 2001)包含大地形、辐射、大尺度降水、积云对流、蒸发、凝结等较全面的物理过程,在计算上采用半隐式时间积分格式。模式的原始模型为国家气象中心中期天气预报业务模式,其更早的来源可追溯到 ECMWF 1988 年 Cray 机版本的中期预报模式(国家气象中心 1991)。模式水平方向采用三角形截断,取 63 波(近似于 $1.875° \times 1.875°$),垂直方向分成 16 层(模式顶层约为 25 hPa,模式底层约为 996 hPa),采用 P-σ 混合坐标(η 坐标),时间步长为 22.5 min。

在国家气候中心的短期气候预测模式的开发过程中,对原中期数值预报模式从动力学和物理过程等方面进行了改进,形成一个有完整物理过程的气候模式。例如,将参考大气方案和质量守恒方案加入到大气模式中;用逐步循环订正法对模式初值中存在的负水汽问题进行了特别处理,克服了负水汽现象;采用半拉格朗日方法计算水汽输送等。此外,把原模式中固定的气候边界条件(海表面温度、土壤深层温度和湿度在模式积分过程中保持月平均值),改为由月平均场插值到每一天,增加了与气候相关的下边界条件。AGCM 仍保留使用原中期预报模式的一些物理参数化方案,包括辐射方案、对流方案、重力波拖曳,陆面过程采用基于地表热量平衡的陆面模式,土壤分为三层,考虑了植被对地面蒸发的作用以及与雪盖有关的感热通量作用(详细内容见董敏 2001)。

为系统性地检验该耦合模式的预报效果,需要利用历史资料进行回报试验和实时预测试验。回报试验所取年份为 1983—2002 年,针对冬季、春季、夏季、秋季各季节气候,分别积分 11 个月,初值相对预测季节的超前时间可以为 0~8 个月。本章主要分析针对夏季的超前时间为 0~5 个月的预测结果,即初值分别为上年 12 月到当年 5 月的信息。大气初始场的资料取自美国国家环境预报中心每月底 8 d 的 12 时再分析资料(Kalnay 等 1996),包括风场、相对湿度、高度场和温度场。将这些资料插值到模式的网格点和各层次上。其他物理量,如地温、地面湿度、雪盖、土壤水分含量等采用模式气候场插值到模式格点和预报起始时刻,这样可以获取 8 组大气初值;同时,全球海洋资料同化系统提供 6 组初值。大气初值和海洋初值两两组合,共计 48 组初值。多样本的集合结果可以尽可能表达模式的不确定性,提高模式的模拟和预测能力并丰富服务信息。6 组海洋初值选取的设计方案简介如下:海洋资料同化业务模式包括资料收集、资料的解报和归整、资料质量控制及规格化、海表风应力生成、变分分析系统(刘益民等 2005)和动力模式等几部分。在变分分析系统中的控制文件有观测误差协方差矩阵系数(参数 A)和背景场误差协方差矩阵系数(参数 B)可以调整。在最初的方案里,这两个参数的设置为固定值,根据该参数的设置特点,即可以在 ±25% 内调整,我们以 20% 为最大幅度的调整额度,分别设定两个参数,以获取更多的海洋资料同化方案。

6 种海洋资料同化方案的选取依据为:参数 A(观测误差协方差矩阵参数)的基础值为 0.015,参数 B(背景场误差协方差矩阵参数)的基础值为 0.3。两个参数的调整范围为 ±25% 以内。分别选取变化范围为 120%、100%、80% 三种情况。则两个参数(参数 A 取值为

0.012、0.015、0.018,参数 B 取值为 0.024、0.3、0.36)的自由组合共有 9 种(表 5.1)。通过对这九种方案 22 年(1983—2004)海洋资料同化结果的诊断分析,选取了 6 组场相关系数比较小,也就是两组结果之间差异比较明显的 6 组方案(表 5.1 中阴影部分)。

表 5.1   参数 A 和参数 B 两两组合的情况

B \ A	0.012	0.015	0.018
0.24			
0.3			
0.36			

5.3   基于"一步法"的我国夏季气候异常数值预测结果

利用海气耦合模式进行季节预测,首先要检验模式系统对 SSTA 的模拟能力,然后检验对大气环流场的模拟效果以及地面要素的技巧。本章以国家气候中心的海气耦合模式回报的海温场、高度场、风场、降水和温度场为代表分析模式的预测能力和预测效果。

5.3.1   对全球海温的模拟能力

从夏季回报 SSTA 与实况 SSTA 的 20 年(1983—2002 年)距平相关系数(ACC),在不同超前时间条件下超过 0.05 显著性检验水平(检验标准以下同)的区域不同,越临近夏季(超前时间越小),则超过显著性检验的区域越大,主要分布在热带太平洋地区。此外,回报海温的纬向平均场与实况很接近(图 5.1),差异主要表现为在北半球的回报值略偏小。

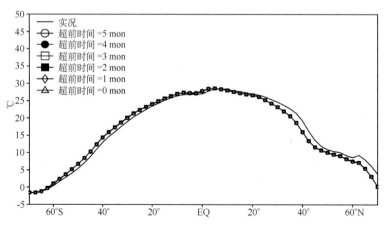

图 5.1   夏季 SST 模式回报场和实况场的纬向平均
初值场分别为上年 12 月至当年 5 月(超前时间为 5～0 mon)

5.3.2   全球 500 hPa 高度场的回报效果

夏季 500 hPa 回报高度场与实况 20 年的距平相关系数也表现出越临近预报时段(超前时

间越小)时,则超过 0.05 显著性检验水平的范围越大,5 月和 6 月起报的(超前时间分别为 1 个月和 0 月)回报结果中,西北太平洋和南亚地区回报高度场技巧较高。回报高度场的纬向平均场与实况在纬带分布型上比较一致(图 5.2),差异主要表现在回报量值系统性偏小,模式存在明显的气候漂移。

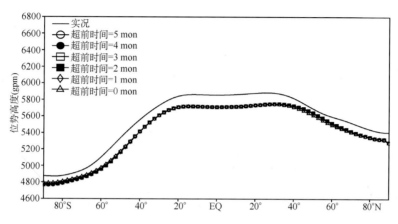

图 5.2　夏季 500 hPa 高度场模式回报和实况的纬向平均
初值场分别为上年 12 月至当年 5 月(超前时间为 5～0 mon)

东亚地区(70°—150°E,10°—60°N)夏季回报高度场与实况空间距平相关系数(ACC)的年际变化较大(图 5.3),ACC 在−0.8 到 0.8 之间,其中 21 世纪以来,预测技巧有所升高,反映出模式在东亚区域有一定预测能力。

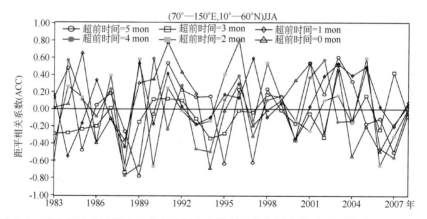

图 5.3　夏季东亚地区模式回报高度场与实况相关的年际变化(超前时间为 5～0 mon)

5.3.3　对全球 850 hPa 风场的回报效果

夏季回报 850 hPa 风场与实况场的 20 年距平相关系数在不同超前时间时超过 0.05 显著性检验的区域不同,越临近预报时段(超前时间越小),则超过显著性检验的区域越大,主要在热带太平洋、北太平洋局部、南太平洋局部地区。模拟风场的纬向平均场与实况在分布型上很接近,差异主要表现在回报风场南北纬 20°附近比实况偏小,南北纬 50°附近比实况偏大。

5.3.4　对中国降水和温度的回报能力

图 5.4 为模式在不同超前时间时(5～0 mon)直接输出夏季降水的评估,从准确率可以看到,不同超前时间下的所有个例评分在 50～80 分之间(评分方法见陈桂英和赵振国等 1998),集中在 50～70 分。降水预报的准确率不太稳定,也不高。

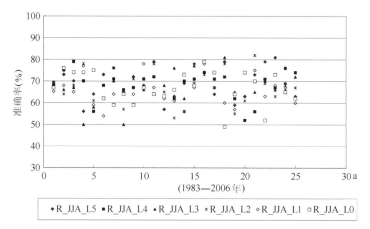

图 5.4　模式在不同超前时间时(5～0 mon)直接输出夏季降水的准确率评估

图 5.5 为模式在不同超前时间时(5～0 mon)直接输出夏季温度的评估,从准确率可以看到,温度的预报效果明显好于降水,不同超前时间下的所有个例准确率评分在 40～90 分之间,集中在 50～80 分,总体预报效果较好。各样本年际变化很大,并且没有表现出明显的年代际变化趋势。

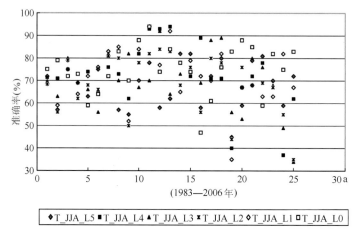

图 5.5　模式在不同超前时间时(5～0 mon)直接输出夏季温度的准确率评估

以准确率评分大于等于 65,ACC 大于等于 0.0 作为标准,则不同超前时间时满足此条件的夏季降水个例的比例一般高于 30%,夏季温度个例比例一般高于 50%。从降水来看,综合情况较好的有超前时间为 4 个月、3 个月、0 个月。满足条件的温度个例比例远远高于降水,其中超前时间为 4 个月、3 个月、1 个月、0 个月的结果较好。将降水和温度结合起来,可以看到,超前时间为 4 个月、3 个月、0 个月结果最值得参考。也就是 1 月、2 月、5 月为初值对应的预测效果相对最好,这个信息值得在业务中参考。

不同的初值条件下(超前时间不同),模式预测夏季降水与实况相关的空间分布中,高相关区域相对较小,并随不同月份分布有差异。其中 1 月和 2 月起报的高相关区域达到 0.05 显著性检验水平(以下同)的主要在西北地区东部和江南东部,3 月和 4 月起报的高相关区在江汉地区,5 月起报的高相关区没达到信度检验,6 月起报的高相关区在东北北部、西北地区东南部和江汉地区。

不同的初值条件下(超前时间不同),模式预测夏季温度与实况相关的空间分布中,高相关范围相对降水较大。1 月起报的高相关区域主要在内蒙古西部和江南南部,2 月起报的高相关区域主要在西北地区大部、江汉局部和江南西部,3 月起报的高相关区主要在西北地区东部和江南大部,4 月起报的高相关区主要在西北地区大部和江南西部,5 月起报的高相关区在内蒙古西部、黄淮地区、江汉局部和江南西部,6 月起报的高相关区主要在内蒙古中西部和北部、华南西部地区。

5.3.5　小结

利用 BCC_CM1.0 回报和预测结果,分析了模式对夏季气候的基本预测能力,代表要素有 SST、500 hPa 高度场、850 hPa 风场、降水、温度等,主要结论有:模式回报的夏季 SST、500 hPa 高度场、850 hPa 风场与实况的距平相关系数均表现出超前时间不同时,高相关区不同;越临近预报对象,通过显著性检验的高相关区相对增大。东亚区域高度场预测技巧的年际变化较大,不同超前时间的预报评估差异不明显,但 21 世纪以来的预测效果有所提高。模式对中国区域降水和温度的预测能力评估表明,对温度的预测技巧高于降水;对夏季预测而言,超前时间为 4 个月、3 个月、0 个月的回报效果较好。

5.4　基于"一步法"海气耦合模式产品的最优信息提取和降尺度应用

由于模式对大尺度环流的预测有一定的技巧,而大尺度环流对降水、温度的影响具有重要而直接的地位,因此利用 BCC_CM1.0 对环流场的预报以及统计降尺度方法进行季节预测具有实用意义。本节利用变型的典型相关分析(也称为 BP—CCA 或 EOF—CCA)方法进行季节降尺度应用试验。BP—CCA 是一种既考虑现象联系又考虑成因特征的一种统计方法,它是在对两个场做主成分分析的基础上的典型相关分析(CCA),陈友民(1996)对 CCA 与其他统计预报方法的对比发现,BP—CCA 预报模型具有很好的预报效果。这里利用 BP—CCA 方法和美国国家环境预报中心/美国国家大气研究中心(NCEP/NCAR)的再分析资料、海气耦合模式回报资料、我国 160 站观测资料建立我国夏季温度、降水和东亚地区 500 hPa 大尺度环流型之间的联系,以此来提高我国夏季温度和降水的预报能力。

5.4.1　资料和降尺度方法介绍

预报对象为中国地区 160 站夏季的温度和降水,资料为中国气象局国家气候中心整编的 1951—2007 年月平均资料,处理成季节平均值。

预报因子是 NCEP/NCAR 发布的再分析高度场资料,分辨率为 $2.5° \times 2.5°$,时间为 1951—2006 年,区域为东亚地区($70°$—$150°E$,$10°$—$60°N$)。还有 BCC_CM1.0 回报和预测高

度场资料,分辨率为 $2.5°×2.5°$,时间为 1983—2006 年。

CCA 是多元统计中的一个基本方法。它的基本思想是分别在两组随机变量内做线性组合构成各自有代表性的综合变量,使两组间成对的综合变量之间的相关达最大、次大……,这种综合变量称为典型相关变量,然后通过对它的研究,代替原来两组变量之间相关关系。这样只需着重研究前几对相关关系强的典型变量,就能把原来两组变量间复杂的联系简要地表达出来。BP—CCA 方法是在对两个场作主成分分析的基础上的 CCA,即先对两个场做 EOF 分析,截取前几个标准化的主成分,然后进入 CCA 步骤。这样截取了两个场的主要大尺度时空变化信息,滤去了小尺度振动和噪声的干扰,减少了资料中不必要的"噪声"部分,同时也降低了维数,减少了计算量。BP—CCA 方法的详细介绍可参见文献(魏风英 2007;吴洪宝和吴蕾 2005)。利用该方法对中国冬季降水和温度的预测体现了较好的预测能力(贾小龙等 2010)。

5.4.2　降尺度试验设计

为了全面检验 BP—CCA 降尺度应用方法在季节预测中的能力,该部分设计两组对比试验:

试验一:利用实况高度场降尺度季节降水和温度预测的能力试验,利用 NCEP/NCAR 再分析 1951—2006 年夏季的 500 hPa 高度场资料和中国 160 站相应季节的降水、温度资料,利用交叉样本检验方法探讨利用 BP—CCA 方法对我国夏季降水和温度的可预报性。

试验二:利用 BCC_CM1.0 使用 2 月的海洋、大气初值预报的夏季(超前时间为 3 个月)的集合高度场进行降尺度应用试验。由于国家气候中心的全国汛期预测业务会商一般在 3 月底至 4 月初,这组预报结果一般应用于汛期预测。通过本章第三部分对模式回报结果的评估分析,可以看到超前时间为 3 个月时,模式的模拟性能比较好,因而选取这组回报试验进行降尺度应用和分析。

5.4.3　降尺度结果分析

根据 BP—CCA 方法的步骤,首先将我国 160 站温度和降水作为预报对象,NCEP/NCAR 再分析资料的东亚地区($70°～150°E,10°～60°N$)500 hPa 高度场作为预报因子,将预报因子和预报对象场进行标准化,然后进行 EOF 分析。首先分析东亚地区夏季 500 hPa 高度距平场 EOF 分析的前 5 个模态。第一模态反映了东亚地区夏季 500 hPa 高度场变化整体一致的特征,载荷大值区位于东亚大陆西部以及副热带地区,这一模态解释方差 56.8%。第二模态反映了东亚地区高度场南北反相变化的特征,负载荷中心位于我国东北地区,正载荷中心位于印度到中南半岛的南亚地区,解释方差 10.3%。第三模态解释方差为 8.1%,主要载荷区在东亚东部,从北到南高度场呈"－ ＋ －"的分布。第四模态解释方差 5.6%,反映了东亚高度场在中高纬地区由西向东"＋ － ＋"的变化特征,反映了中高纬阻塞形势的变化。第五模态的主要特征是巴尔喀什湖以北和以西的我国大陆地区为负载荷,其他地区为正载荷,载荷大值区位于贝加尔湖以东地区和日本海附近。前 5 个 EOF 模态累计方差贡献达到 85%,反映了东亚夏季 500 hPa 异常环流的主要模态。

然后截取预报因子和预报对象场 EOF 分析的前几个模态来进行 CCA 分析,并截取前几个 CCA 模态来建立预测模型,由于 BP—CCA 方法建立的两场关系模型的预测技巧与各场截取 EOF 模态的个数以及用来进行建模的 CCA 模态个数有关,为使建立的预测模型得到最佳的预测技巧,这里截取 EOF 模态的个数以及用来建立预报关系的 CCA 模态个数使用的交叉检验方法(Barnston 等 1996)来确定。

这样对预报对象和预报因子分别截取前 1~25 个 EOF 模态,重复进行交叉检验,图 5.6 给出了截取不同 EOF 模态个数,并取所有 CCA 模态建立 BP—CCA 温度和降水预测模型的交叉检验的结果。可以看到,当截取的 EOF 模态个数增加时,建立的 CCA 预报关系的 ACC 起初是迅速增加的,直到达到一个最大值后,随着截断模态个数的增加,ACC 将趋于相对稳定并有所减小。对温度而言,截取前 12 个 EOF 模态时,ACC 达到最大,为 0.53;对降水而言,截取前 13 个 EOF 模态时,ACC 最大,为 0.18。为进一步确定用来建立预报模型的 CCA 模态个数,分析发现,500 hPa 环流和温度都截取前 12 个 EOF 模态,500 hPa 环流和降水都截取前 13 个 EOF 模态,进行 CCA 分析后,取不同 CCA 模态个数建立的预报关系对应的 ACC,我们用使 ACC 达到最大的模态个数来建立最后的预报关系,得到最优的降尺度应用预测模型。这里温度和降水都是截取所有的 CCA 模态(对温度模型前 12 个,对降水模型前 13 个)时 ACC 最大(分别为 0.53 和 0.18)的结果。依此建立的 BP—CCA 预报模型对夏季温度和降水的预测效果交叉检验结果的区域差异特征,分别是 160 站预测值和观测值时间相关系数的空间分布和空间相关系数序列(图 5.7)。可以看到,对温度预测而言,160 站平均 ACC 为 0.53,超过 0.05 显著性检验的站数为 152 站,东北、西北、长江流域的相关大部都在 0.6 以上。从空间相关系数序列看,56 年只有 1 年相关系数为负,4 年未达到 0.05 显著性检验,其余大部分年份都超过了 0.01 显著性检验水平,最高达到 0.82。对降水而言,预报技巧要比温度低得多,160 站平均的 ACC 为 0.18,通过 0.05 显著性检验的站数为 55 站,空间分布上可预报性较高的地区

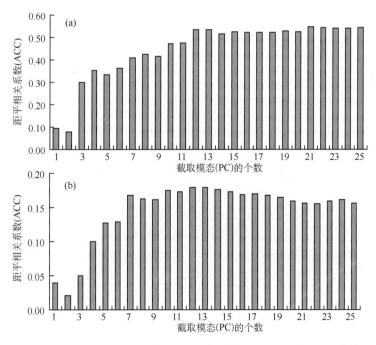

图 5.6　NCEP/NCAR 再分析资料的夏季高度场和 160 站温度(a)和降水(b)
取不同 PC 个数进行 CCA 重建的交叉检验结果(平均 ACC)

是长江流域、黄河下游和东北的北部地区。从空间相关序列看,大多数年份都为正相关,有 34 年通过 0.05 显著性检验,最高为 0.5,有 6 年为负相关。

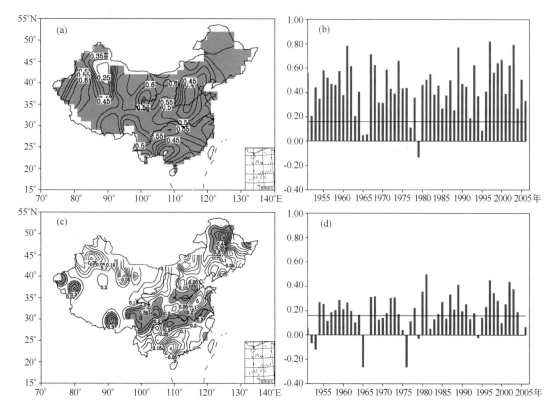

图 5.7　夏季 500 hPa 高度场为预报因子对 160 站夏季温度和降水预测效果的交叉检验

(a)预测的温度和实况温度的相关系数的分布(阴影为达到 0.05 显著性检验的区域);(b)预测的温度和实况温度的空间相关系数序列;(c)预测的降水和实况降水的相关系数的分布(阴影为通过 0.05 显著性检验的区域);(d)预测的降水和实况降水的空间相关系数序列。

　　从以上的分析可以看出,夏季温度的平均 ACC 在 0.5 左右,降水的平均 ACC 在 0.2 左右,温度的可预报性要明显高于降水,而且可预报水平存在明显的区域差异,尤其是降水。

　　为进一步分析东亚地区夏季 500 hPa 环流与我国降水的关系,下面对 BP—CCA 分析的结果做进一步的诊断,由前面交叉检验的结果可以看到,在建立 BP—CCA 预测模型时,降水取前 5 对 CCA 模态之后,预测技巧的变化就不太明显了,因此,下面将对 500 hPa 环流与降水的前 5 对模态进行分析(图 5.8)。第一对典型相关模态的降水分布反映了夏季降水 EOF 的第一模态的特征,降水的正异常区主要在长江流域,河套和华南地区降水偏少。对应的 500 hPa 高度场与高度场的 EOF 第三模态非常相似,表现为贝加尔湖以东和以西的高纬地区为强的正距平中心,渤海湾到朝鲜半岛以及我国西部地区为强的负距平中心,西太平洋 30°N 以南又为强的正距平中心,即东亚—西太平洋地区从高纬到低纬为"＋ － ＋"的距平分布,这种距平配置表明西太平洋副热带高压偏强,位置偏南偏西,东亚副热带锋区偏南,易导致长江流域多雨。第二对 CCA 模态的降水场反映了夏季降水北多南少(或北少南多)的特征,类似于降水 EOF 分析的第二模态,对应的 500 hPa 高度场与高度场 EOF 分析的第四模态相似,贝湖附近的高纬地区为强的负距平中心,朝鲜半岛到日本海附近为正距平中心,西太平洋地区又为负距平中心,东亚—西太平洋地区从高纬到低纬为"－ ＋ －"的距平分布,表明西太平洋副高偏北,东亚副热带锋区偏强偏北,容易造成我国北方地区降水偏多,而长江流域及其以南降水偏少。第三对 CCA 模态的高度场异常表现为我国东北—朝鲜半岛—日本附近地区高度场偏低,其余地区高度场偏高,正距平中心分别位于巴尔喀什湖以北、鄂霍次克海和我国长江以南地区,在这种环流型下我国降水的分布类似降水 EOF 分析的第四和第五模态的部分特征,西部降水偏多,东部降水整体以偏少为主,从北到南呈"＋ － ＋ －"的分布,东北北部和长江下游偏多,东北南部、华北、长江以南降水偏少。

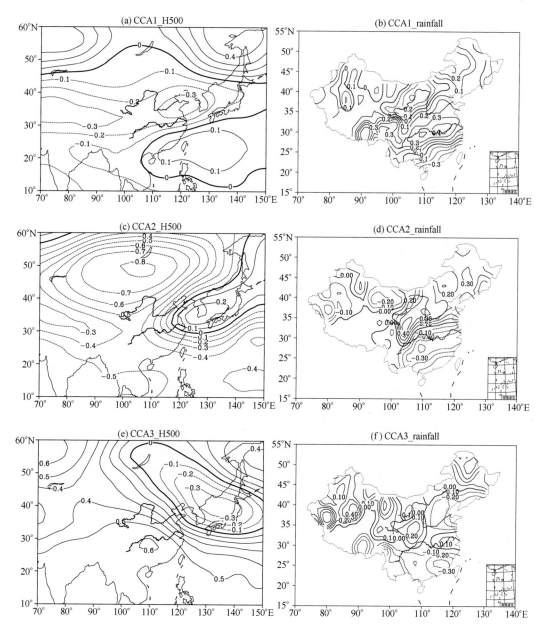

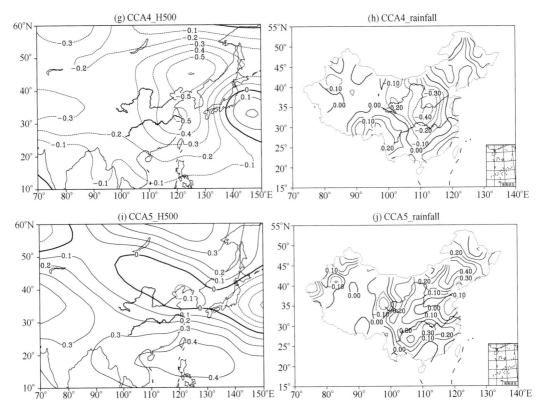

图 5.8　NCEP/NCAR 夏季 500 hPa 高度场距平和夏季 160 站标准化降水距平
BP—CCA 分析的前 5 对空间模态

在本章第三部分,利用 2 月初值 BCC_CM1.0,对 1983—2006 年夏季的温度和降水预测技巧都不高,相关系数的空间分布特征显示,大部地区温度预测以弱的负相关为主,平均 ACC 为 −0.05,相关达到 0.05 显著性检验水平的站点数为 2 个,空间相关系数最大的为 0.5。而全国降水预测也以负相关为主,平均 ACC 为 0.01,相关达到 0.05 显著性检验水平的站点数为 2 个,空间相关系数只有 2 年达到 0.05 显著性检验水平。模式直接输出的温度和降水的预测技巧都比较低。

预测模型建立的方法同前,只是用 BCC_CM1.0 回报和预测的 1983—2007 年夏季 500 hPa 高度距平代替 NCEP/NCAR 再分析资料中的 500 hPa 高度场,分别和我国 160 站夏季实况的温度及降水距平进行 BP—CCA 分析。进行 BP—CCA 分析时截取的预报因子和预报量的 EOF 模态数以及用来建立预测模型的 CCA 模态数的方法同样使用交叉检验来确定。对温度的预测而言,高度场和温度场截取前 10 个 EOF 模态进行 CCA 分析,并且取前 10 个 CCA 模态建立的预测模型的预测技巧最佳,ACC 为 0.18,达到 0.05 显著性检验水平的正相关的站点为 37 个;对降水而言,截取前 14 个 EOF 模态进行 CCA 分析,并且取前 12 个 CCA 模态建立的预测模型的预测技巧最佳,ACC 为 0.14,达到 0.05 显著性检验水平的正相关站点为 27 个。图 5.9 进一步给出了交叉检验的 160 站 25 年相关系数的空间分布和 25 年空间相关系数序列。可以看到,与模式直接输出的结果相比,BP—CCA 模型对温度和降水的预测技巧都有明显的提高,对温度的预测在江淮、西北部分地区、西南地区东部技巧都有很大的提高,空间相关系数 11 年超过 0.05 显著性检验,最大超过 0.6;对降水的预测在黄河下游、江南、西南地区技巧有明显的提高,有 13 年空间相关系数超过 0.05 显著性检验,最大超过 0.4。

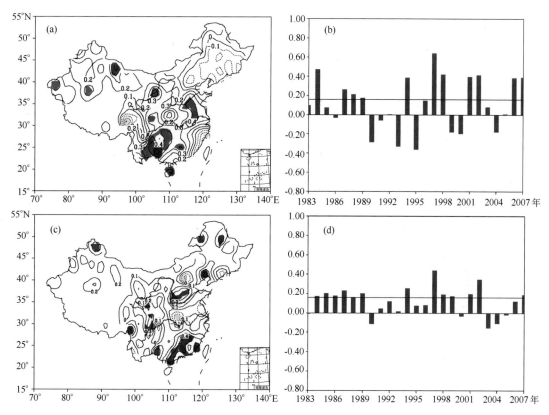

图 5.9　利用 BCC_CM1.0 高度场的 BP—CCA 预测模型对 1983—2006 年夏季温度和降水预测效果的交叉检验
26 年交叉检验预测的 160 站温度(a)和降水(c)距平和实况的相关系数分布
(阴影为达到 0.05 显著性检验的区域);(b)和(d)是温度和降水的空间相关系数序列。

　　BP—CCA 方法从大尺度异常环流型的角度来实现对温度和降水的降尺度应用预测,因此模式对大尺度环流型的模拟是首要的。进一步分析了 BCC_CM1.0 回报和预测的 1983—2007 年夏季东亚地区 500 hPa 高度距平场 EOF 分析的前 5 个模态,EOF 第一模态类似于 NCEP/NCAR 再分析资料 EOF 的第一模态,反映了东亚大陆高度场大部变化一致的特征,解释方差贡献 58.2%。第二模态也类似于 NCEP/NCAR 再分析结果的第二模态,解释了 10.5%的方差;第三模态解释了 8.5%的方差贡献,空间分布上类似 NCEP/NCAR 结果的第三模态;第四模态则与 NCEP/NCAR 结果的第四模态非常一致,降尺度解释方差贡献为 5.8%。第五模态与 NCEP 结果的第五模态也比较相似。前五个模态累积降尺度方差贡献 88.3%。从模式预测的 500 hPa 环流异常的主要 EOF 模态来看,模式对主要的 500 hPa 异常环流型还是有一定的预测能力。因此,通过 BP—CCA 方法建立的模式预测的 500 hPa 环流与观测的温度和降水的降尺度应用预报模型是可以改善模式对要素预报的技巧。

　　但由于受到用环流来降尺度预测温度和降水的可预报性的限制,以及模式预测的大尺度环流型实际上与观测还是有很大的差异,因此 BP—CCA 建立的预测模型的预测技巧远远低于用观测的环流降尺度得到温度和降水的预测技巧,但与模式直接输出的要素预报的技巧相比,用大尺度的环流采用 BP—CCA 的方法还是可以明显改善对夏季温度和降水的预测效果。

5.4.4　小结

使用 BP—CCA 方法建立了东亚夏季大尺度环流和温度、降水的降尺度应用预测模型,分别从实况资料分析和模式结果分析两个角度进行了探讨。结果表明,500 hPa 大气环流异常与我国温度和降水在季节尺度上有密切关系;将 BP—CCA 方法应用于 BCC_CM1.0 的降尺度应用中,亦取得了较好的预测效果,得到以下一些结论:

应用 BP—CCA 方法,基于交叉检验思路建立的东亚夏季 500 hPa 环流和我国夏季温度、降水异常的最优降尺度应用预测模型对温度和降水的预测有很好的效果。用 500 hPa 大尺度环流来降尺度预测温度和降水,夏季温度的平均 ACC 在 0.5 左右,降水的平均 ACC 在 0.2 左右,温度的可预报性要明显高于降水,而且可预报水平存在明显的区域差异,尤其是降水。

应用 BP—CCA 方法建立了 BCC_CM1.0 大尺度环流对温度和降水的降尺度应用预测模型,模型对温度和降水的预测效果明显高于模式直接输出的结果,对温度的改善要高于对降水的改善。模式对大尺度环流主要异常模态的模拟是预测模型取得较好效果的前提条件之一。

5.5　结论与讨论

本章首先介绍了基于"一步法"思路的气候模式预测历史和现状,随后重点分析了国家气候中心海气耦合模式 BCC_CM1.0 对夏季气候的预测性能,然后利用模式对高度场的预报以及 BP—CCA 方法进行中国夏季降水和温度的降尺度应用试验,主要结论有:

海气耦合模式对海温、环流的纬向平均场等模拟能力较好,但是存在明显的系统性偏差。总体而言,在超前时间越短时,预测效果越好。对模式直接输出的中国区域的降水和温度的比较可以看到,海气耦合模式对夏季温度的预测能力高于降水。模式对东亚区域大气位势高度场预测技巧的年际变化较大,不同超前时间时预测技巧的差异不明显,但 21 世纪以来的预测效果似乎有所提高。

应用 BP—CCA 方法,基于交叉检验思路建立的东亚夏季 500 hPa 环流和我国夏季温度、降水异常的最优降尺度应用预测模型对温度和降水的预测有较好的效果。用 500 hPa 大尺度环流信息来进行降尺度预测温度和降水,温度的预测效果要远高于降水。温度和降水的预测效果存在明显的区域差异。夏季温度预测的平均距平相关系数 ACC 在 0.5 左右,降水的平均 ACC 在 0.2 左右。

应用 BP—CCA 方法建立了 BCC_CM1.0 大尺度环流对温度和降水的降尺度预测应用模型,模型对温度和降水的预测效果明显高于模式直接输出的结果,对温度的改善要高于对降水的改善。模式对大尺度环流主要异常模态的模拟是预测模型取得较好效果的前提条件之一。

在现有工作基础上,还需要进一步分析模式预测的有物理意义的诊断量信息,建立高技巧诊断量与要素之间的联系,提高模式对要素的预测能力。

参考文献

陈桂英，赵振国. 1998. 短期气候预测评估方法和业务初估. 应用气象学报，**9**(2)：178-185.

陈友民. 1996. 月平均大气环流变率及气候可预报性的诊断研究：[学位论文]. 北京：北京大学地球物理系.

董敏. 2001. 国家气候中心大气环流模式——基本原理和使用说明. 北京：气象出版社.

国家气象中心. 1991. 资料同化和中期数值预报. 北京：气象出版社.

贾小龙，陈丽娟，李维京，等. 2010. BP-CCA 方法用于中国冬季温度和降水的可预报性研究和降尺度季节预测. 气象学报，**68**(3)：398-410.

刘益民，李维京，张培群. 2005. 国家气候中心全球海洋资料四维同化系统在热带太平洋的结果初步分析. 海洋学报，**27**(1)：27-35.

魏风英. 2007. 现代气候统计诊断与预测技术(第二版). 北京：气象出版社，146-160.

吴洪宝，吴蕾. 2005. 气候变率诊断和预测方法. 北京：气象出版社，131-145.

Barnston A G，He Y. 1996. Skill of CCA Forecasts of 3-month Mean Surface Climate in Hawaii and Alaska. *Journal of Climate*，**9**(10)：2579-2605.

Boville B A，Kiehl J T，Rasch P J，*et al*. 2001. Improvements to the NCAR CSM-1 for transient climate simulation. *Journal of Climate*，**14**：164-179.

Charney J G，Shukla J. 1981. Predictability of monsoons. In：*Monsoon dynamics* (Lighthill J，Pearce RP，eds). Cambridge：Cambridge University Press，99-108.

Cubasch V R，Voss R，Hegerl G C，*et al*. 1997. Simulation of the influence of solar radiation variations on the global climate with an ocean-atmosphere general circulation model. *Climate Dynamics*，**13**：755-767.

Gordon H B，Farrel S P O. 1997. Transient climate change in the CSIRO coupled model with dynamic sea ice. *Monthly Weather Review*，**125**：875-907.

Gordon C，Cooper C，Senion C A，*et al*. 2000. The simulation of SST，sea ice extents and ocean heat transports in a version of the Hadley center coupled model without flux adjustments. *Climate Dynamics*，**16**：147-168.

Hahn D，Shukla J. 1976. An apparent relationship between Eurasia snow cover and Indian monsoon rainfall. *Journal of Atmospheric Sciences*，**33**：2461-2436.

Kalnay E，*et al*. 1996. The NCEP/NCAR 40-year reanalysis project. *Bulletin of the American Meteorological Society*，**77**(3)：437-471.

Kirtman Ben P，Yun Fan，Edwin K S. 2002. The COLA Global Coupled and Anomaly Coupled Ocean-Atmosphere GCM. *Journal of Climate*，**15**(17)：2301-2320.

Knutson T R，Delworh T L，Dixon K W，*et al*. 1999. Model assessment of regional surface temperature trends (1949—1997). *Journal of Geophysical Research*，**104**：30981-30996.

Luo J J，Masson S，Behera S，*et al*. 2003. South Pacific origin of the decadal ENSO-like variation as simulated by a coupled GCM. *Geophysical Research Letters*，**30**：2250，doi：10.1029/2003GL018649.

Miller R L，Jiang X. 1996. Surface energy flux and coupled variability in the Tropics of a coupled general circulation model. *Journal of Climate*，**9**：1559-1620.

Russell G L，Miller J R，Rind D. 1995. A coupled atmosphere-ocean model for transient climate change studies. *Atmosphere ocean*，**33**：683-730.

Wang B，Ding Q，Fu X，*et al*. 2005. Fundamental challenges in simulation and prediction of summer monsoon rainfall. *Geophysical Research Letters*，**32**(15)：L15711，doi：10.1029/2005GL022734 12.

第6章 关于"一步法"气候预测的进一步讨论： 欧洲 DEMETER 耦合模式对 当前气候变化的回报能力

近年来，随着对大气科学认识程度的加深和计算机水平的不断提高，气候系统模式得到了进一步的发展和改善，它们对气候变化的模拟能力也得到了进一步的增强。然而，由于受模式系统偏差以及模式粗分辨率的影响，耦合模式仍然很难模拟有着复杂物理过程和陆表地形的东亚区域季风气候。以 BCC_BCM1.0 为代表的我国耦合模式虽然能够较好地模拟我国温度、降水等基本气候态信息，但仍然存在较大的系统偏差，特别是对季风气候的模拟，其年际变化的预测技巧很低。那么，国际上其他耦合模式的模拟能力如何？本章对目前国际上使用较为普遍的欧洲联盟的 DEMETER(Development of a European Multimodel Ensemble system for seasonal to inTERannual prediction)计划中的耦合模式进行合理的评估，使得能够更好地认识当前耦合模式对季风气候的模拟能力。

6.1 DEMETER 计划介绍

DEMETER 计划是由欧盟(European Union,the Fifth Framework Programme)支持的，该计划致力于开发出一个有效可靠的季节到年际气候预测的欧洲多模式集合预报系统(Palmer 等 2004)，另外一方面也为农业、公共卫生等提供实用的信息。DEMETER 提供的回报数据集是由安装在 ECMWF 的七个全球 CGCM 运行产生的。这七个模式分别为：CERFACS(European Centre for Research and Advanced Training in Scientific Computation, France)、ECMWF(European Centre for Medium-Range Weather Forecasts, International Organization)、INGV(Istituto Nazionale de Geofisica e Vulcanologia, Italy)、LODYC(Laboratoire d'Océanographie Dynamique et de Climatologie, France)、MPI(Max-Planck Institut für Meteorologie, Germany)、CNRM(Centre National de Recherches Météorologiques, Météo-France, France)和 UKMO(The Met Office, UK)。以每个模式的月平均资料来说，每次回报试验从 9 个初始场出发，各积分 6 个月。每年进行 4 次回报试验，分别从每年的 2 月、5 月、8 月、11 月出发。数据集的资料产品均已经过插值，大气的数据分辨率为 $2.5° \times 2.5°$，海洋的数据分辨率为 $1.0° \times 1.0°$。各个模式的起始回报时间不一致，最早的起始回报时间从 1958 年 2 月开始(ECMWF,CNRM)，最晚的从 1980 年 2 月开始(INGV)，七个模式共有的时段为 1980—2001 年(表 6.1 是这些模式的一些基本信息)。DEMETER 计划的耦合模式回报试验结果已经在我国得到了不少使用，例如，Wang 和 Fan(2009)利用该计划的结果检验了他们提出的"热带相似预测"预测方法的效果。在下面的几个部分中，我们较为详细地介绍 DEMETER 耦合模式对东亚和我国气候的回报能力。

表 6.1　DEMETER 计划中耦合模式相关信息介绍

	CERFACS	ECMWF	INGV	LODYC	CNRM	UKMO	MPI
大气模式	ARPEGE	IFS	ECHAM-4	IFS	ARPEGE	HadAM3	ECHAM-5
分辨率	T63 31 层	T95 40 层	T42 19 层	T95 40 层	T63 31 层	2.5°×3.75° 19 层	T42 19 层
大气初值	ERA-40	ERA-40	耦合的 AMIP 型实验	ERA-40	ERA-40	ERA-40	Coupled run relaxed to observed SSTs
参考文献	Déqué (2001)	Gregory 等 (2000)	Roeckner (1996)	Gregory 等 (2000)	Déqué (2001)	Pope 等 (2000)	Roeckner (1996)
海洋模式	OPA 8.2	HOPE-E	OPA 8.1	OPA 8.2	OPA 8.0	GloSea OGCM, based on HadCM3	MPI-OM1
分辨率	2.0°×2.0° 31 层	1.4°× 0.3°—1.4° 29 层	2.0°× 0.5°—1.5° 31 层	2.0°×2.0° 31 层	182 GP× 152 GP 31 层	1.25°× 0.3°—1.25° 40 层	2.5°× 0.5°—2.5° 23 层
海洋初值	ERA-40	ERA-40	ERA-40	ERA-40	ERA-40	ERA-40	由观测 SSTs 订正的耦合实验
参考文献	Delecluse 和 Madec (1999)	Wolff 等 (1997)	Madec 等 (1998)	Delecluse 和 Madec (1999)	Madec 等 (1997)	Gordon 等 (2000)	Marsland 等 (2003)
集合	风应力和 SST 扰动	风应力和 SST 扰动	风应力和 SST 扰动	风应力和 SST 扰动	风应力和 SST 扰动	风应力和 SST 扰动	初始场取 9 个不同时间的集合实验

6.2 DEMETER 耦合模式对我国季节降水的回报能力

6.2.1 耦合模式对我国季节降水气候态特征的回报能力

首先,对 DEMETER 计划中七个耦合模式以及集合结果对我国各个季节降水多年平均态的回报能力进行探讨。图 6.1 简洁地概括了各个模式的回报能力。

春季,我国降水中心主要位于长江下游和华南地区,并且降水量从我国东南向西北逐渐递减。七个耦合模式对我国春季降水平均态的模拟能力存在较大的差异(图 6.1a),其中 CERFACS 模式的模拟能力最差,UKMO 模式相对最好。所有模式模拟的降水大值中心位置相对偏北,降水量偏少,而且它们都高估了青藏高原东南部的降水量,使得该地区出现了

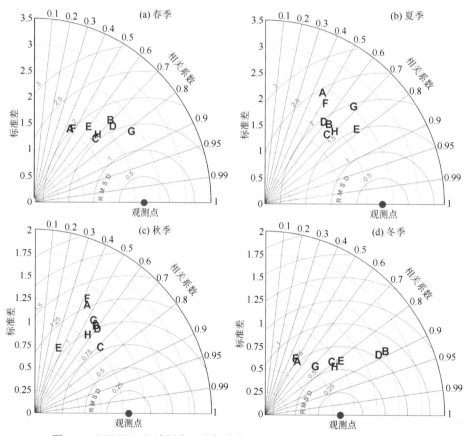

图 6.1 DEMETER 计划中七个耦合模式及其集合回报的 1980—2001 年
我国各个季节降水气候态分布的泰勒图

泰勒图简洁地概括了模式模拟结果与观测的空间相关系数、RMSE 以及方差来说明耦合模式的模拟能力。图中字母分别代表相应的模式结果,其中从原点到字母的距离代表模式模拟的方差,从观测到字母的距离表示相对观测的 RMSE,从原点到字母与横坐标夹角的余弦为两者的相关系数。当模式结果越靠近观测点(Obs.)表示模式模拟能力越好。A:CERFACS,B:ECMWF,C:INGV,D:LODYC,E:MPI,F:CNRM,G:UKMO,H:集合结果,Obs.:观测。

虚假的降水中心。但七个模式都合理地模拟出了我国春季降水南多北少的特征。多模式集合(MME)结果也表现出了相似的特征,但对南方地区降水模拟偏少,而北方地区普遍偏多。

夏季,我国受东亚夏季风显著影响,降水资源丰富,长江下游、华南及其沿海地区、四川盆地等都为夏季降水的大值中心。七个耦合模式对我国夏季降水平均态的模拟存在较大的差异(图 6.1b),但总体上来说所有耦合模式都基本合理地模拟出了夏季降水的空间分布特征,其主要误差在于模式模拟的降水中心位置和模拟降水量的偏差上(图 6.2)。七个耦合模式中,CERFACS,ECMWF,INGV,LODYC 和 CNRM 都低估了长江下游和华南地区的降水量,没能模拟出该地区的降水大值中心,而且对四川盆地的降水量有着过高的估计,并且其大值中心范围远大于观测结果。MPI 和 UKMO 模式虽然能够合理地模拟出了长江下游和华南地区的降水中心,但 MPI 未能模拟出四川盆地的降水中心,而 UKMO 过大地估计了四川盆地降水中心的降水量以及范围。MME 一般好于单个模式的结果,它与观测降水的空间相关系数达到了 0.70,相对观测的 RMSE 为 1.69 mm/d,但其对长江下游和华南地区的降水量模拟仍然偏低,而四川盆地偏高。

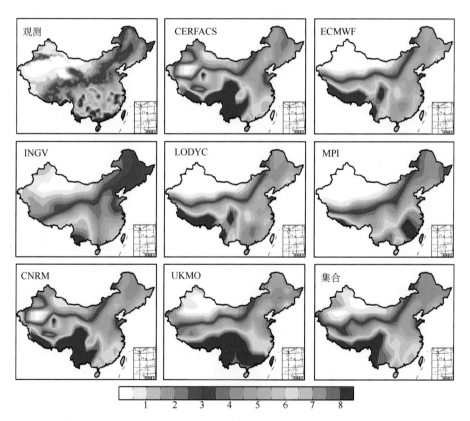

图 6.2　观测的和 DEMETER 计划中耦合模式模拟的 1980—2001 年我国夏季降水的气候态分布,
同时也给出了模式集合结果。单位:mm·d^{-1}

秋季,从观测降水的气候态分布上看,我国东南沿海、云南以及四川降水量相对其他地区偏多,一般大于 3 mm/d。DEMETER 耦合模式都较为合理地模拟出了我国秋季降水量的大值区域,但对青藏高原以东的降水量模拟明显偏多,范围相对观测降水也要大得多。七个耦合模式中,MPI 模式对秋季降水平均态的模拟能力最差,其与观测降水的空间相关系数仅为

0.36,相对观测的 RMSE 为 1.1 mm/d,与观测的方差比为 0.72;而 INGV 模式的模拟能力最好,其空间相关系数达到了 0.71,相对观测的 RMSE 为 0.79 mm/d,与观测的方差比达到了 0.97。MME 结果部分消除了模式间的误差,它与观测降水的空间相关系数为 0.57,RMSE 为 0.99 mm/d,方差比接近 1.0(图 6.1c)。

冬季,我国降水的大值中心主要还是在长江下游和华南地区。DEMETER 耦合模式对我国冬季降水平均态的模拟能力要好于其他季节,七个模式都合理模拟出了降水大值中心的位置,但对其中心的降水量模拟偏多,特别是 ECMWF 和 LODYC 模式,而且耦合模式过大地估计了北方地区的降水量。但 MME 能够部分消除模式间的偏差,综合来看,MME 结果要优于单个模式的结果(图 6.1d),它与观测的空间相关系数达到了 0.82,RMSE 为 0.54 mm/d,方差比为 1.13。

总体上,DEMETER 计划中的七个耦合模式及其集合结果对我国各个季节降水的多年平均态的模拟还是相当合理的,对于空间分布的模拟与实际观测结果较为接近,尽管模式对于几个降水中心的降水量估计或者偏小、或者偏大、或者位置偏移。值得注意的是,模式对我国各季降水的模拟都存在一个明显的系统偏差,即对青藏高原东南部的降水模拟明显偏高,这可能是由于耦合模式分辨率不够高,对地形处理过于粗糙而造成的。

6.2.2 耦合模式对我国季节降水年际变化的回报能力

DEMETER 耦合模式对我国各个季节降水气候态空间分布的模拟还是相当合理的,这与国内外其他模式结果是基本一致的。那么,耦合模式对我国季节降水异常的回报能力如何呢?为此,下面主要以耦合模式与观测降水之间的时间相关系数、ACC、RMSE 等因子为度量来检验各个模式以及 MME 对我国季节降水异常的回报效果。

1. 春季降水

首先,我们分析了 DEMETER 耦合模式回报的 1980—2001 年我国春季降水与观测降水之间的时间相关系数(图 6.3),可以发现,耦合模式对我国春季降水年际变化的模拟存在较大的偏差,而且所有模式对春季降水年际变化几乎没有模拟能力,只有少数站点的相关系数能通过 0.05 显著性检验,而且很多站点的相关系数小于零。MME 回报结果也是如此。模式模拟的春季降水年际变率相对观测结果明显偏小,集合结果尤其明显。对中国区域平均降水来说,模式模拟能力还是可以的,七个模式回报的 1980—2001 年春季降水与观测的相关系数为 0.24~0.61,MME 回报结果达到了 0.65。

图 6.4 给出了七个耦合模式回报的 1980—2001 年逐年春季降水异常与观测降水异常的场相关系数和 RMSE 变化,同时也给出了 MME 回报结果。可以发现,各模式对每年我国春季降水空间分布的回报能力很不稳定,ACC 都较小,而且有的年份所有模式回报的 ACC 均为负值,如 1989,1993 年。七个耦合模式(CERFACS, ECMWF, INGV, LODYC, MPI, CNRM 和 UKMO)22 年平均的 ACC 分别为 0.09,0.13,0.18,0.16,0.06,0.02 和 0.10,MME 结果为 0.18。而且模式回报的春季降水与观测降水之间存在较大的偏差,多年平均的 RMSE 分别为 2.4,2.5,2.0,2.3,2.5,2.4 和 2.5 mm/d,集合回报结果为 2.2 mm/d。

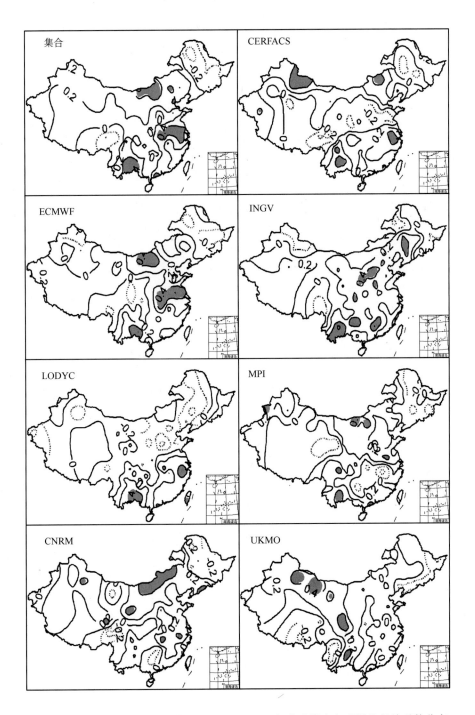

图 6.3   耦合模式以及 MME 模拟的 1980—2001 年春季降水与观测的相关系数分布
阴影区表示相关系数超过 0.05 显著性检验的区域

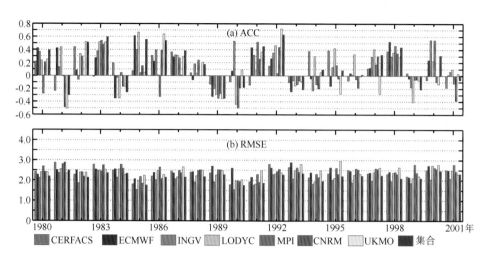

图 6.4　DEMETER 计划中七个耦合模式回报以及 MME 的 1980—2001 年我国逐年春季降水异常与
观测降水异常之间的 ACC 和 RMSE(单位(RMSE):mm·d^{-1})

2. 夏季降水

目前,耦合模式对东亚夏季风的模拟还存在较大的困难,以至于对我国夏季降水异常的模拟能力很弱,这与国内外所有耦合模式结果都是一致的。DEMETER 计划中七个耦合模式回报的 1980—2001 年我国夏季降水与观测降水之间的相关系数很低,只有我国中部地区个别站点的相关系数能通过 0.05 显著性检验,而其他站点的相关系数都很小,甚至很多站点都表现为负相关(图 6.5)。回报的我国区域平均夏季降水与观测的相关系数为$-0.03\sim0.35$,MME结果也仅为 0.28,可见耦合模式对我国夏季降水的模拟能力明显弱于春季降水。而且DEMETER耦合模式回报的 1980—2001 年夏季降水量与观测结果之间存在较大的偏差,尤其在我国夏季降水的几个大值中心,如长江下游、华南和藏东南地区,其偏差远大于其他区域,RMSE 一般都在 2.5 mm/d 以上。另外,关于夏季降水年际变率,所有耦合模式模拟值偏小的都较多,MME 结果尤其如此,这也说明了耦合模式对我国极端降水的模拟几乎是无能为力的。

那么,耦合模式对我国夏季降水的空间分布特征模拟如何呢? 图 6.6 给出了七个耦合模式以及 MME 结果回报的 1980—2001 年我国夏季降水异常与观测降水异常的场相关系数和RMSE。可以发现,各个模式以及集合的 ACC 都较小,甚至有的年份所有耦合模式以及集合的 ACC 都为负值。七个模式 22 年平均的 ACC 值也很小,分别为 0.00,0.10,0.03,0.03,0.11,0.06 和 0.00,集合回报结果也仅为 0.10。而且回报的场降水与实际观测之间也存在很大的偏差,七个模式回报的多年平均的 RMSE 值分别为 3.1,2.5,2.4,2.5,2.3,3.0 和2.9 mm/d,模式集合结果为 2.4 mm/d。可见,DEMETER 耦合模式对我国夏季降水空间分布特征的模拟能力还是很弱的。

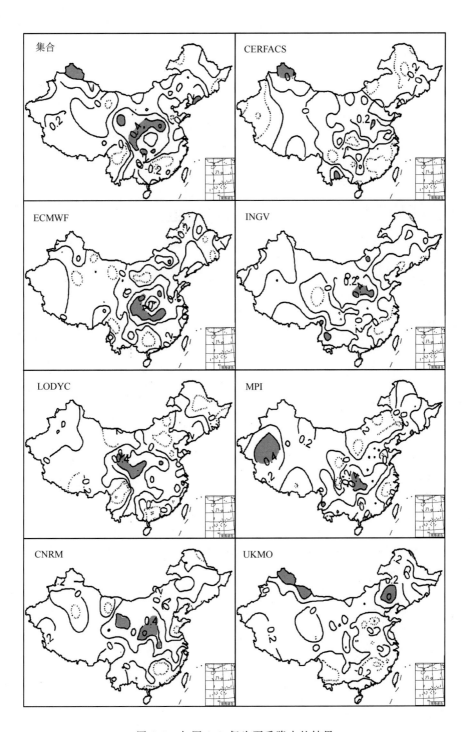

图 6.5   如图 6.3，但为夏季降水的结果

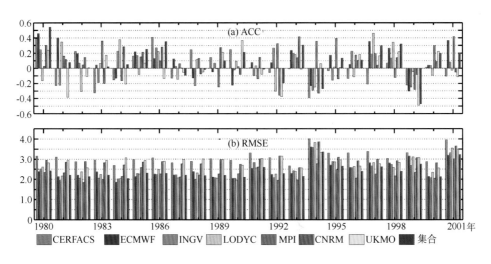

图 6.6   如图 6.4,但为夏季降水的结果

3. 秋季降水

DEMETER 耦合模式对我国秋季降水异常的模拟也存在较大的困难。七个模式回报的 1980—2001 年秋季降水与观测降水之间的相关系数都很小,尤其在我国地形比较复杂的西北和华北地区,七个耦合模式回报的大多数站点的相关系数都为负值,MME 结果也是如此(图 6.7)。模式回报的我国区域平均降水的相关系数为 0.13~0.39,集合结果为 0.40。而且所有模式回报的 1980—2001 年不同站点秋季降水与观测之间也存在较大的偏差,尤其是藏东南地区,偏差最大,这与耦合模式对地形处理过于粗糙而引起该地区出现虚假降水中心有关。七个模式回报的我国区域平均降水的 RMSE 为 0.37~0.57 mm/d,模式集合结果为 0.39 mm/d。另外,耦合模式回报的我国秋季降水变率也明显小于观测结果,多模式集合 MME 的结果尤其如此。

关于耦合模式对我国秋季降水异常的空间分布特征的回报能力,我们计算了 DEME-TER 计划中所有耦合模式以及 MME 的 1980—2001 年我国秋季降水异常与观测降水异常之间的空间相关系数以及 RMSE 变化(图 6.8)。可以发现,DEMETER 耦合模式基本不能模拟我国秋季降水的空间分布特征,其回报的 ACC 都很小,在很多年份 ACC 都为负值。而七个模式多年平均的 ACC 都小于 0.10,它们分别为 0.07,0.04,0.03,0.10,0.07,0.06 和 0.10。MME 结果明显优于单个模式结果,但也仅为 0.14,远低于 0.05 显著性水平。另外,耦合模式回报的逐年场降水量与实际观测之间也存在较大的偏差,七个模式 22 年平均的 RMSE 分别为 1.6,1.5,1.2,1.4,1.4,1.7 和 1.4 mm/d。MME 结果基本要好于单个模式结果,为 1.3 mm/d。

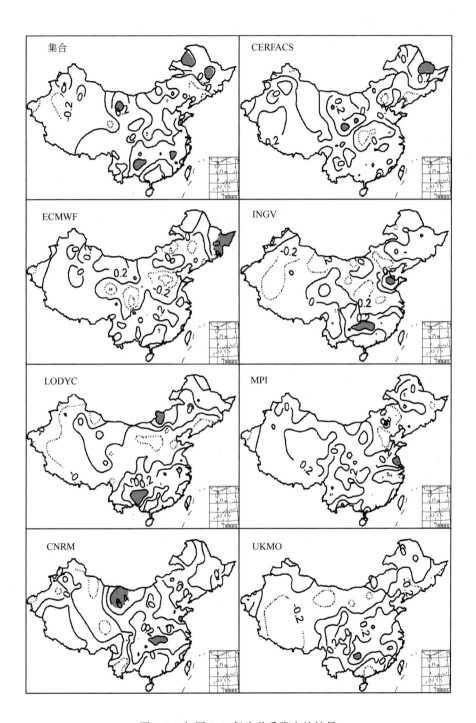

图 6.7　如图 6.3,但为秋季降水的结果

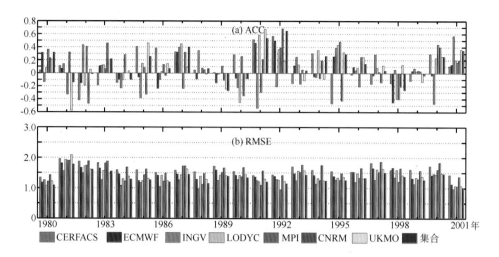

图 6.8　如图 6.4,但为秋季降水的结果

4. 冬季降水

　　DEMETER 耦合模式中除了 MPI 和 UKMO 外,其他 5 个模式对我国华南地区冬季降水的年际变化具有较好的模拟能力,与观测降水的相关系数均通过了 0.05 显著性检验,而其他地区相关系数相对较小,甚至有的区域相关系数为负值(图 6.9)。5 个模式回报的我国区域平均降水的相关系数为 0.37~0.53,而 MPI 和 UKMO 分别为 −0.08 和 0.05。七个模式集合结果为 0.49,通过了 0.05 显著性检验。耦合模式回报的 1980—2001 年冬季降水与观测降水之间的偏差主要还是集中在几个降水中心,如长江下游和华南地区,而其他地区的偏差相对较小。回报的我国区域平均降水的 RMSE 为 0.33~1.21 mm/d,集合结果为 0.62 mm/d。对于耦合模式回报冬季降水的年际变率,相对观测也是显著偏小的。

　　耦合模式对我国冬季降水空间分布特征的模拟能力也较弱(图 6.10),在很多年份其 ACC 值都为负,MME 结果也是如此。但相对其他季节来说,耦合模式对于冬季降水的模拟还是相对可以的,七个模式中除了 MPI 和 UKMO 模式以外,其他五个模式(CERFACS,ECMWF,INGV,LODYC 和 CNRM)22 年平均的 ACC 均在 0.11 以上,分别为 0.18,0.20,0.11,0.19 和 0.16,而 MPI 和 UKMO 模式分别为 −0.02 和 −0.01。七个模式集合结果为 0.14。多年平均的 RMSE 分别为 0.95,1.54,0.92,1.33 和 0.98 mm/d,MPI 和 UKMO 模式为 1.07 mm/d和 0.86 mm/d,七个模式集合为 0.93 mm/d。

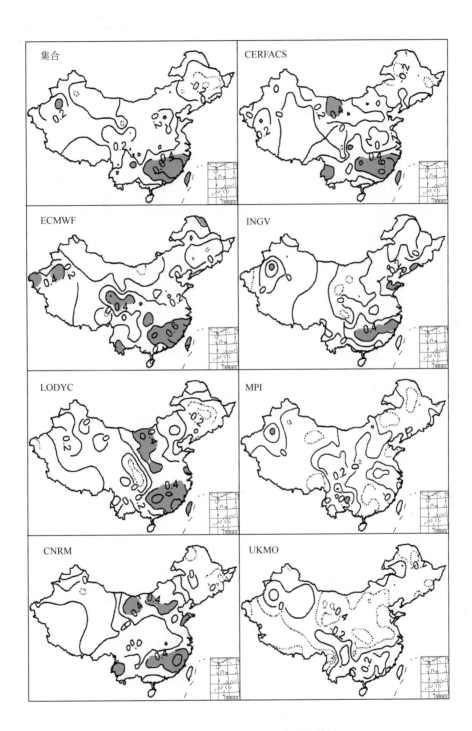

图 6.9　如图 6.3,但为冬季降水的结果

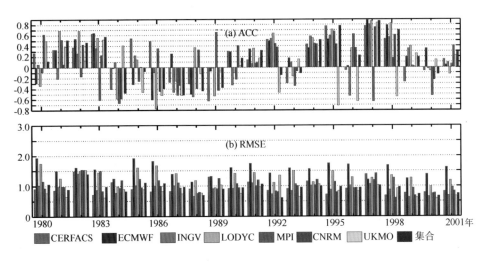

图 6.10 如图 6.4,但为冬季降水的结果

6.2.3 小结

从以上分析可以知道,DEMETER 耦合模式对我国各个季节降水气候态分布特征的模拟还是比较合理的,但对其年际变化的模拟能力比较弱。从整体上来看,模式对冬春季降水的模拟相对较好,秋季次之,夏季模拟最差,MME 结果尤其明显,这与国内外其他耦合模式的情况基本一致。耦合模式对我国夏季降水预测效能低的原因是多方面的,其中根本原因之一是 ENSO 与我国夏季降水的关系不够紧密;同时,模式预测的热带(特别是西太平洋区)SST 的技巧以及模式刻画它和我国夏季降水关系的能力比较低。当然,模式预测中高纬 SST 异常的能力就更差一些。

在这种情况下,单纯利用耦合模式来预测我国季节降水异常是远远不能解决问题的,必须提出新的预测思想和方法。

6.3 DEMETER 耦合模式对东亚冬季风年际变化的回报能力

冬季风是东亚季风系统的重要组成部分,强东亚冬季风会给我国带来低温冷害、寒潮活动频繁等灾害性天气,反之则表面温度偏暖,常导致暖冬事件发生,从而对人民的生产、生活环境产生深刻的影响。因此,研究东亚冬季风环流系统年际变化特征,并评估 DEMETER 耦合模式模拟这些特征的能力,进而为跨季度短期气候预测提供思路具有重要的科学和现实意义。

本节选取了 DEMETER 计划中回报时间最长的三个耦合模式(ECMWF, CNRM, MPI),使用两套再分析数据 NCEP-1 和 ERA-40 的平均作为参照数据。DEMETER 耦合模式对东亚区域气候态具有一定的模拟能力。MME 能够模拟出再分析海平面气压场和 850 hPa 风场多年平均的空间分布特征,在冬季,欧亚大陆地区表现为大陆冷性高压,北太平洋为热低压,其间主要盛行西北风,但其模式模拟的热低压和西北风均偏弱。

6.3.1 耦合模式对东亚冬季风指数的回报能力

为了研究东亚冬季风年际变化特征,首先,定义了东亚区域(20°—60°N, 90°—150°E) 850 hPa 温度异常作为刻画东亚冬季风强度的指数。因为强东亚冬季风年份通常对应于北半球高纬度较强或频繁的冷空气南下(诸如东亚冬季寒潮活动),而冷空气势力的相对加强必将进一步导致东亚北部大气温度的相对降低,并具体表现为表面温度下降。

图 6.11 显示了再分析和 3 个耦合模式及其集合模拟的 850 hPa 温度距平的第一模态,其中,再分析的方差贡献率为 49.75%,单个模式的方差贡献率在 39.36%~41.12%之间,MME 的为 44.16%,与再分析的方差贡献率相当。再分析 850 hPa 温度距平的第一模态表现为一个冷异常,中心位于贝加尔湖附近,中心强度在−1.6℃以下。单个模式和 MME 均模拟出了这个冷中心,但与再分析相比,模式模拟的中心位置偏东,中心强度偏弱。此外,表 6.2 给出了三个耦合模式及其集合模拟与再分析的 850 hPa 温度距平第一模态之间的空间相关系数(PCC),可以看到,模式 ECMWF 的 PCC 最高,MME 次之,所有的 PCC 均通过了 0.01 的显著性水平检验。

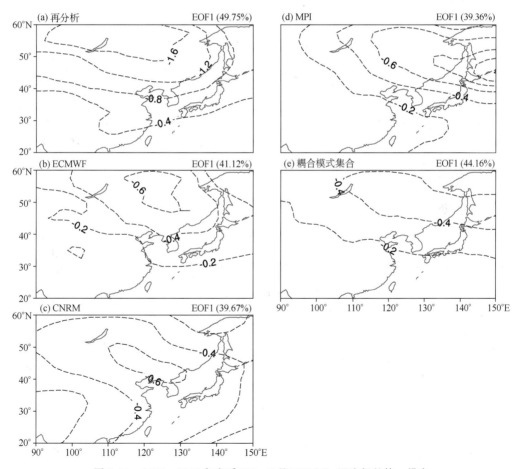

图 6.11 1969—2001 年冬季(12—2 月)850 hPa 温度场的第一模态
(a)再分析;(b) ECMWF;(c) CNRM;(d) MPI;(e)耦合模式集合(引自 Li and Wang, 2011)

图 6.12 显示了再分析和 3 个耦合模式及其集合模拟的 850 hPa 温度距平的第一时间系数(东亚冬季风强度指数)。再分析东亚冬季风强度指数在 1969—2001 年间有明显的年际变化,同时,自 20 世纪 80 年代中后期有显著的年代际减弱。单个模式和 MME 均模拟出了一致的年代际减弱,而对东亚冬季风强度的年际变化特征的模拟,ECMWF、CNRM 和 MME 较好,而 MPI 相对较差一些。此外,表 6.3 给出了 3 个耦合模式及其集合模拟与再分析的东亚冬季风指数之间的时间相关系数(TCC),单个模式的 TCC 在 0.393~0.508 之间,而 MME 的 TCC 为 0.595,优于单个模式,所有的 TCC 均通过了 0.05 的显著性水平检验。

表 6.2 3 个耦合模式及其集合模拟与再分析 1969—2001 年冬季(12—2 月)850 hPa 温度场第一模态之间的空间相关系数(PCC)(引自 Li and Wang,2011)

	ECMWF	CNRM	MPI	MME
NCEP-1	0.858	0.477	0.545	0.839
ERA-40	0.850	0.478	0.459	0.794
平均值	0.860	0.482	0.503	0.820

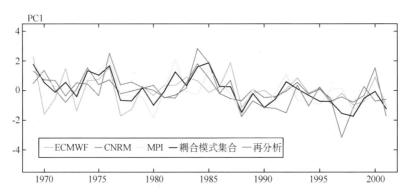

图 6.12 1969—2001 年冬季(12—2 月)850 hPa 温度场的第一时间系数
ECMWF,CNRM,MPI,耦合模式集合,再分析(引自 Li and Wang,2011)

表 6.3 3 个耦合模式及其集合模拟与再分析 1969—2001 年冬季(12—2 月)850 hPa 温度场第一时间系数之间的时间相关系数(TCC)(引自 Li and Wang,2011)

	ECMWF	CNRM	MPI	MME
NCEP-1	0.419	0.513	0.401	0.603
ERA-40	0.413	0.500	0.386	0.585
平均值	0.417	0.508	0.393	0.595

6.3.2 耦合模式对东亚冬季风年际变化的回报能力

接下来,我们分析了 MME 对东亚基本场异常的模拟能力(TCC),为下面讨论 MME 模拟东亚冬季风年际变化提供可靠性基础。图 6.13 清楚地表明,MME 能够模拟出东亚基本大气环流和表面温度异常,包括大陆冷性高压,北太平洋热低压;850 hPa 层冷空气南下;500 hPa 层槽脊系统;200 hPa 层西风急流;表面温度异常。大部分研究区域的 TCC 通过了 0.05 的显著性水平检验。

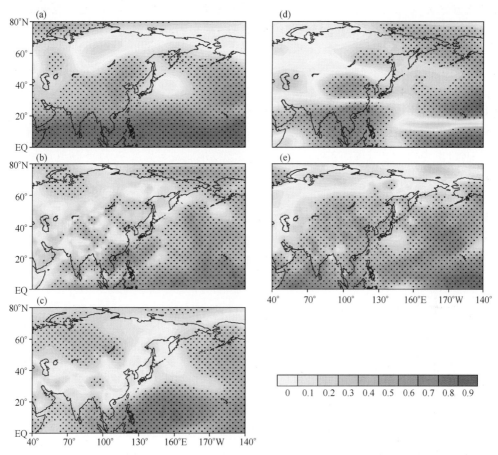

图 6.13　耦合模式集合模拟与再分析 1969—2001 年冬季(12—2 月)大气环流要素场之间的时间相关系数(TCC)分布，打点区为通过 0.05 显著性水平检验的区域。(a) 500 hPa 高度场；(b) 850 hPa 风场；(c)海平面气压场；(d) 200 hPa 纬向风场；(e) 表面温度场(引自 Li and Wang，2011)

　　为考察 MME 对东亚冬季风年际变化的模拟能力，依据图 6.13 所示东亚冬季风强度指数有明显的年际变化和年代际减弱，我们将过去 33 年(1969—2001 年)分成两个时段进行研究，分别为 1969—1985 年、1986—2001 年，并在此基础上将指数大于 1.0 的年份定义为强冬季风年，小于—1.0 的为弱冬季风年，挑选出两个时段 4 组强弱东亚冬季风年份进行了对比分析。其中，前一个时段(1969—1985 年)强东亚冬季风年份包括 1969 年，1976 年，1984 年，共 3 年；弱东亚冬季风年份包括 1972 年，1975 年，1981 年，1982 年，共 4 年。后一个时段(1986—2001年)强东亚冬季风年份包括 1987 年，1993 年，2000 年，共 3 年；弱东亚冬季风年份包括 1988年，1992 年，2001 年，共 3 年。

　　图 6.14 显示了前一个时段(1969—1985 年)强东亚冬季风年份大气环流场和表面温度场异常。在 500 hPa 位势高度场上，乌拉尔山地区有位势高度正异常，北太平洋及其西侧贝加尔湖上有位势高度负异常，对应着强的东亚大槽；在 850 hPa 风场上，欧亚大陆中部为反气旋性环流异常，北太平洋上为气旋性环流异常且环流区向西南伸展接近我国东岸，东亚东部地区及其以东邻海盛行西北风距平；在海平面气压场上，欧亚大陆北部有海平面气压

正异常,北太平洋上为海平面气压负异常,正负异常的共同作用将使得东亚地区东西向海平面气压差加大;在 200 hPa 纬向风场上,欧亚大陆至北太平洋 30°—50°N 纬度带上有强的西风急流,最大风速中心位于北太平洋中部;此外,在表面温度场上,东亚北部大部分地区表现为降温。

后一个时段(1986—2001 年)强东亚冬季风年份大气环流场和表面温度场异常与前一个时段相似,但强度偏弱,表征了东亚冬季风的年代际减弱。总体上,强季风年东亚区域东西向海平面气压差加大;850 hPa 层盛行西北风距平,500 hPa 层和 200 hPa 层分别对应强的东亚大槽和强的西风急流;东亚北部大部分地区温度下降。MME 结果与再分析相比,空间分布特征基本一致,但强度明显偏弱。差别主要在于:在 500 hPa 位势高度场/海平面气压场上,位势高度/海平面气压正(负)异常与再分析差值的绝对值在大陆上比海洋上要大;在表面温度场上,东亚北部大部分地区降温范围有所缩小。

图 6.15 显示了前一个时段(1969—1985 年)弱东亚冬季风年份大气环流场和表面温度场异常。在 500 hPa 位势高度场上,乌拉尔山地区有位势高度负异常,北太平洋上有位势高度正异常且向西伸展接近贝加尔湖,对应着弱的东亚大槽;在 850 hPa 风场上,欧亚大陆中部为气旋性环流异常,北太平洋上为反气旋性环流异常,东亚地区西风带环流偏强;在海平面气压场上,欧亚大陆北部有海平面气压负异常,北太平洋上为海平面气压正异常,正负异常的共同作用将使得东亚地区东西向海平面气压差减小;在 200 hPa 纬向风场上,欧亚大陆至北太平洋 30°—50°N 纬度带上有弱的西风急流,最大风速中心位于北太平洋中部;此外,在表面温度场上,东亚北部大部分地区表现为升温。

后一个时段(1986—2001 年)弱东亚冬季风年份大气环流场和表面温度场异常与前一个时段相似,但强度偏强,与东亚冬季风的年代际减弱一致。总体上,弱季风年东亚区域东西向海平面气压差减小;850 hPa 层西风带环流偏强;500 hPa 层和 200 hPa 层分别对应弱的东亚大槽和弱的西风急流;东亚北部大部分地区温度升高。值得注意的是,后一个时段弱季风年的模拟结果相对较差一些,这主要是因为后一个时段(1969—1985 年)弱季风年大气环流场和表面温度场异常较其他 3 组弱,这在一定程度上增加了模式模拟的难度。表 6.4 给出了 MME 模拟的 2 个时段 4 组强弱东亚冬季风年份大气环流场和表面温度场异常与再分析之间的空间相关系数(PCC),进一步佐证了上述分析。

综上所述,MME 对 2 个时段 4 组强弱东亚冬季风年份大气环流场和表面温度场异常均具有一定的模拟能力,主要体现在:MME 模拟异常场的空间分布特征与再分析非常一致,差别主要在于中心强度。MME 模拟的强度偏弱,与再分析差值的绝对值在大陆上比海洋上要大。另一方面,自 20 世纪 80 年代中后期,东亚冬季风环流系统出现了显著的年代际减弱,强季风年大气环流场和表面温度场异常偏弱,而弱季风年大气环流和表面温度异常偏强。MME 对上述特征具有一定的模拟能力,但是比较而言,其对后一个时段(1969—1985 年)弱季风年的模拟相对较差一些,这主要是因为后一个时段弱季风年大气环流场和表面温度场异常较其他 3 组弱,这在一定程度上增加了模式模拟的难度。

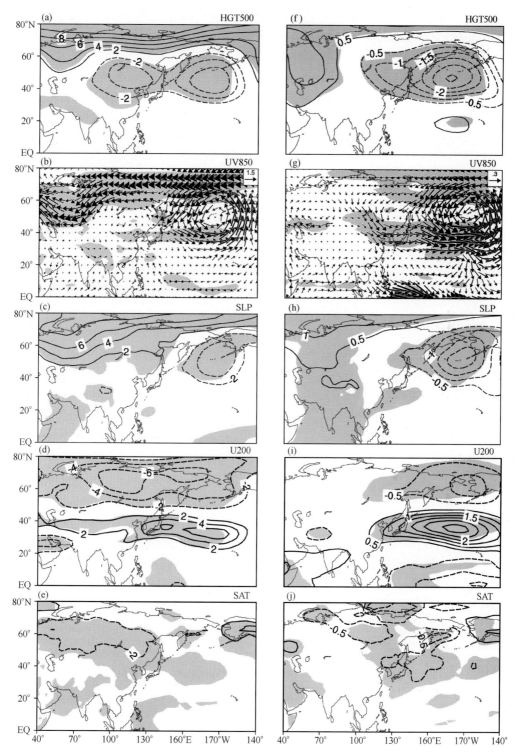

图 6.14　1969—1985 年冬季(12—2 月)强东亚冬季风年份大气环流和表面温度异常

阴影区为通过 0.05 显著性水平检验的区域

(a)、(b)、(c)、(d)、(e)再分析;(f)、(g)、(h)、(i)、(j)耦合模式集合(引自 Li and Wang,2011)

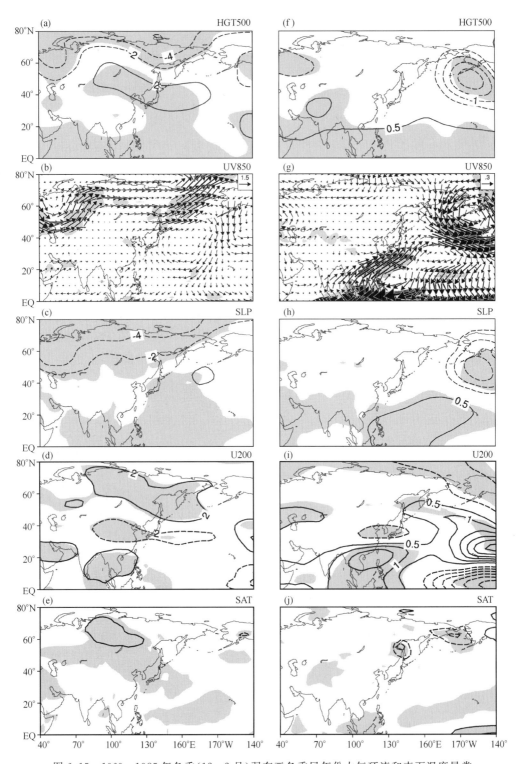

图 6.15　1969—1985 年冬季(12—2 月)弱东亚冬季风年份大气环流和表面温度异常

阴影区为通过 0.05 显著性水平检验的区域

(a)、(b)、(c)、(d)、(e)再分析;(f)、(g)、(h)、(i)、(j)耦合模式集合(引自 Li and Wang,2011)

表 6.4 耦合模式集合模拟的 2 个时段 4 组强弱东亚冬季风年份大气环流场和表面温度场异常与再分析之间的空间相关系数（PCC）（引自 Li and Wang, 2011）

	HGT500	UV850	SLP	U200	SAT
强 I	0.708	0.499/0.476	0.834	0.548	0.351
强 II	0.646	0.538/0.392	0.802	0.414	0.288
弱 I	0.184	0.110/0.019	0.222	0.205	−0.064
弱 II	0.732	0.481/0.209	0.787	0.635	0.135

6.3.3 小结与讨论

本节中，为了检验 DEMETER 各耦合模式对东亚冬季风的回报能力，我们定义了一个新的东亚冬季风强度指数，并以此研究了东亚冬季风年际变化及其伴随的大气环流场及表面温度场特征，并评估了 DEMETER 耦合模式模拟这些特征的能力，得到以下结果：

（1）基于东亚冬季 850 hPa 层温度场特征，提出了一个能够合理刻画东亚冬季风强度的新指数，MME 对该指数的模拟能力优于单个模式。

（2）东亚冬季风强度指数在 1969—2001 年间有明显的年际变化，强（弱）季风年东亚地区东西向海平面气压差加大（减小）；850 hPa 层盛行西北风距平（西风带环流偏强），500 hPa 层和 200 hPa 层分别对应强（弱）的东亚大槽和强（弱）的西风急流；东亚北部大部分地区温度下降（升高）。同时，自 20 世纪 80 年代中后期有显著的年代际减弱，强季风年大气环流场和表面温度场异常偏弱，而弱季风年大气环流和表面温度异常偏强。

（3）MME 对上述特征具有一定的模拟能力，其模拟的空间分布特征与再分析非常一致，差别主要在于中心强度和位置。比较而言，MME 对 20 世纪 80 年代中后期弱季风年的模拟相对较差一些，这主要是因为后一个时段弱季风年大气环流场和表面温度场异常较其他 3 组弱，在一定程度上增加了模式模拟的难度。

此外，上述分析还表明，北太平洋区域为研究东亚冬季风强度变化的关键区域，北太平洋表面温度变化对同期东亚冬季风强弱有着显著的影响。为此，我们还分析了 3 个耦合模式及其集合模拟与再分析全球表面温度之间的时间相关系数（TCC）分布情况。图 6.16 清楚地表明，MME 对最大的年际变率信号北太平洋海温/ENSO 表现出了相当的模拟能力，大部分研究区域的 TCC 通过了 0.05 的显著性水平检验。为此，我们认为模式对太平洋海温/ENSO 较好的可预报性增强了东亚季风区的气候可预测度。

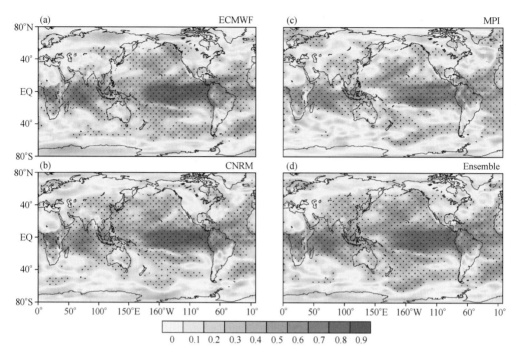

图 6.16 耦合模式集合模拟与再分析 1969—2001 年冬季(12—2 月)SST 场之间的时间相关系数(TCC)分布
打点区为通过 95％可信度检验的区域
(a) ECMWF；(b) CNRM；(c) MPI；(d)耦合模式集合(引自 Li and Wang，2011)

参考文献

Li F，Wang H J. 2011. Predictability of the East Asian Winter Monsoon Interannual Variability as Indicated by the DEMETER CGCMS. *Advances in Atmospheric Sciences*，**29**(3)：441-454.

Palmer T N，Alessandri A，Andersen U,*et al*. 2004. Development of a European multi-model ensemble system for seasonal to interannual prediction (DEMETER). *Bulletin of the American Meteorological Society*，**85**：853-872.

Wang H J，Fan K. 2009. A New Scheme for Improving the Seasonal Prediction of Summer Precipitation Anomalies. *Weather and Forecasting*，**24**(2)：548-554.

第7章　我国冬春季沙尘气候预测的方法和实践

7.1　基于气候数值模式的我国冬春季沙尘气候预测方法和试验

7.1.1　数值预测方法及其效果

沙尘天气的产生与地理环境和气象条件密切相关,几乎是我国北部地区春季最为严重的自然灾害。在我国,沙尘天气主要发生在春季,这时地面回暖解冻,加之来自沙尘源区的偏北风或偏西风频繁发生,加强了沙尘向我国的输送以及在我国境内的飞扬。因此,针对我国春季沙尘天气活动提前进行实时气候预测具有重要意义。

沙尘天气活动的气候预测方法最早是借助于统计方法来实现的(全林生等 2001;毛炜峰等 2005)。实践表明,由于沙尘天气的气候影响因素错综复杂,单纯利用试图针对沙尘事件建立某种关系的统计方法难以得到稳定可靠的预测结果。目前,由于一方面在沙尘天气活动的发生和机理方面已经具备了一些较为成熟的理论依据,另一方面数值模式的应用还处于初级阶段,目前针对沙尘天气的实时气候预测在参考数值预测结果的同时,以基于前期观测信息进行的统计预测为主要预测手段。通常采用统计、动力相结合的预测方法,注重沙尘天气的年际及年代际变化、前期海洋和大气环异常,以及植被状况、表面气温及降水异常的分析,并兼顾冬季 ENSO 暖(冷)位相会导致东亚冬季风弱(强),从而使得我国春季沙尘天气偏少(偏多),以及如果植被长势良好,冬、春季我国北方气温偏暖、降水偏多时,不利于春季沙尘天气的发生,反之则有利于沙尘天气的发生的统计结果(张莉和任国玉 2003;Kang 和 Wang 2005;Fan 和 Wang 2006;Goddard 等 2001)。

2002 年秋季,基于春季沙尘天气的统计研究结果,IAP 9L-AGCM 首次被应用于我国当年冬季及次年春季气候异常的跨年度实时预测试验(王会军等 2003)。预测意见主要参考冬、春季我国北方冷空气势力(表征将蒙古国沙尘吹入我国境内的风力强度)、表面气温异常(我国冬季地表层结薄厚的重要条件,以及我国春季气温回暖速度)以及降水异常(我国沙尘源区沙尘是否容易飞扬的重要条件)的数值预测结果。按照已有的统计分析,当我国北方冷空气势力偏强(弱),降水偏少(多),气温偏低(高),都有利于(不利于)次年春季沙尘天气的发生。对于 2002 年冬季 850 hPa 风场(图 7.1),模式预测蒙古国大部和我国北方地区为偏东风距平,虽然与这些地区实际为偏南风距平有些出入,但预测结果中蒙古国以北为大范围的偏南风距平以及对应着的次年春季我国北方沙尘天气的异常状况都与实况相符。综合预测结果中冬、春季风场,气温场,以及降水场异常,模式较成功地预测了 2003 年春季我国沙尘天气较常年偏弱的变化趋势。该次初步尝试表明,我国春季沙尘天气的气候异常具有一定的跨季度数值可预测性,有必要在实时预测中加以重视。

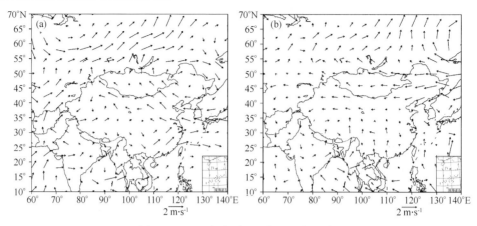

图 7.1　2002 年冬季 850 hPa 风场异常

(a) NCEP 再分析资料;(b) IAP9L-AGCM 预测结果)(引自王会军等,2003)

　　自 2003 年以来,中国气象局国家气候中心每年召集两次气候预测会议,专门针对春季我国沙尘天气进行跨年度和季节性实时气候预测会商。近年来,随着人们对沙尘天气发生机制的认识逐渐加深以及动力数值模式性能的不断完善,沙尘天气的动力气候预测已逐步得到重视。自 2002 年以后,IAP9L-AGCM 每年都提前半年对次年春季沙尘天气的异常状况进行实时数值气候预测,预测意见供 IAP 和中国气象局实时预测参考。IAP 对沙尘天气的数值气候预测仍然采用"两步法",通常在每年 10 月中旬进行。预测所考虑的下边界 SST 为 9 月份观测 SST 距平和 IAP ENSO 预测系统预测结果的线性组合。大气初始场异常考虑 9 月若干天(IAP 两层和九层 AGCM 分别为 9 月 1—30 日共 30 d 和 9 月 24—30 日共 7 d)高空和地面的风场,高度场,气压场,温度场,以及湿度场等的异常信息。模式统一积分到次年 5 月底,最后取单个积分结果的算术平均相对于模式气候态的距平作为最终预测结果。表 7.1 统计了截至 2011 年 IAP9L-AGCM 对我国北方地区春季沙尘天气气候异常趋势的实时预测结果。对比实况可以看出,除了 2004 和 2006 年春季以外,其他年份春季我国北方春季沙尘天气异常状况的预测效果都几乎与实况相符。这说明目前针对我国春季沙尘天气的数值气候预测所依据的物理基础是合理的。同时,少数年份的预测失败揭示出,由于数值模式自身预测能力有限以及有关沙尘天气发生的物理机制还不十分清楚,目前单纯依靠数值预测方法对我国春季沙尘天气进行较为准确的预测仍然存在很大的困难,需要不断探索沙尘天气气候预测的新思路。

表 7.1　IAP9L-AGCM 对我国北方春季沙尘天气气候异常的跨年度实时数值预测效果

年份	实况	IAP9L-AGCM 预测结果
2003	较常年偏弱	较常年偏弱
2004	较常年偏强	较常年偏弱
2005	较常年偏弱,4 月偏强	正常略偏弱,4 月华北东部略偏强
2006	较常年偏强	正常略偏弱,晚春华北略偏强
2007	较常年偏弱	较常年偏弱,4 月华北东部略偏强

年份	实况	IAP9L-AGCM 预测结果
2008	较常年偏少	较常年偏少
2009	较常年偏少	较常年偏少
2010	较常年偏少	较常年偏少
2011	较常年偏少	较常年偏少

7.1.2　小结与讨论

沙尘天气是春季影响我国人民生活的主要灾害性天气气候事件,相关的气候预测研究一直是我国备受关注的科研任务。已积累的大量研究成果表明,或因对起关键作用的气候因子考虑得还不够全面,或因对某些相关的气候背景还不十分明确,加之数值模式的预测水平尚有限,要对我国春季沙尘天气进行准确的气候预测还存在着很大的难度。另外,我国自然气候条件异常复杂,局部范围内沙尘辐射对气候的影响可能会很大,使用区域气候模式应该能够对沙尘事件进行更具动力学意义的预测。上世纪末,已有学者将沙尘过程引入到区域气候模式之中,建立了可以描述分辨率为 4～100 km 的沙尘暴事件的预测模型,并已被应用于业务预报当中。进一步的研究表明,通过研制耦合沙尘区域模式,有助于进一步认识气溶胶影响气候的机制。例如,利用耦合沙尘区域模式进行数值模拟,可以合理地揭示出撒哈拉沙尘对非洲和欧洲气候的影响机制。近几年,不断有研究工作探索新的预测思路,试图通过充分结合统计方法和数值预测方法的优势来提高预测准确度。已有的初步研究工作证实了这一研究思路的可行性。

7.2　基于物理统计方法的我国冬春季沙尘天气活动气候预测模型和检验

7.2.1　基于前期观测信息的物理统计预测方法研究

目前针对沙尘天气的数值预测方法虽然具有一定的物理基础,但预报准确度一方面会受到数值模式自身预测能力有限的影响,另一方面又因为未在预报时兼顾前期与沙尘天气紧密相关的实测大气信号而不尽如人意。此外,受数值模式分辨率以及自身性能的限制,预报结果只能对来年沙尘天气的强弱进行粗略预估,不能准确预报出沙尘天气发生的具体频数。物理统计预测方法是我国春季沙尘天气活动的气候预测十分重要的手段。目前用于实时预测的物理统计方法往往是通过兼顾相关大气环流场(如:近地面经向风、500 hPa 位势高度场等)、气候要素场(主要是气温和降水),以及地面植被特征的异常状况,给出沙尘天气活动异常的定性预测意见。

为了能够对我国春季沙尘天气发生次数定量地进行跨季度实时气候预测,针对我国华北地区春季 DWF 异常,我们综合考虑季节平均表面气温、降水、欧亚西风、AO、AAO、南方涛动以及近地面经向风异常的影响,采用多元线性回归分析方法,分别基于这些气候变量场的前期观测资料及其冬、春气候数值模式结果,建立了我国华北春季 DWF 的季节性和跨季度实时气候预测模型。从拟合的效果看,两个模型都能够较好地体现出我国华北春季 DWF 的年际变化情况,甚至在具体数值上也有一定的预测能力,在一定程度上使得单纯基于数值模式得到的预测结果更为具体和细致。然而,经过实践检验发现,两种预测模型虽然都具有一定的预测优势,但预测技巧不够稳定。其中的一个重要的原因是,若模型中考虑的预测因子数目较多,当某些预测因子与沙尘天气的统计关系减弱甚至变得不再显著的时候,无疑会出现预测困难。例如,前冬 AAO 与我国华北春季 DWF 之间的相关系数在 1955—2002 年为 -0.43,通过了 0.01 的显著性水平,但在 1980—2008 年仅为 -0.12,表明二者已经没有了显著的相关关系了。

因此,在原有预测思想的基础上,我们在进一步的研究工作中大幅度减少了预测因子的数量,并主要考虑了 850 hPa 风场、地表气温、降水、以及 SST 的异常信号,同时采用了扣除原始回归方程预测结果与实况之间系统性预测误差的订正方法。图 7.2 给出了预测模型对我国 1982—2008 年华北春季 DWF 的交叉检验效果及 2002—2010 春季 DWF 的实时预测效果。预测因子为前一年冬季 850 hPa 经向风、表面气温、SST 以及 AAO。可以看出,预测模型交叉检验结果与实况的变化步调一致性较好,线性变化趋势也基本吻合,甚至具体数值在某些年份也非常接近。此外,模型对 DWF 实际的年际变化具有较高的实时预测能力,对距平同号率也有很好的实时预测准确度。不足的是,模型对 DWF 具体数值的预测能力还不够理想。这是可以理解的,因为预测模型中暂时只考虑除了前冬气候异常的信号,而沙尘天气的发生与同期某些气候因子的异常作用也存在密切关系,有必要在实时预测中予以考虑。

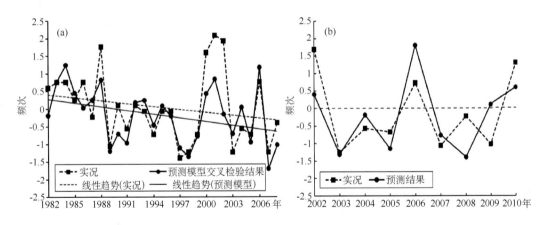

图 7.2 我国华北春季 DWF 预测模型的交叉检验效果(a. 引自郎咸梅,2011)以及实时预测效果(b)
(纵坐标:标准化北京春季沙尘频次;横坐标:年份)

另外,北京春季 DWF 还与同期有关气候因子存在显著相关关系。例如,DWF 与蒙古高原西侧 850 hPa 经向风呈显著正相关,与华北东部降水以及内蒙古中西部地区地表气温之间存在显著负相关关系,并且前者明显要较后两者大。因此,从理论上来讲,如果将前者的异常信号考虑进来,DWF 的预测准确度应该会得到提高。图 7.3 给出了兼顾同期蒙古高原西侧 850 hPa 经向风的观测信息和前期气候预测因子得到的预测效果,与图 7.2 相比,不但预测结果的具体数值与实况更加接近,而且两者间的距平同号率明显增大了,在 2002—2010 年达到了 100%。仔细对比还可以发现,预测结果和观测间的年际变化情况在 2007

年至 2010 年也更加接近。由此可见,如果春季沙尘天气同期气候预测因子能够借助动力数值模式得到较为合理的预测,我国春季 DWF 的预测准确度可通过采用动力结合统计方法得到进一步提高。而要实现这一预测思想,一方面需要通过研制有效的订正方案来提高数值模式自身预测能力,或者找到国际上实时发布的具有较高利用价值的相关预测产品;另一方面需要进一步研发具有更高预测技巧的数值预测系统。

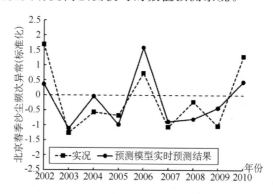

图 7.3　兼顾前期和同期气候因子对我国春季 DWF 的预测效果

7.2.2　基于模式数值预测信息的统计预测方法研究

目前,我国春季沙尘天气活动的气候预测往往在 1 月前后以及 3 月进行。上述预测思想由于需要参考冬季观测信息,因此只适用于在 3 月开展季节性预测。为了建立一个能够与数值气候模式同期进行跨年度实时气候预测的预测模型,将实时预测时间由一个季度提前到半年,冬季至春季气候因子资料只能源于实时预测,气候数值模式恰好适用于提供这种数据资料。按照这种预测思路,Lang(2008)将源于实时数值预测结果的冬、春季表面温度、欧亚西风、北极涛动 AO、南极涛动 AAO、南方涛动以及近地面经向风作为预测因子,建立了我国华北春季 DWF 的跨年度预测模型,这实际上是一种基于模式预测结果的统计降尺度预测。经过检验,该模型具有一定的实时预测能力,但这种预测能力很大程度上依赖于模式本身对于气候背景场的预测能力。

7.2.3　结合观测信息和模式数值预测信息的统计预测方法研究

在 7.2.1 节的研究中发现,蒙古高原西侧春季 850 hPa 经向风是北京同期沙尘天气有价值的预测信息,因而具有重要的预测价值。图 7.4 给出了兼顾这一预测因子后预测模型预测技巧的提高程度。可以看出,如果在图 7.3 中预测模型的基础上兼顾观测的春季 850 hPa 经向风,针对 2002—2010 年的预测结果与实况间 ACC 和距平同号率都增大了,同时 RMSE 和平均绝对误差都有所下降(图 7.4),说明春季 DWF 的预测技巧因此而得到了提高。由此可以看出,如果沙尘天气发生同期的气候影响因子能够在实时预测中得到较为准确地预测,采用动力、统计相结合的方法可进一步提高 DWF 预测准确度。要在实时预测中采用这种方法,一个有效的途径是借助数值模式得到春季气候预测因子的预测值。因此,数值模式的预测潜力就成为了我们最为关心的问题之一。作为初步研究,IAP9L-AGCM 针对 1982—2008 年春季气候的集合回报试验结果被用于考察蒙古高原西侧 850 hPa 经向风的数值可预测性。结果表明,采用该模式对这一气候因子的实时预测结果还不能满足对上述我国春季沙尘天气动力—统计的预测思想。在今后的工作中,迫切需要的是通过有效的订正方法等方式来进一步改进模式对于春季气候的预测能力,或者采用预测技巧更高的其他气候模式结果,相关工作对于提高我国北方地区春季沙尘天气的实时预测水平应该是有帮助的。

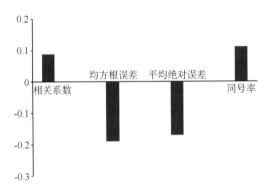

图 7.4　2002—2010 年,兼顾前期和同期(资料源于观测)气候因子与只考虑前期
气候因子所建预测模型对北京春季 DWF 预测效果之间的差异

7.2.4　小结与讨论

在业务实践中,由于春季沙尘天气的季节预测在每年的冬末春初进行,因此要同时考虑前一年冬季和春季气候信号来开展预测时,一个有效的途径是采用动力与统计相结合的预测方法。根据已有研究,我国北方春季沙尘天气的同期预测因子信号多位于中高纬度地区,而目前气候模式在这些地区的季节尺度气候预测能力普遍偏低,还不能满足实际工作的要求。因此,采用有效途径得到准确度更高的数值模式结果是实现这一预测思想的关键问题之一,尤其是应该针对东亚地区发展区域气候模式,这是我国气候模式发展的一个重要方向并正在不断取得进步。

由于统计方法存在固有的缺陷,而数值模式也还不够完善,无论是单纯基于观测资料还是完全利用数值模式结果的统计方法都还存在很大的预测困难。因此,本章提出了在统计方法的基础上,充分利用数值模式预测信息以提高预测准确度的思想。虽然所介绍的方法是针对我国北方局部地区而言,但预测思想同样适用于其他沙尘天气多发区。由于我国沙尘天气的发生机理和机制不但异常复杂,并且存在很大的区域性差异,实现整个沙尘天气多发区的统计或动力—统计预测思想仍然是一个极具挑战性的课题。

参考文献

郎咸梅. 2012. 北京春季沙尘天气的季节预测研究. 气象学报(待发表).

毛炜峄,艾力·买买提明,陈胜,等. 2005. 新疆春季沙尘天气与前期月环流特征量的关系. 干旱区地理,
　　28:171-175.

全林生,时少英,朱亚芬,等. 2001. 中国沙尘天气变化的时空特征及其气候原因. 地理学报,**56**:477-485.

王会军,郎咸梅,周广庆,等. 2003. 我国今冬明春气候异常与沙尘气候形势的模式预测初步报告. 大气科
　　学,**27**:136-140.

张莉,任国玉. 2003. 中国北方沙尘频次演变及其气候成因分析. 气象学报,**61**:744-750.

Fan K，Wang H J. 2006. The interannual variability of dust weather frequency in Beijing and its global atmospheric circulation. *Chinese Journal of Geophysics*，**49**：1006-1014.

Goddard L，Mason S J，Zebiak S E,*et al*. 2001. Current approaches to seasonal-to-interannual climate predictions. *International Journal of Climatology*，**21**：1111-1152.

Kang D J，Wang H J. 2005. Analysis on the decadal scale variation of the dust storm in North China. *Science in China Series* D：*Earth Sciences*，**48**：2260-2266.

Lang X M. 2008. Prediction model for spring dust weather frequency in North China. *Science in China Series* D：*Earth Sciences*，**51**：709-720.

第8章 我国台风气候预测的方法和实践

8.1 西北太平洋台风活动气候变异的主要特征和影响因素

西北太平洋每年生成的热带气旋(也包括热带风暴和台风)数占全球海域热带气旋数的30%,它是全球唯一的全年有热带气旋生成的海域,其中7—10月是热带气旋活动的高频期。西太平洋热带气旋活动气候变异具有显著的年际和年代际的变化,影响热带气旋气候变异的因素非常复杂,有热带西太平洋海域热力和动力条件、南北半球中高纬区域大气环流异常、ENSO 及 QBO 等。

8.1.1 西太平洋台风活动的年际变化及影响因素

西太平洋台风活动具有显著的年际变化,并具有准两年的变化特征(Chan 1985;Fan 和 Wang 2009)。大量研究揭示 ENSO 和 QBO 是影响西太平洋台风活动年际变化的主要影响因素。Chan(1985)揭示了西太平洋台风数和前一年南方涛动指数 SOI 具有相同的 3～3.5 年变化周期,二者具有显著的正相关关系,即前一年 SOI 减弱(ENSO 正位相),下一年台风数减少。在 El Niño 当年,150°E 以东台风较正常偏多。随后,Chan(2000)细致分析了对应 ENSO 正位相和负位相发生的前一年、当年及后一年期间热带气旋不同活动的特征。比如,El Niño 前一年,日本东南部热带气旋数较正常偏少。La Niña 前一年,菲律宾东部热带气旋偏多。在 La Niña 年,菲律宾以东的热带气旋数少,南海热带气旋数多;在 La Niña 年的下一年,整个西太平洋热带气旋数偏多。Chen 等(1998)研究表明,ENSO 正异常位相使得西太平洋季风槽位置偏南和偏东,热带气旋容易在较低的纬度和较东的位置生成。Wang 和 Chan(2002)研究发现,热带气旋平均生命周期在 ENSO 正异常位相年(7 d)较 La Niña 年(4 d)更长。此外,ENSO位相的异常影响热带气旋的路径,如 El Niño 年,热带气旋 7—9 月的路径更多偏北,10—11 月偏西。

El Niño 和 La Niña 的异常主要通过 Walker 环流等与 ENSO 异常相关的大尺度环流影响热带气旋的热力和动力环境,进而改变台风活动。在 El Niño 成熟期间,赤道中东太平洋维持较强的西风异常并与信风作用,加强气旋性切变导致西太平洋季风槽位置偏南和东移,造成更多热带气旋生成在西太平洋东南部。西移登陆的热带气旋,因移动路径较长,它们的生命周期也较长。与此同时,西太平洋副高减弱,热带气旋容易转向。在 La Niña 年发展期,由于热带西太平洋日界线附近是东风异常,因此气旋性切变减弱,季风槽偏北,西太平洋副高偏强,因此,热带气旋在西太平洋的西北区域。由于热带气旋登陆路径短,热带气旋的生命周期也短。

大气平流层准两年振荡 QBO 处于西风位相时,飓风生成的频次是东风位相的三倍,这是因为平流层西风位相使得对流层上层的垂直切变减弱,有利于热带气旋数的生成。Chan

(1985)揭示了 QBO 与热带气旋数的显著相关,但 ENSO 年,二者关系减弱。

除了 ENSO 和 QBO 外,近几年研究发现了 NPO(王会军等 2007)、北太平洋海冰(范可 2007)、AAO(王会军和范可 2007)、亚洲太平洋涛动(Zhou 等 2008)和 Hadley 环流(Zhou 和 Cui 等 2008)等均是影响西太平洋台风频次年际变化的重要因素。它们通过中高纬大气遥相关,影响西太平洋台风频次的热力和动力条件,进而影响台风频次的年际变化。并将新发现的中纬环流因子发展西太平洋台风频次的预测模型,有很好的应用潜力,特别是对 ENSO 位相的异常年份 1997—1998 年回报效果好(范可 2007;Fan 和 Wang 2009)。

8.1.2 西太平洋台风活动的年代际变化及影响因素

Chan 和 Shi(1996)分析 1959—1994 年热带气旋数和台风数的变化,表明西太平洋热带气旋生成数 20 世纪 60 年代较多,70 年代末至 80 年代末减少,90 年代增加,之后减少。陈兴芳和晁淑懿(1997)表现为 70 年代前期以前台风数增多、台风偏强趋势;70 年代中期以后则相反,为台风数减少台风偏弱趋势。80 年代末台风数再次转为增多趋势,但强度的气候趋势没有发生变化。台风登陆数的气候变化情况与生成数的变化趋势基本一致,只是气候突变的时间比生成数要早 1~2 a。他们分析表明,台风活动的气候振动和气候突变现象与北半球大气环流,特别是西太平洋副高的强度和南北位置的气候变化有着一定的相关关系。台风活动加强时期也是副高减弱且位置偏北的气候时期;反之,台风活动减弱的时期是副高加强且位置偏南的气候时期。台风活动的气候振动和气候突变现象与西风漂流区和赤道东太平洋冷水区海温的气候变化相关较好。

Ho 等(2004)分析 1951—2001 年西太平洋台风路径年代际变化。有两段年代际变化时期,第一段是 1951—1979 年和第二段是 1980—2001 年,其中后一个时期通过东海和菲律宾海域台风减少,通过南海台风数增加,这与西太平洋副热带高压西扩,菲律宾 850 hPa 的相对涡度减少和纬向风垂直切变增大有关。

8.2 基于物理统计方法的台风活动气候预测模型

物理统计方法是国际上热带气旋季节预测的一个重要和有效的方法。它是基于预测因子与预测量存在的物理过程和显著的相关关系。Gray(1984)最早用 QBO、ENSO、西风降水等与大西洋热带气旋的关系,建立了热带气旋的统计预测模型并开展了预测试验。Chan 等(1998)主要考虑前一年 4 月到当年 3 月共 12 个月 ENSO 指数及相关的东亚及西太平洋环流际台风年际变化趋势作为预测因子,建立西太平洋台风数和热带气旋数的统计预测模型。在 1965—1994 年(30 年)中,热带气旋数(台风数)的预测相关系数是 0.89(0.75),解释了 79% (52%)的年际变化方差,预测热带气旋数(台风数)的绝对误差 2.3(2),并较好地预测了 1997 年异常多台风数和热带气旋数,但对 1998 年异常少的台风数和热带气旋数预测失败。主要的原因是预测模型不能捕捉 1997 年和 1998 年从 ENSO 异常的暖位相转变到异常冷位相的前期预测信号。尽管 ENSO 是影响和预测台风活动的重要的因子,但 ENSO 与台风活动的关系却非常复杂,ENSO 发生的不同时期以及 ENSO 强度都将对台风活动都有不同的影响。因此,有必要关注除 ENSO 之外的其他新预测因子,尤其是中高纬的预测信号和物理过程,这对提高台风活动实际业务预测非常重要。

范可(2007)将新发现的影响台风的若干中高纬新预测因子包括冬、春季节的北太平洋海冰和春季的 NPO 指数等并结合前人已有的部分预测因子,发展了一个具有更高预测性能的预测模型。这个预测模型包括了 9 个预测因子,它们分别是:x_1 是春季 NPO 指数;x_2 是冬季 850 hPa 西太平洋低纬区的区域平均的位势高度(30°S—20°N, 90°E—180°),它表示了北太平洋和南半球的低纬环流;x_3 是冬季北太平洋高纬区的区域平均的位势高度(50°—60°N, 180°—140°W),表示了北太平洋高纬环流;x_4 是冬季 1000 hPa 的西太平洋低纬区的区域平均气温(20°S—20°N, 100°—140°E),表明了两半球低纬的冷空气活动;x_5 是冬季 Nino3、4 指数;x_6 是冬季北太平洋海冰面积指数;x_7 是春季北太平洋海冰面积指数;x_8 是 850 hPa 春季低纬西太平洋区(5°—15°N, 130°—145°E)的区域平均的涡度;x_9 是春季低纬西太平洋区(5°—15°N, 140°—160°E)的区域平均的风垂直切变幅度。以上的预测因子与西北太平洋台风生成频次相关系数均超过 0.05 以上的显著性水平。建立统计预报方程如下:

$$y = 0.08x_1 - 0.05x_2 + 0.08x_3 - 0.21x_4 + 0.08x_5 - 0.11x_6 - 0.29x_7 + 0.14x_8 - 0.3x_9$$

这个新预测模型在拟合时段 1965—1999(35 年)相关系数是 0.79,很好地拟合了西北太平洋台风频次的年际变化,35 年的相关系数是 0.79(见图 8.1),预测模型能够解释台风活动的年际变化方差高达 62%,尤其是对 1997 年和 1998 年台风活动异常的年份拟合较好,1997 年观测值(模式值)是 24(21),1998 年观测值(模式值)9(6),绝对误差是 3 个台风数。在独立样本回报阶段 2000—2006 年(7 年),模式预测(实际)的台风数分别是 16(15),17(20),18(16),17(17),20(21),19(16),18(15),平均绝对误差是 1.85 个。为什麽这个预测模型能够较好地再现 1997 年异常多的台风数和 1998 年异常少的台风数呢?主要的原因是预测模型引进北太平洋海冰和 NPO 两个新预测因子,它们在 1997—1998 年都显示了不错的预测能力。我们分析了 1997(台风异常多)年和 1998(台风异常少)年大气环流差异,发现春季出现负的北太平洋海冰异常和正太平洋涛动异常(北太平洋高纬是海平面气压正异常,而西北太平洋地区是海平面气压负异常),同时,在 200 hPa 春季纬向风差异场上,显示出北太平洋区高纬到低纬的大气遥相关以及热带西太平洋区的东风异常。热带西太平洋的东风异常从春季一直持续到台风生成频次盛期 6—9 月。从 1997—1998 年个例分析验证了范可(2007)提出春季北太平洋海

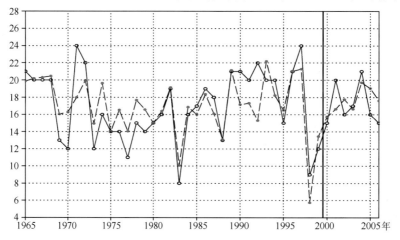

图 8.1　观测西太平洋台风活动频次(实线)和拟合预测曲线(虚线)

其中,拟合时段是 1965—1999 年,预测时段是 2000—2006(引自范可 2007)

冰面积指数的异常有可能通过 NPO 或北太平洋区高纬—低纬大气遥相关,影响热带太平洋环流,如影响台风发生的一个重要的动力条件纬向风垂直切变,它在春季—夏季具有很好的季节持续性,从而造成台风频次减少的物理过程。

8.3　基于气候数值模式的台风活动气候预测方法和试验

在对台风活动进行预报的工作中,统计预测方法很早就已经得到重视并加以应用。由于台风是一种天气系统,与其生成和强度变化密切相关的重要对流活动的水平尺度大都小于50 km,相比之下,现有的气候模式分辨率还太粗,无法对季节性台风活动进行有效的预测,因而,寻找出既与台风活动密切相关,又能被气候模式较为准确地加以描述的大尺度环流因子,是当前解决这方面预测问题的一个可能途径。

8.3.1　影响夏季西北太平洋台风活动异常主要环境场的数值可预测性

在利用气候模式预报台风活动异常的研究中,由于目前 SST 的可预测性毕竟还存在一定的局限性,AGCM 较耦合模式得到了更为普遍的应用。例如,Vitart 等(1997)从业务预报的角度出发,利用 AGCM 针对不同海域对热带风暴频次进行了预测,发现西北太平洋地区台风活动具有较大的可预测性;Thorncroft 等(2001)在 AGCM 中兼顾实测 SST 和持续 SST 的强迫,基于热带大西洋季节性台风活动与纬向风垂直切变的密切关系,对大西洋热带气旋活动的动力气候可预测性进行了评估,指出数值模式基于对纬向风垂直切变的预测对热带大西洋台风有一定预测能力,但动力预测方法还需进一步改进。

王会军等(2006)分析指出,海洋表面和上层水温、大气对流条件、辐散辐合条件、风的垂直切变幅度等是影响热带气旋生成和发展的主要环境条件(图 8.2)。所以,利用气候数值模式预测这些气候条件就有可能展望台风生成和发展的宏观形势,进而展望台风生成频数的大趋势。为此,王会军等(2006)首次尝试利用 IAP9L-AGCM 结合 IAP ENSO 预测系统,通过提前一个季度对 2006 夏季西北太平洋区域(WNP)源区对流层辐散、辐合场,大气顶向外长波辐射场,以及对流层上下层(200 hPa 和 850 hPa)纬向风切变幅度进行预测,进而较为准确地预测出了 WNP 区域台风活动异常趋势,为台风活动的数值气候预测提供了新的思路。为了定性地分析这种数值预测方法的可行性和可信程度,Lang 和 Wang(2008)通过系统评估数值模式对西北太平洋台风活动中主要环境因子的跨季度预测潜力,进一步证实了上述预测思想的可行性。截至目前,该预测方法被普遍应用于我国汛期气候预测当中,预测意见供 IAP 和中国气象局气候预测会商参考。

基于观测资料和再分析资料的相关分析表明,夏季西北太平洋台风频次与同期纬向风垂直切变和外逸长波辐射在台风的主要生成区都呈显著的负相关关系。此外,当台风发生频繁时,台风源区对流层低层辐合(高层辐散)加强,显著有利于台风发生和发展。反之,当台风发生次数较常年偏少时,对流层高、低空气流异常的散度场配置则完全相反。从而说明,西北太平洋台风频次与上述三个要素场在台风源区都存在着统计意义上显著的相关关系,可以将它们作为 WNP 台风活动异常的预测因子。为了系统考察数值模式对这些预测因子的预测潜力,利用 IAP 的 AGCM 针对 1970—2003 年夏季(6—10 月)气候进行了 34 年跨季度集合回报试验。结果显示,纬向风垂直切变的数值模式结果与实况间在台风源区呈西北—东南走向的显著正相关分布,相关系数的最大值可达 0.70 以上(图 8.3),从而具有较大的数值可预测性。此外,模式对台风源区 925 hPa 散度场的年际变化具有很好的预测能力,预测结果与实况间的相关系数为 0.62(图 8.4)。

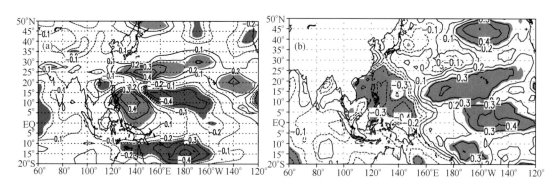

图 8.2 实测的西太平洋区台风频次和 6—10 月份平均的(a)风切变(150～850 hPa)
(b)SST 的相关系数分布(1950—1998)
阴影区表示信度超过 95% 的区域(引自王会军等 2006)

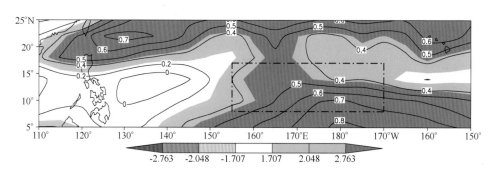

图 8.3 IAP AGCM 回报试验同观测间纬向风垂直切变的 30 年(1970—1999 年)时间相关系数分布
(浅色至深色分别代表 0.10、0.05 和 0.01 的显著性水平)(引自 Lang 和 Wang 2008)

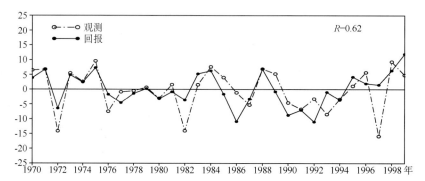

图 8.4 IAP AGCM 回报(实线)和实测(虚线)的 925 hPa 风场散度场年际变化曲线
(单位:1E7)(引自 Lang 和 Wang 2008)

上面我们探讨了 AGCM 对影响台风生成的大尺度环流因子的预测能力,进一步我们研究 CGCM 的预测效能。为方便起见,我们将各因子与台风频次高度相关的区域平均值作为该因子指数(对于有正负关键区的变量,其指数定义为负关键区平均与正关键区平均的指数之差)(图 8.5),来定量考察耦合模式的预测效能。表 8.1 给出了 DEMETER 六个耦合模式以及集合回报的六个指数与观测的相关系数。可以发现,CGCM 对表面气压指数、SST 指数和纬向风切变幅度这些大尺度因子指数模拟的与观测更为接近(相关系数都在 0.58 以上,最大的相关可以达到 0.85);相对而言,模式对涡度、散度和湿度这些小尺度因子的模拟能力要弱一些。但总体上来说,耦合模式对这些台风活动相关关键区域内的气候因子的预测能力还是不错的,而且集合平均表现出最优的预测效果。

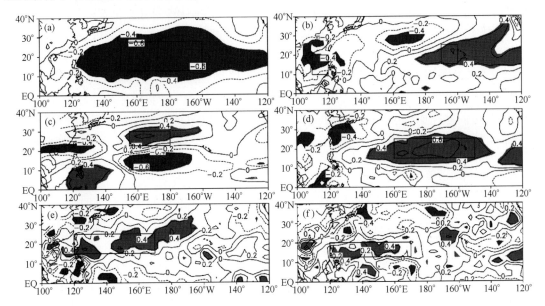

图 8.5　观测西北太平洋夏季台风发生频次与观测(a)表面气压场、(b)850 hPa 涡度场、(c)850 hPa 绝对湿度场、(d)200 hPa 散度场、(e)200 与 850 hPa 纬向风切变幅度场和(f)表面气温场的相关系数
(由于 DEMETER 资料里面没有提供 SST 资料,本文中都用表面气温来代替 SST 资料的相关系数分布。图中红色(蓝色)阴影区表示正(负)相关系数通过 0.05 显著性的区域。图中方框表示每个变量与台风活动联系最密切的关键区(引自孙建奇和陈活泼 2011))

表 8.1　DEMETER 计划中 6 个 CGCM 及其集合平均预测的 6 个影响西北太平洋台风发生频次的
主要气候因子指数与观测因子指数的相关系数。x_1 到 x_6 分别代表表面气压、
海表温度、高低层纬向风切变、850 hPa 绝对湿度、850 hPa 涡度和 200 hPa 散度指数。
上标 ∗∗∗/∗∗/∗ 分别表示信度超过 99%/95%/90% 的显著性(引自孙建奇和陈活泼 2011)

	x_1	x_2	x_3	x_4	x_5	x_6
Model1(ECMWF)	0.58∗∗∗	0.80∗∗∗	0.61∗∗∗	0.42∗∗	0.53∗∗∗	0.45∗∗
Model2(INGV)	0.68∗∗∗	0.66∗∗∗	0.63∗∗∗	0.37∗∗	0.54∗∗∗	0.38∗∗
Model3(LODYC)	0.60∗∗∗	0.83∗∗∗	0.60∗∗∗	0.45∗∗	0.50∗∗∗	0.58∗∗∗
Model4(CNRM)	0.73∗∗∗	0.85∗∗∗	0.65∗∗∗	0.51∗∗∗	0.73∗∗∗	0.38∗∗
Model5(MPI)	0.64∗∗∗	0.65∗∗∗	0.62∗∗∗	0.54∗∗∗	0.33∗	0.28
Model6(UKMO)	0.72∗∗∗	0.74∗∗∗	0.78∗∗∗	0.60∗∗∗	0.60∗∗∗	0.51∗∗∗
Ensemble	0.74∗∗∗	0.84∗∗∗	0.76∗∗∗	0.59∗∗∗	0.69∗∗∗	0.69∗∗∗

上述研究结果表明,西北太平洋夏季台风活动中的主要环境场具有较高的数值可预测性,有利于夏季西北太平洋台风频次异常的跨季度实时气候预测。当然,预测准确度与数值预测模式的跨季度预测技巧是密切相关的。

8.3.2 夏季西北太平洋台风活动异常的气候预测

我国针对西北太平洋台风活动异常的实时气候预测于每年 3 月份进行。会议讨论的议题主要集中于西北太平洋和南海海域生成的热带气旋个数,登陆我国的热带气旋个数及其初、末次登陆我国的时间早、晚。目前的预测手段以统计方法为主,分析的重点包括台风活动的年际和年代际变化特征,气候背景分析,海洋状况,热带对流异常,垂直风切变,500 hPa 高度场异常等。IAP 则主要采用动力数值预测给出参考意见。预测采用"两步法",即,首先采用 IAP ENSO 预测系统预测出月平均 SSTA,然后在考虑 2 月 22—28 日大气初始场异常和下边界实际 SSTA(2 月份实测海温与其他各月预测海温的线性组合)的共同作用下,利用 IAP9L-AGCM 进行预测。根据 IAP AGCM 对西北太平洋台风活动预测潜力的研究成果(Lang 和 Wang 2008),当台风源区关键区纬向风垂直切变较常年偏强(弱)或者对流层低层为异常辐散(即高层为异常辐合)时,都不利于(有利于)西北太平洋台风的发生。因此,IAP 在预测时是依据赤道中东太平洋海温异常状况,西北太平洋台风源区纬向风垂直切变,外逸长波辐射异常,以及对流层高低层散度场异常的预测结果,对西北太平洋台风活动异常进行实时气候预测,具体流程如图 8.6 所示。

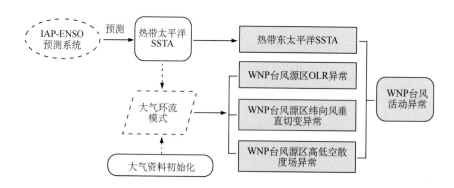

图 8.6 夏季西北太平洋台风活动异常的实时跨季度数值预测流程图

2006 年之后,IAP 每年都依据该预测方法进行跨季度实时预测。表 8.2 给出了自 2006 年至 2010 年西北太平洋台风频次异常的 IAP 9L-AGCM 实时预测意见及实况。如果综合四个环境因子的预测结果进行预测,预测准确率为 60%。但若单独依据对流层高低空散度场预测结果进行预测,预报意见则与实况完全相同,这主要是由于该气候变量的数值可预测性相对高些。由此可见,上述数值预测思想具有重要的实际意义,但数值预测手段有待进一步提高。未来还需要对有关台风生成频次的气候环境条件进行更深入和系统性的分析研究,以便进一步形成台风频次气候预测的初步理论框架和预测方法。需要结合现有气候数值模式性能特点,针对环境场数值可预测性程度,探索新的预测方案。

表 8.2　夏季 WNP 台风活动频次异常的 IAP AGCM 预测意见及实况

	环境场预报结果				预测意见	实况
	海洋表面温度	纬向风垂直切变	高低空散度场	外溢长波辐射		
2006	有利于	不利于	不利于	不利于	偏少	偏少
2007	正常	不利于	不利于	不利于	偏少	偏少
2008	有利于	有利于	不利于	正常	偏多	偏少
2009	正常	有利于	不利于	有利于	偏多	偏少
2010	不利于	正常	不利于	不利于	偏少	偏少

　　由于与 WNP 活动异常密切相关的主要环境场位于 140°E 以东,这里的海—气耦合更为剧烈,因此"两步法"预测方法可能会损失掉一部分预测有效信息,采用 CGCM 开展"一步法"预测值得尝试。为此,孙建奇和陈活泼(2011)在探讨 CGCM 对影响西北太平洋台风活动异常主要大尺度因子的基础上,建立了适用于该地台风频次异常的预测模型,回报试验结果见图 8.7。总体来看,经过十几年的发展,现有耦合模式已经具备对台风发生频次的较好预测能力,各模式(ECMWF、INGV、LODYC、CNRM、MPI 和 UKMO)预测的台风频次与观测的相关系数分别为 0.54、0.54、0.63、0.59、0.64 和 0.61,均通过了 0.01 显著性检验,模式对于台风极端偏少年(如 1983、1998 和 1999 年)也能很好地刻画;模拟台风频次与观测值的均方根误差分别为 4.0、3.6、3.5、3.4、3.3 和 3.7。MME 结果的预测效能最好,与观测的相关系数可以达到 0.68,而 RMSE 可以降到 3.1。当然,上述结果为历史回报试验检验结果,CGCM 的实时预测效能到底如何,还有待于作进一步的检验。

　　虽然上述研究结果显示,针对西北太平洋台风发生频次现有气候模式已经具备相当的预测技巧,但是另一方面我们知道,台风的发生发展过程相当复杂,其活动为多尺度气候和天气因子共同作用的结果,加之现有模式自身还存在物理过程参数化不够完善、水平分辨率较粗等缺陷,利用气候模式对台风活动进行实时预测还难免存在一定程度的困难。因此,在对台风这种复杂过程的预测中如何寻求有利的途径或方法便显得尤为重要。

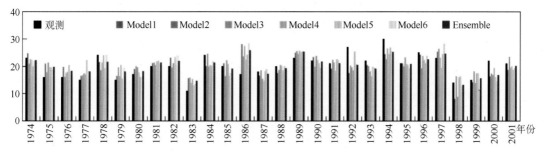

图 8.7　观测西北太平洋台风发生频次和六个 CGCM 及其集合平均预测的台风频次
(引自孙建奇和陈活泼 2011)

　　相比西北太平洋台风的异常活动,对登陆我国台风(Chinese Landfall of Tropical Cyclones,CLTCs)的关注更为重要,因为登陆台风可直接威胁人们的生命财产安全,可造成巨大经济损失。之前关于我国登陆台风的预测,基本上都采用统计预测的方法(Liu 和 Chan 2003),那么动力预测方法对于 CLTC 也具有一定的预测能力呢? 为此,Sun 和 Ahn(2011)系统考察了韩国釜山大学气候预测实验室耦合气候模式(PNU-CGCM)31 年的回报资料,研究了该模式对 CLTC 的预测效能。研究显示,影响 CLTCs 异常的最主要两个大气环流因子为亚洲季风槽和西太平洋副热带高压:当季风槽偏强、西太平洋副热带高压偏西北时,CLTCs 偏多。这两个大尺度环流系统可以解释 50% 以上的 CLTCs 变化方差。模式评估结果显示,PNU-CGCM 可以较好地预测这两个大尺度环流系统的变化及其与 CLTC 之间的关系,这意味着利用 CGCM 开展 CLTCs 预测具有一定的可能性。进一步,他们利用模式预测的这两个因子,采用多元线形回归的方法,建立了适合于 CLTC 的预测模拟,31 年的交叉检验结果(图8.8)显示,该预测模型的预测效能还是不错的,预测的 CLTCs 与观测值的相关系数可以达到0.71,而 RMSE 仅为 1.07,相对误差为 16.3%。

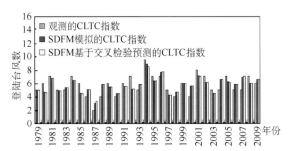

图 8.8 观测的和统计降尺度预测模型(SDFM)模拟的以及 SDFM 基于交叉检验预测的
1979—2009 年 CLTC 的变化(引自 Sun 和 Ahn 2011)

相对单纯的统计预测方法,统计降尺度预测模型表现出了更好的稳定性。这是因为统计降尺度预测模型的预报因子来自耦合模式预报场,而这些预报因子对预报结果有着直接的影响作用。因此,统计降尺度预测模型的预测性能一般是稳定的。为了证明这一点,我们重新建立了四个预测模型,它们与统计降尺度预测模型的原理一样,但用于模型标定的时间长度不一样,分别为:1979—1993 年(15 a),1979—1998 年(20 a),1979—2003 年(25 a)和 1979—2008年(30 a)。利用这些模型,我们预测了剩余年份 CLTC 的变化:1994—2009 年(16 a),1999—2009 年(11 a),2004—2009 年(6 a)和 2009 年(1 a)。其结果可见图 8.9。可以看到,其预测结果非常一致。而且,虽然我们只用 15 年资料建模,但也能很好地预测 CLTC 频次 1994 年的突然增加以及接下来的突然减少趋势。这些结果都指出,统计降尺度预测模型的预测性能是相当稳定的,这也意味着耦合模式对 CLTCs 的预测具有较好的技巧。

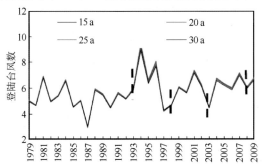

图 8.9 基于 15 a(1979—1993)、20 a(1979—1998)、25 a(1979—2003)和 30 a(1979—2008)的回报资
料建模而预测的 16 a(1994—2009)、11 a(1999—2009)、6 a(2004—2009)和 1 a(2009)的 CLTC
频次的变化(引自 Sun 和 Ahn 2011)

8.3.3　西北太平洋台风活动异常的预估

已有研究显示,在全球增暖背景下,诸多天气气候系统都会发生显著变化。那么,未来西北太平洋地区台风发生频次在未来会增加还是减少已成为目前和将来相当一段时间的热点科学问题。为此我们利用参加 IPCC 第四次评估报告多模式数据集的结果对全球变暖情景下西北太平洋地区热带气旋活动进行初步预估。由于所用到的耦合模式大部分分辨率较低,对热带气旋本身的模拟存在一定困难,这里的预估是通过分析与热带气旋活动有密切联系的环境场的变化来推测热带气旋活动可能的变化。

就环境场本身的变化而言,海表面温度的变化在模式间具有很好的一致性,所有的模式在整个西北太平洋地区海表面温度都是升高的趋势,增幅达 2℃ 以上。降水的变化在模式之间也具有较好的一致性,大部分模式的降水在西北太平洋地区都是增加的趋势。海平面气压的变化主要表现为高压系统和低压系统的强度都减弱,其中低压减弱的趋势在模式间具有较好的一致性。对于纬向风切变以及大气顶向外的长波辐射,虽然在整个西北太平洋地区并没有一致的变化,但是在台风活动联系紧密的关键区内区域平均值超过半数的模式是减少的趋势(张颖和王会军 2010)。

为了综合考虑环境场因子对热带气旋活动的影响,利用 Emanuel 和 Nolan(2004)定义的指数——热带气旋生成潜力指数(GPI)。这个指数包含了低层相对涡度、中层湿度、热带气旋潜在强度和风切变这四个因素。与观测的热带气旋生成活动的对比表明 GPI 可以在空间分布、季节变化、年际变化和年代际变化上对西北太平洋地区热带气旋的生成活动进行合理描述。通过比较耦合模式中的 GPI 与观测热带气旋的生成活动表明,对于季节变化所有模式都可以进行真实的模拟;对于气旋生成活动的空间变化和年代际变化,部分模式可以进行合理的模拟;而对于年际变化,绝大部分模式的模拟能力都较差,只有少数模式可以给出合理的结果。综合考虑评估结果,在 18 个模式中有两个模式(CGCM3.1-T47 和 IPSL-CM4)表现最优。它们的预估结果表明在 SRES A2 情景下西北太平洋地区 GPI 整体是上升的趋势,在 21 世纪末相对于 20 世纪末变化的幅度分别约为 20%(CGCM3.1-T47)和 9%(IPSL-CM4)。另外,18个模式集合的预估结果也表明 GPI 是弱的上升趋势。在 18 个模式中有 12 个模式在全球变暖的情景下表现出 GPI 增加(Zhang 等 2010)。

环境场本身的变化与指数的变化都表明全球变暖可能是有利于西北太平洋地区热带气旋活动的。然而需要注意的是,上述预估结果存在一定的不确定性。这主要来自于未来气候变化情景的不确定性,环境场与热带气旋活动关系的不确定性以及气候模式对外强迫响应的不确定性。

8.3.4　小结与讨论

WNP 是全球台风活动最为频繁的地区,中国由于其特殊的地理位置,是世界上受台风影响次数最多的国家之一。随着气候变暖趋势的发展,极端气候事件频繁发生,要特别注意个别强台风对我国沿海地区带来的可能影响。因此,WNP 台风活动年际变化及其预测研究是一个具有重要科学意义和巨大实际价值的课题,也是我国目前汛期气候预测的重要内容。上述工作充分表明,针对夏季 WNP 台风频次的数值预测具有很大可行性,从而可在我国的跨季度实时气候预测中予以考虑。但需要强调的是,预测准确度与数值模式本身的预测性能有直接关系。受数值模式本身预测能力的限制,预测得到的不同环境场对 WNP 台风频次异常的解释可能会出现矛盾,从而给预测带来困难。因此,IAP/CAS 自 2006 年开始利用数值模式对西北太平洋台风活动进行实时预测,并且为汛期气候预测会商提供参考意见。

在未来的研究中,一个重要的问题是如何综合地考虑影响台风活动的各种大气环流、海洋以及陆面过程等条件,来理解台风活动气候年际变异的规律和进行更有效的台风活动气候预测。台风登陆的年际变异规律和台风路径的气候变异规律,耦合气候系统模式中西太平洋大气环流和海洋条件与全球大气环流的主要模态的关系,以及全球变暖背景下西太平洋台风活动及其登陆特征都还有待于深入研究。在预测研究方法上,需要着重考虑高分辨率全球气候模式或者嵌套模式的应用和研发,以及动力数值预测方法和动力统计预测方法的结合。

参考文献

陈兴芳,晁淑懿. 1997. 台风活动的气候突变. 热带气象学报,**13**(2):97-104.

范可. 2007. 北太平洋海冰,一个西北太平洋台风生成频次的预测因子?中国科学(D 辑:地球科学),**37**(6):851-856.

范可. 2007. 西北太平洋台风生成频次的新预测因子和新预测模型. 中国科学(D 辑:地球科学),**37**(9):1260-1266.

孙建奇,陈活泼. 2011. DEMETER 耦合气候模式对西北太平洋台风活动及其影响因子的预测效能. 科学通报,**56**(32):2725-2731.

王会军,范可. 2007. 西北太平洋台风生成频次与南极涛动的关系. 科学通报,**51**(24):2910-2914.

王会军,郎咸梅,范可,等. 2006. 关于 2006 年西太平洋台风活动频次的气候预测试验. 气候与环境研究,**11**(2):133-137.

王会军,孙建奇,范可. 2007. 北太平洋涛动与台风和飓风频次的关系研究. 中国科学(D 辑:地球科学),**37**(7):966-973.

张颖,王会军. 2010. 全球变暖情景下西北太平洋地区台风活动背景场气候变化的预估. 气象学报,**68**(4):539-549.

周波涛,崔绚,赵平. 2008. 亚洲—太平洋涛动与西北太平洋热带气旋频数的关系. 中国科学(D 辑:地球科学),**38**:118-123.

周波涛,王会军,崔绚. 2008. Hadley 环流与北太平洋涛动的显著关系. 地球物理学报,**51**(4):999-1006.

Chan J C L, Shi J N, Lam C M. 1998. Seasonal forecasting of tropical cyclone activity over the western North Pacific and the South China Sea. *Weather and Forecasting*,**13**:997-1004.

Chan J C L, Shi J. 1996. Long-term trends and interannual variability in tropical cyclone activity over the western North Pacific. *Geophysical Research Letters*,**23**(20):2765-2767,doi:10.1029/96GL02637.

Chan J C L. 1985. Tropical cyclone activity in the northwest Pacific in relation to the El Niño-Southern Oscillation phenomenon. *Monthly Weather Review*,**113**:599-606.

Chan J C L. 2000. Tropical cyclone activity over the western North Pacific associated with El Niño and La Niña events. *Journal of Climate*,**13**:2960-2972.

Chen T, Weng S P, Yamazaki N, et al. 1998. Interannual variation in the tropical cyclone formation over the western North Pacific. *Monthly Weather Review*,**126**:1080-1090.

Emanuel K A, Nolan D S. 2004. Tropical cyclone activity and global climate. *Bulletin of the American Meteorological Society*,**85**(5):666-667.

Fan K, Wang H J. 2009. A New Approach to Forecasting Typhoon Frequency over the Western North Pacific. *Weather and Forecasting*,**24**:974-986.

Gray W M. 1984. Atlantic seasonal hurricane frequency. Part I: El Niño and 30 mb quasi-biennial oscillation influences. *Monthly Weather Review*, **112**: 1649-1668.

Ho C H, Baik J J, Kim J H, *et al*. 2004. Interdecadal changes in summertime typhoon tracks. *Journal of Climate*, **17**: 1767-1776.

Lang X M, Wang H J. 2008. Can the climate background of western North Pacific typhoon activity be predicted by climate model? *Chinese Science Bulletin*, **53**(15): 2392-2399.

Liu K S, Chan J C L. 2003. Climatological characteristics and seasonal forecasting of tropical cyclones making landfall along the South China coast. *Monthly Weather Review*, **131**: 1650-1662.

Sun J Q, Ahn B J A. 2011. GCM-Based Forecasting Model for the Landfall of Tropical Cyclones in China. *Advances in Atmospheric Sciences*, **28**(5): 1049-1055, doi: 10.1007/s00376-011-0122-8.

Thorncroft C, Pytharoutis I. 2001. A dynamical approach to seasonal prediction of Atlantic tropical cyclone activity. *Weather and Forecasting*, **16**(6): 725-734.

Vitart F, Anderson J L, Stern W F. 1997. Simulation of interannual variability of tropical storm frequency in an ensemble of GCM integrations. *Journal of Climate*, **10**(4): 745-760.

Wang B, Chan J C L. 2002. How does ENSO regulate tropical storm activity over the western North Pacific? *Journal of Climate*, **15**: 1643-1658.

Zhang Y, Wang H J, Sun J Q, *et al*. 2010. Changes in the Tropical Cyclone Genesis Potential Index over the Western North Pacific in the SRES A2 Scenario. *Advances in Atmospheric Sciences*, **27**(6): 1246-1258.

Zhou B T, Cui X. 2008. Hadley circulation signal in the tropical cyclone frequency over the western North Pacific. *Journal of Geophysical Research*, **113**: D16107, doi:10.1029/2007JD009156.

第9章 年际增量预测思想的提出和应用

9.1 年际增量预测方法的思路和基础

除了气候年际变化过程和规律非常复杂之外,气候系统的年代际变化又极大地增加了气候预测的困难性。在短期气候预测中,传统的预测对象是气候变量的距平量,通常气候距平量表述是气候变量与多年气候平均值的差值,而气候的平均值具有年代际的变化,因此,相对于不同年代的气候平均值,同一年气候距平量的符号和数值都有可能不同。同时,气候平均值在气候模式中也可以有不同的表述,可以是模式每年回报结果的平均或模式连续积分30年的结果的平均或是单一初始场的积分结果或多个初始场积分结果的集合。传统气候距平量预测方法存在局限性,它基于气候变量较气候平均值异常的做出预测,没有考虑前一年观测信息和大多数东亚气候变量准两年变化的规律性,同时很难反映气候变量的年代际变化,有必要重新考虑气候变量的预测对象。于是,Wang等(2000)提出了年际增量的预测方法,即将气候变量的年际增量作为气候预测的新对象,基于气候变量的年际增量的变化规律预测。由于年际增量能够反映气候变量的准两年变化特征,因此年际增量预测方法是能够有效地利用前一年的观测信息和气候变量准两年变化的规律性,使得气候变量年际和年代际变化均可以被较好地捕捉。

年际增量的具体方法是:首先,某一年气候变量的年际增量定义为变量当年的值减去前一年的值;其次,建立预报量年际增量的预测报方程,之后,通过预测的气候变量的年际增量再预测出预报量,即将预报量的年际增量加上前一年观测的气候变量值。

年际增量预测方法使得预测对象信号增强。假如考虑某一气候变量具有准两年变化,那么我们可以把气候变量 y_i 表示成 $y_i = c + d_i$,$y_{i-1} = -c + d_{i-1}$,其中,d_i 和 d_{i-1} 是 c 的扰动量。于是,气候平均值 $a \approx 0$,气候距平量 $y_i' = y_i - a \approx c$,而气候变量的年际增量 $\Delta y_i = y_i - y_{i-1}$ $\approx 2c$。如果把 $\Delta y_i = y_i - y_{i-1}$ 作为预测量,则它的变化幅度是 $y_i' = y_i - y_{i-1}$ 的2倍。大幅度气候异常要比小幅度气候异常容易预测。这也是年际增量的预测方法好于距平方法的一个原因。此外,年际增量的预测的准确度理论上要高于气候变量的准确度,我们可以如下地写出年际增量:

$$\Delta y_i = y_i - y_{i-1}$$
$$\Delta y_{i-1} = y_{i-1} - y_{i-2}$$
$$\cdots\cdots$$
$$\Delta y_2 = y_2 - y_1,$$

如果把上面的式子两边分别加起来,得到:

$$\Delta y_i + \Delta y_{i-1} + \cdots + \Delta y_2 + y_1 - a = y_i - a$$

表明是 y'_i 是 Δy_i 的某种"残差",由此说明距平变量的预测准确度应该比年际增量的预测准确度低。

由于动力模式和统计模式对气候变量年代际趋势预测能力低,限制了短期气候预测水平的提高,而年际增量的预测方法在气候年代际趋势预测显示出显著优势。假如某一年气候变量既包含了年际信息(去除年代际线性趋势部分 y_{idetrd})和年代际趋势信息 C,将其表述为 $y_i = y_{idetrd} + c$,年际增量 $\Delta y_i = y_{idetrd} - y_{i-1detrd}$ 能去除气候年代际趋势的影响,反映气候变量年际变化。同时,通过气候变量年际增量的累加又能够再现年代际趋势预测。这样成功的预测例子很多,例如:基于年际增量的统计预测成功地回报出长江中下游夏季降水在 20 世纪 80 年代中期的呈现上升和 1999 年之后的下降趋势(范可等 2007),华北夏季降水近几十年的下降趋势(范可等 2008),东北冬、夏季气温近几十年的变暖趋势等(Fan 2009a,2009b)。

在动力模式预测中,气候变量的年际增量同样显示出了预测技巧(Wang 等 2000;王会军等 2010)。Wang 等(2000)年基于气候变量的准两年信号提出模式回报的订正的方案,

$$p_{uzzm} = (M - M_{-1})S_1/S_2 + O_{-1} - O_A$$

$$p_{CM} = M - M_A$$

其中,p_{uzzm} 表示模式订正的值,P_{CM} 表示未订正的值,M 表示某一年模式预测值,M_{-1} 表示前一年模式的预测值,S_1 和 S_2 分别是观测和模式的标准方差,O_{-1} 前一年观测值,O_A,M_A 分别是观测和模式的气候平均值。如果气候变量准两年信号比较强的话,则 $(M - M_{-1})S_1/S_2$ 必然接近 $O - O_{-1}$,则 $p_{uzzm} = O - O_A$,利用这个新的订正方案后,IAP/CAS CGCM 模式预测 500 hPa 位势高度场,海平面气压,200 hPa 的纬向风场的预测技巧显著提高。

基于年际增量的思想,IAP9L-AGCM 模式预测的 6～8 月 500 hPa 和 850 hPa 高度场高度场距平与实际结果的相关系数分布,预测结果在东亚区年际增量的方案较距平变量的方案显著改善,但对 IAP 9L-AGCM 的降水预测效果改进不大,原因可能是东亚区降水变异机制更加复杂。

总之,年际增量的预测方法是改变预测对象的一个重要的新的尝试,是基于预测对象年际增量的物理过程和气候变量具有准两年变化的特征提出的预测思想,它有效利用前一年的观测信息,并对气候年代际和年际预测具有预测能力,它在统计预测及动力预测中的应用,都是一个值得深入讨论的问题。

9.2　基于年际增量预测方法的我国长江流域夏季降水预测

近几十年,我国汛期降水业务预测技巧的评分的平均分是 65 分(指 Ps 评分),折合成普通的距平同号率,也就是一半多一点,所以,我国实际业务中的夏季降水预测准确率是极其有限的。长江中下游夏季洪涝年的业务预测能力同样是非常有限的,如:1999 和 1954 严重洪涝年业务预测失败,1999 年预测的 Ps 评分不到 45 分。主要原因是东亚中高纬环流的变化复杂,预测信号弱,年际和年代际的预测信息交织。年际增量年际和年代际预测具有优势,因此,我们基于年际增量的预测方法,发展一个长江中下游夏季降水的具有物理意义的新统计预测模型(范可等 2007),期望能改进汛期预测水平。具体方法是:将某年长江中下游夏季降水量的年际增量定义为这年平均季降水率减去前一年的平均季降水率;分析与夏季降水量年际增量相关的年际增量环流,确定年际增量预测因子;建立一个关于长江中下游夏季降水量年际增量

的物理统计预测模型;将年际增量的预测值加上前一年降水观测值获得预测降水量或降水距平百分率。

年际增量预测方法可以放大预测信号,实际上,长江中下游夏季降水率年际增量在 1965—2006 年的标准差为 1.98 mm/d,而降水量的年际变化的标准差为 1.48 mm/d,所以年际增量方法确实可以增大预测对象的变化幅度,从而有利于我们捕捉异常信息来提高气候预测的准确度。

9.2.1　预测因子

基于长江中下游夏季降水率年际增量变化的物理过程和影响要素,我们可以选取降水年际增量的主要预测因子。

近几年来,从观测资料和数值试验都揭示了南极涛动 AAO 是影响东亚气候的事实和机制,比如发现冬、春季的 AAO 的年际变化与华北沙尘频次、长江中下游的梅雨、华北夏季降水以及西北太平洋台风频次有密切的关系,并提出了其中可能的机制(Fan 和 Wang 2004;Fan 2006;Wang 和 Fan 2005;Wang 和 Fan 2006)。AAO 影响东亚气候的可能途径有两个,一个是两半球平均经圈环流联系,一个是两半球的大气遥相关。Wang 和 Fan(2005)及范可(2006)研究揭示了 AAO 正(负)异常通过两半球间的经向大气遥相关导致热带西太平洋弱(强)对流异常,通过东亚太平洋波列(或太平洋—日本波列)使西太平洋副热带高压偏南偏西造成华北(长江流域)降水减少(增强)。Sun 等(2009)进一步研究表明,春季的 AAO 正(负)异常通过南印度洋和南太平洋经向大气遥相关,使海洋大陆的对流活动加强(减弱),当海洋性大陆季节北移,影响夏季西太平洋副热带高压强度和位置,造成长江中下游夏季降水增多。同时,正的 AAO 异常还通过马斯克林高压和澳大利亚高压的变化,越赤道气流和水汽输送进而影响东亚夏季风降水。因此,我们将春季 AAO 指数(定义为 40°S 和 60°S 标准化的纬向平均的海平面气压差)确定为第一个预测因子。

东亚中高纬环流是影响冷空气强度和路径的一个重要因素。研究表明,冬、春季 500 hPa 乌拉尔山脊加强,东亚大槽加深,对应着夏季长江中下游降水年际增量的增加。由此,我们选取两个指数作为预测因子反映东亚高纬环流:乌拉尔山环流指数为区域(60°—70°N,30°—60°E)平均 500 hPa 位势高度,东亚环流指数定义为区域(55°—60°N,120°—150°E)平均 500 hPa 位势高度。它们都与降水量年际增量在 1965—1996 年相关系数分别是 0.45 和 −0.52,均达到 0.01 的显著性水平。我们选取南太平洋气压指数作为预测因子(定义平均 40°—30°S,130°—110°W 海平面气压),冬季南太平洋气压指数的年际增量与长江中下游夏季降水年际增量在 1965—2006 年的相关系数是 −0.51,显著性检验水平超过 0.01。它在一定程度表示了南太平洋副热带高压的变化,它的变化又与西北太平洋副热带高压及东亚季风密切相关。研究表明冬季正的南太平洋气压指数的年际增量对应着冬季—春季赤道西太平洋弱对流异常和负海温异常,进而影响夏季西太平洋副热带高压变化。

春季海洋性大陆地区经向风切变指数定义为区域平均(120°—140°E,20°S—10°N)850 hPa 和 200 hPa 的经向风垂直切变。它影响长江中下游夏季降水增量的物理过程是:首先,春季海洋性大陆地区经向风切变指数与同期 Niño3 指数的年际增量密切相关(二者的相关系数在 1965—1996 年达 −0.63,达到 0.01 的显著性水平),它反映了海洋性大陆附近的经向环流和沃克环流之间相互作用。其次,春季正(负)海洋性大陆地区经向风切变指数对应着春季—

夏季赤道西太平洋正(负)的海温异常,使赤道西太平洋对流加强(减弱),通过东亚—太平洋(太平洋—日本)遥相关影响长江中下游夏季降水。同时,随着春季海洋性大陆地区经向风切变的年际增量变化直接联系着印度尼西亚和澳大利亚的越赤道气流,进而改变长江中下游水汽输送强弱。春季海洋性大陆地区经向风切变加强,长江中下游夏季偏南气流减弱,导致降水减少。

我们注意到长江中下游区域($30°$—$35°N$,$115°$—$120°E$)在春季和夏季低空呈现持续正涡度异常,其持续性可能受大气低频活动的影响,有利于长江中下游夏季降水增加。

基于以上的物理过程和统计分析,我们确定了以上六个长江中下游夏季降水年际增量的预测因子,它们是:x_1春季 AAO 指数,它表示南半球中高纬环流;x_2春季欧亚中高纬环流指数和 x_3 是东亚中高位环流指数,它们与东亚冷空气形势联系;x_4春季海洋性大陆附近的 850 hPa 和 200 hPa 经向风垂直切变指数,它与 ENSO 季风系统及越赤道气流密切的联系;x_5 是冬季南太平洋环流指数,它与西北太平洋副热带高压密切相关;x_6 是春季长江中下游区域 850 hPa 涡度指数,反映了区域降水的动力条件。

9.2.2 预测模型的性能检验

利用上述的年际增量预测方法和预测因子,我们建立了长江中下游夏季降水率的年际增量的多元线性回归统计预测模如下:

$$\Delta y = 0.4x_2 + 0.1x_2 - 0.23x_3 - 0.22x_4 - 0.24x_5 + 0.33x_6$$

图 9.1(a) 清楚地表明长江中下游夏季降水率的年际增量的确能捕捉降水率准两年变化的特征,在 1965—2006 年际变化上,降水率年际增量的预测值和观测值变化一致,两者相关系数是 0.79,能够解释约 64% 的年际变化方差。应用这个预测模型,我们对 1997—2006 年独立样本时段开展回报检验。预测模型不但能够成功地回报了 1997,1998,1999 年年际增量降水异常多的年份,还能成功地回报了降水率年际增量异常不大的年份如 2000—2006 年。

通过降水的年际增量预测加上前一年降水率的观测值,我们就能获得降水距平百分率的预测值(图 9.1(b))。同样,降水百分率的预测和观测值在年际变化和数值上都有很好的一致性,尤其是,模型能够成功地模拟 1985—1998 年长江中下游夏季降水距平百分率的上升趋势和 1998—2006 年的下降趋势,预测模型对 1997—2006 年逐年回报相对误差百分率分别是 -7.46%(1997),-9.07%(1998),-9.12%(1999),45.95%(2000),-12.56%(2001),8.67%(2002),14.29%(2003),19.56%(2004),-14.31%(2005)-9.42%(2006)。除了 2000 年外,最大的预测相对误差都低于 20%,而 2000 年最大的相对预测误差对实际的业务预测也是有意义的。预测模型在拟合时段 1965—1996 年和回报时段 1997—2006 年的预测平均均方根误差 RMSE 是 20% 和 18%,得到了非常好的回报和预测效果。

9.2.3 小结

基于年际增量预测方法发展新的长江中下游夏季降水短期气候预测方法和预测模型,该预测模型不但能够较好地回报年际变化(预测模型拟合的相关系数达 0.79,解释年际变化方差近 64%,在 1997—2006 年后报中的平均 RMSE 近似 18%),而且还能够回报长江中下游夏季降水两段年代际变化趋势(一个是 1980—1998 年的上升趋势和 1999 年后下降趋势),因此,长江中下游夏季降水的年际增量预测方法和预测模型具有很好的预测技巧。此外,该预测模型还考虑包含新物理过程的预测因子,如 AAO,海洋性大陆经向风切变等,它们提高了模型的预测技巧。

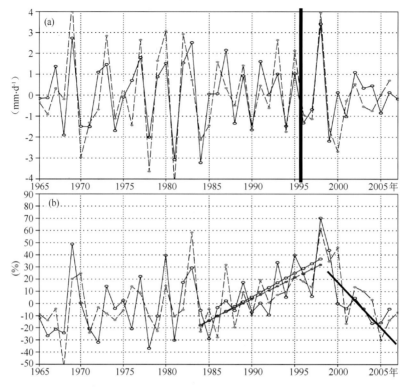

图 9.1 1965—2006 年长江中下游夏季降水的实际(实线)和模拟(虚线)的时间序列,后报是 1997—2007 年(虚线),竖线是模式模拟和后报的分界线。单位是(mm/d);降水年际增量(a);降水距平百分率(b),其中 1984—1998 年观测趋势线观测趋势(带圆圈的实线)和模式趋势(带点的虚线)及预测 1998—2006 年的下降趋势线(实线)(引自范可等 2007)(单位:%)

9.3 基于年际增量预测方法的我国华北夏季降水预测

华北汛期降水具有显著年代际、年际及准两年等多时间尺度的变化特点,近几十年来,华北汛期降水在减少,华北的干旱问题也日益突出,提高华北汛期降水的短期气候预测是短期气候预测研究的一个重要任务。年际增量的预测方法能够提高华北汛期降水预测水平,这是由于华北汛期降水的年际增量反映了一个年际变化的高频分量,其方差大于华北汛期降水量本身的年际变化方差(例如,在 1965—1999 年中华北汛期降水率的年际变化方差是 1.0 mm/d,年际增量的年际变化方差是 1.59 mm/d)。另外,根据前一年观测降水做预测在年代际趋势具有优势。

9.3.1 华北汛期降水的年际增量的预测因子

通过对预测因子与华北汛期降水年际增量物理过程的系统分析研究,我们确定了 5 个华北汛期降水年际增量的预测因子,它们是

x_1：冬季东北亚地区环流因子,将其定义为(40°—55°N,120°—135°E)区域平均的年际增量海平面气压值,它与华北汛期降水年际增量的相关系数在 1965—1999 年是 0.39,显著性达到 0.01 水平。该预测因子表示了强的东亚的冬季风环流形势有利于华北夏季降水增多。二者的关系也是东亚季风、ENSO 具有准两年变化特征的反映。强(弱)的东亚冬季风对应着弱(强)的东亚夏季风,之后又是强(弱)的冬季风。持续强(弱)的东亚冬季风通过海—气相互作用可以激发 El Niño(La Niña)又通过遥相关导致东亚冬季风偏弱(强)。

x_2：春季的北太平洋环流指数,将其定义 500 hPa 的(20°—35°N,180°—150°W)区域平均位势高度年际增量。这个区域是西北太平洋副高活动的关键区,西北太平洋副高强弱,位置变化直接影响我国汛期雨带变化的一个重要的系统。研究表明北太平洋环流指数年际增量异常与春季和夏季热带西太平洋海温年际增量异常有密切的关联,并通过热带西太平洋地区的海温异常激发东亚太平洋大气波列,进而影响汛期西北太平洋副高的位置和华北地区低层的水汽输送。

x_3：6 月份的南亚环流指数,将其定义为是 200 hPa 南亚地区(45°—90°E,20°—35°N)区域平均的位势高度年际增量,它与华北汛期降水的年际增量在 1965—1999 年相关系数分别是 0.57,超过了 0.01 的显著性水平。作为亚洲季风系统的重要成员之一,南亚高压的季节性南北位移和东西振荡对亚洲季风爆发和我国的旱涝分布发生重要的作用,6 月份南亚高压中心北上青藏高原,意味着东亚大气环流从冬季型转变为夏季型。研究还表明南亚地区的环流指数变化与南亚季风年际增量异常具有非常密切的关系,由此,南亚季风是联系 SAI 与华北汛期降水的一个重要纽带,南亚夏季风水汽的输送是华北水汽输送的一个重要来源。

x_4：6 月份的北半球高纬环流指数,它定义为(70°—80°N,60°—120°E)区域平均的海平面气压年际增量,它与北半球的极涡活动有密切关联,表示北半球初夏冷空气活动异常。

x_5：6 月份的 Niño3 指数。它与华北汛期降水年际增量相关系数在 1965—1999 年是 −0.64,超过了 0.01 的显著性水平。ENSO 通过影响西太平洋副高,东亚急流及印度季风等影响华北的汛期降水,ENSO 事件发展阶段,长江流域夏季降水偏多,而华北夏季降水减少。

9.3.2　华北汛期降水预测模型的建立及性能检验

我们选取以上具有物理意义的预测因子,利用多元线性回归建立了华北汛期降水年际增量的预测模型如下:

$$\Delta y = 0.23x_1 + 0.15x_2 + 0.34x_3 + 0.17x_4 - 0.43x_5$$

图 9.2a 给出了华北汛期降水年际增量的年际变化,显示了准两年振荡的特征表现为当年是正异常的年际增量,后一年是负异常的年际增量。预测模型在 1965—1999 年的降水年际增量的拟合率是 0.8。年际增量的预测值和观测值基本吻合的年份,如 1981,1984,1985,1986,1988,1989,1990,1993,1995,1996,1997,1998。随后,我们将降水的年际增量加上前一年的观测降水量,得到华北汛期降水距平百分率(见图 9.2b)。预测模型同样能成功地模拟出降水距平百分率的年际变化,RMSE 在 1965—1999 年拟合时段是 19%,和我们用年际增量方法建立的长江中下游区域夏季降水的预测效能基本一样。

对 2000—2007 年作回报检验(独立样本检验),年际增量预测的降水距平同号率是 62%,不同号的年份只有 2001,2004,2006 年,而这三年预测和观测的误差不到一个方差(1 个方差1.56 mm/d)。对年际增量数值较大的年份模型如 2000,2002,2003 年,预测和观测值接近。

降水距平百分率在独立回报中的预测的平均RMSE是21％。模型不但成功地预测出2002是大旱年，预测的相对误差仅10％，降水距平百分率预测值（－43.7％）和实况值（－52.6％），而且能够成功地再现华北汛期降水在1965—2006年期间年代际的下降趋势（见图9.2b）。

为了进一步检验年际增量预测方法和预测模型的预测效能，我们将1972—2006年建模，回报1965—1971年华北汛期降水的年际增量及降水距平百分率。结果表明，仍然具有很好的预测性能，在1972—2006年拟合率0.8，对1965—1971年的回报中，预测年际增量的同号率是85％，预测降水距平的同号率85％，平均RMSE是21％。因此，通过两个阶段（1965—1999年和1972—2006年）建模比较及回报检验，都证明了年际增量的预测方法及预测模型的稳定和高性能。

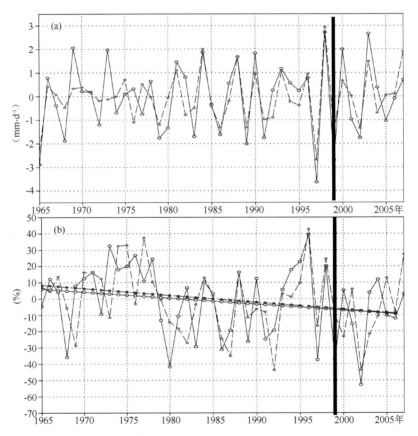

图9.2　华北汛期降水实观测（实线）和模拟（虚线）及后报（虚线）的变化曲线。模型拟合时段是1965—1999年，后报时段是2000—2007。单位（mm·d⁻¹）。黑竖线是拟合时段与后报时段的分界线。年际增量(a)；降水距平百分率(b)（引自范可等，2008），观测（实心）和预测（空心）趋势线。（单位：％）

9.3.3　小结

年际增量预测方法的主要基础是气候变量具有准两年变化特征，华北汛期降水、东亚季风，ENSO都有准两年振荡的特点，我们发展了年际增量的华北汛期降水预测模型，不但成功地回报降水年际变化，而且回报华北近几十年的降水减少趋势。由于华北夏季主要降雨时段在七月下旬至八月上旬，因此六月的预测因子对华北汛期预测补充预报是有重要的意义。我们正在通过结合气候模式夏季预测结果,发展我国夏季降水动力—统计结合预测方法,形成一个更为有效的预测方法。

9.4　基于年际增量预测方法的东北夏季降水预测

我国东北地区地形复杂,夏季经常出现旱涝等灾害,给当地带来很大的经济损失。关于东北夏季降水,自 20 世纪 70 年代以来就有研究。最近十几年一些新的研究结果使我们对东北夏季降水的统计特征及相关环流背景的了解和认识取得了一些进展。东北地区夏季降水的时空分布特征及其成因都比较复杂。研究表明,东北地区夏季降水全区一致性和区域性并存;年际变率与年代际、多年代际变率一起,使得认识其变化规律更为困难。中高纬天气系统(如:东北冷涡)的持续性活动对夏季降水有着重要贡献,同时东亚夏季风对东北夏季降水也有显著影响。前期北太平洋海温与东北夏季降水关系密切;冬季 NPO 与夏季东北冷涡持续性活动之间存在隔季相关;前期的北半球环状模、一些关键海区的海温也对东北夏季降水有一定影响。但目前关于利用一些前期异常信号对东北夏季降水进行季节预测的研究还很少。

这里,我们应用年际增量方法研制了一个东北地区夏季降水的季节预测模型,该模型只用到了同年春季的两个因子,但交叉检验结果显示该模型具有较好的预测能力。

利用实测值与拟合或预测结果之间的几个统计量来表征拟合或预测的水平:相关系数、距平同号率、相对误差百分率(re)和 RMSE。

9.4.1　东北夏季降水的统计模型

1. 前期预测因子的甄选

由于土壤具有较长时间的记忆能力,前期的土壤湿度对夏季的降水可能具有一定的指示意义;一些研究表明,前期全球关键区的海温与东北夏季降水存在联系;而 500 hPa 高度场上也能反映一些东北夏季旱涝的前兆信号,并且前期的 NPO 与东北夏季降水存在联系。因此在考察前期预测因子的时候,主要分析了 1981—2008 年春季的土壤湿度、海温、500 hPa 高度场和海平面气压场。

图 9.3 显示了东北夏季降水年际增量序列与春季土壤湿度、海温、500 hPa 位势高度和海平面气压年际增量场的相关系数分布情况。根据图 9.3,我们初步选择两个区域平均的土壤湿度、四个区域平均的海温、一个区域平均的 500 hPa 位势高度和一个区域平均的海平面气压作为预测因子,8 个预测因子分别为:x_1—欧亚大陆西北部的土壤湿度指数(60.75°—65.75°N, 25.25°—45.25°E),x_2—澳大利亚西部的土壤湿度指数(21.25°—32.25°S, 119.25°—125.25°E),x_3—北太平洋的 SST 指数(50.5°—56.5°N, 150.5°—140.5°E),x_4—北大西洋的 SST 指数(33.5°—40.5°N, 30.5°—20.5°W),x_5—赤道印度洋的 SST 指数(0.5°—10.5°N, 60.5°—75.5°E),x_6—南大西洋的 SST 指数(5.5°—16.5°S, 20.5°—34.5°W),x_7—东北地区上空的 500 hPa 高度场指数(40°—50°N, 120°—140°E),x_8—中纬度太平洋上空的海平面气压指数(15°—30°N, 150°—180°W)。表 9.1 列出了 1981—2008 年 8 个因子与东北夏季降水年际增量序列的相关系数,其中 x_1 和 x_7 与降水序列的相关系数最高。

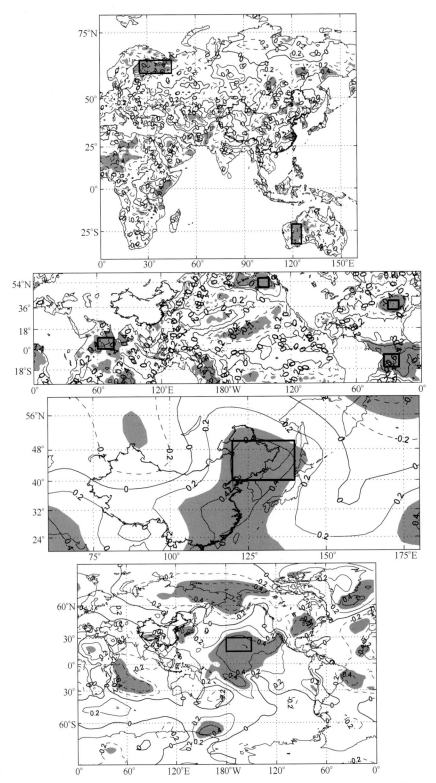

图 9.3 从上到下依次为:1981—2008 年东北夏季降水年际增量序列与土壤湿度、SST、500 hPa
高度场、海平面气压场年际增量间的相关系数分布图。图中黑色粗实线包围区域为相应的因子
选择区域。阴影区为通过 95% 信度 student t-检验的区域(引自 Zhu 2011)

表 9.1　1981—2008 年降水的年际增量序列与 8 个预测因子间的相关系数(引自 Zhu 2011)

预测因子	x_1	x_2	x_3	x_4	x_5	x_6	x_7	x_8
相关系数	−0.68	−0.53	−0.36	−0.57	−0.41	−0.56	0.66	0.57

利用上述 8 个预测因子,分别尝试从中选取 2、3、4、5 个因子建立拟合方程。表 9.2 给出了分别用 2、3、4、5 个因子建立拟合方程时,拟合相关系数最高的情况。结果显示,选取 x_1 和 x_7 两个因子时,得到的拟合和交叉检验结果比较好,而当将因子增加为 3、4、5 个时,除了拟合的相关系数略有提高外,其他指标并没有明显的改善,反而略有下降(表 9.2),同时拟合效果最好的因子组合中都含有 x_1 和 x_7 这两个因子。利用 x_1 和 x_7 作为预测因子进行交叉检验,得到的东北降水序列与实测降水间的相关系数最高(0.78),平均相对误差百分率和 RMSE 也最小(8.99% 和 10.35%)。

表 9.2　选择不同个数预测因子的拟合和预测能力比较(引自 Zhu 2011)

因子个数	2	3	4	5
预测因子	x_1, x_7	x_1, x_7, x_8	x_1, x_2, x_7, x_8	x_1, x_2, x_5, x_7, x_8
cor1	0.849	0.866	0.869	0.872
perc1	89.3%	85.7%	89.3%	85.7%
cor2	0.841	0.729	0.711	0.723
perc2	89.3%	78.6%	89.3%	89.3%
cor3	0.783	0.646	0.581	0.593
perc3	75%	78.6%	71.4%	67.9%
re	8.98%	11.02%	11.15%	11%
rmse	10.35%	13.38%	14.18%	13.94%

图 9.4 给出了东北夏季降水年际增量序列和欧亚大陆西北部的土壤湿度指数序列 x_1、东北地区上空的 500 hPa 高度场指数序列 x_7。可以看出东北夏季降水年际增量序列与 x_1(x_7) 之间存在很好的反相(同相)变化关系,1981—2008 年的相关系数为 −0.68(0.66)。

图 9.3 东北夏季降水与土壤湿度的年际增量相关场中,60°N 附近的欧亚大陆东部也存在小块的显著相关区,利用这个区域平均的土壤湿度年际增量代替 x_1 作为预测因子,能得到与上述类似的预测效果。再根据以前的一些研究结果,可以推测,春季欧亚大陆北部的土壤湿度可能通过陆气相互作用影响到夏季的中高纬大气环流,进而影响东北夏季降水。但其中具体的物理过程还需要进一步研究。另外,春季东北上空的 500 hPa 高度场异常可能与之后夏季副热带高压的异常有一定联系,因此对东北夏季降水具有一定预示意义。

2. 统计模型的建立及检验

根据上述分析,我们利用 1981—2008 年欧亚大陆西北部的土壤湿度年际增量指数序列 x_1、东北地区上空的 500 hPa 高度场年际增量指数序列 x_7,建立了一个对东北夏季降水年际增量(pne_{incr})进行季节预测的经验模型: $pne_{incr} = -0.0169 - 0.0109 \times x_1 + 0.012 \times x_7$。

图 9.5 显示了 1981—2008 年实测与拟合的年际增量序列(上图)和夏季降水序列(下图)。

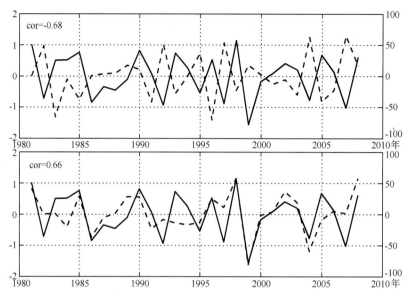

图 9.4 东北夏季降水年际增量序列(实线,对应左侧纵轴,单位:mm·d^{-1})与 x_1(上图,虚线,对应右侧纵轴,单位:mm)和 x_7(下图,虚线,对应右侧纵轴,单位:gpm)的序列(引自 Zhu 2011)

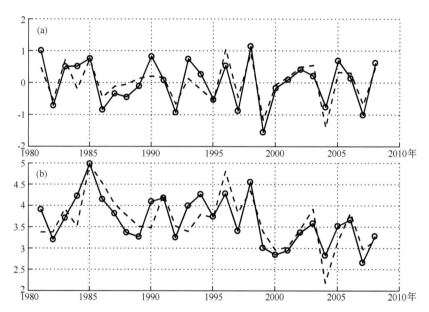

图 9.5 1981—2008 年期间的(a)东北夏季降水年际增量序列,(b)东北夏季降水量序列
单位:mm·d^{-1},带圈实线:实测值,虚线:拟合值(引自 Zhu 2011)

实测与拟合的年际增量序列相关系数为 0.85,同号率为 89.3%;实测与拟合的夏季降水量序列的相关系数为 0.79,距平同号率为 75%,28 年平均的相对误差百分率(取绝对值后再平均)为 8.53%,相对 RMSE 为 10.11%。

为了考察预测模型的效果和稳定性,采用交叉检验方法对模型进行检验(图 9.6)。结果显示:1981—2008 年,实测值与预测的年际增量序列的相关系数为 0.84,同号率为 89.3%。用年际增量加上前一年的实际降水值,就得到预测的夏季降水量。实测值与预测的夏季降水量序列相关系数为 0.78,距平同号率为 75%,28 年平均的相对误差百分率(取绝对值后再平均)为 8.99%,平均相对 RMSE 为 10.35%。

以前利用年际增量方法进行的季节预测研究,多是利用一些大气环流因子对降水或气温等预报量进行建模。如:范可等(2008)通过考察与华北汛期降水年际增量相配合的年际增量的大气环流,确定了 5 个关键预测因子;得到的预测模型在 1969—1999 年中拟合率是 0.8,拟合的相对 RMSE 为 19%,模型对 2000—2007 年回报的平均相对 RMSE 为 21%。本文除了考虑与东北夏季降水相联系的大气环流因子,还考虑了海温、土壤湿度等具有更好季节持续性的因子对预报量的可能贡献,并对因子进行了选择。在以前研究的基础上,本文利用年际增量方法,考虑了具有较好季节持续性的要素,选取更少的预测因子,达到了较好的预测效果。因此,用欧亚大陆西北部的土壤湿度和东北地区上空的 500 hPa 高度场年际增量指数作为东北夏季降水年际增量的预测因子,对东北地区夏季降水具有较好的季节预测能力。

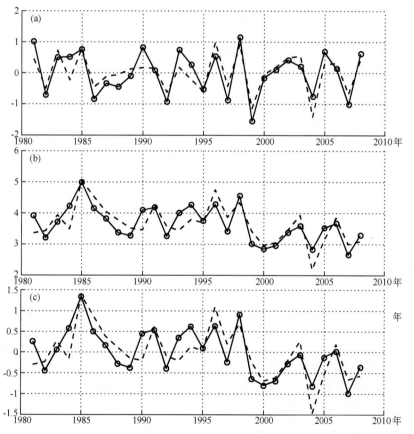

图 9.6　1981—2008 年期间的(a)东北夏季降水年际增量序列,(b)东北夏季降水量序列,(c)降水距平
单位:mm·d^{-1}。带圈实线:实测值,虚线:拟合值(引自 Zhu 2011)

9.4.2　小结

本文利用年际增量预测方法,通过对前期预测因子的考察,最终利用两个因子——春季区域平均的欧亚大陆西北部土壤湿度和东北地区上空 500 hPa 高度场的年际增量指数,建立了对东北地区夏季降水年际增量的拟合方程。交叉检验结果表明,仅利用上述两个因子就能得

到对东北地区夏季降水较好的预测能力,1981—2008 年期间实际值和预测的东北夏季降水序列相关系数为 0.78,距平同号率为 75%,相对误差百分率为 8.99%,相对 RMSE 为 10.35%。但是,对于春季欧亚大陆西北部土壤湿度和东北地区上空 500 hPa 高度通过怎样的物理过程与东北夏季降水发生联系,仍然是一个需要深入研究的问题。

根据本文的分析结果,得到一点建立季节预测统计模型方面的经验,即:建立统计预测模型前,全面考察前期的气候异常信号很重要,尤其是对一些有较好季节持续性或记忆能力的因子(如土壤湿度等);并且用尽可能少的预测因子建立预测能力较好的统计模型,一方面可以保证模型的简单易用,另一方面可以尽量降低由于因子过多而引入的噪音。另外,在寻找前期预测因子的时候,由于我们对一些气候系统发生联系的物理过程的认识不足,很可能会对我们寻找有效的预测因子有一定的限制作用。因此,不受限于目前我们对气候联系发生的物理过程的有限认知,可能有利于寻找更为有效的预测因子,并为进一步认识气候系统的某些物理过程提供另一条可能的途径。

9.5   基于年际增量预测方法的东北气温预测

9.5.1   基于年际增量预测方法的东北夏季气温预测

东北是我国的产粮区,温度过高和过低都对农作物有害。东北低温冷害是该地区一个主要的气象灾害。研究表明,5—9 月平均气温下降 1℃,东北地区粮食总产减少 12.5%。当然,温度异常偏高通常是和偏旱联系在一起的。因此,尽可能准确地作出东北夏季气温的预测对当地的农业和经济发展至关重要。由于我国东北地区纬度较高,温度的年际变化较大,东北夏季(6—8 月)的气温预测非常困难。在业务预测中,东北夏季气温的前期大气环流形势,海洋状况异常等是东北夏季气温预测的依据。比如,刘宗秀等(2002)研究发现当夏季东北低涡持续异常是造成东北夏季低温和夏季降水增多的一个重要的原因,而夏季东北低涡的持续异常又与前冬 NPO 位相异常有关。当 NPO 在前冬 500 hPa 高度场呈负位相阶段时(北高南低),东北区夏季降水偏多;反之,东北区夏季干旱少雨。前期和同期的赤道太平洋海温异常也是影响东北夏季气温异常一个重要因子。曾昭美等(1987)注意到厄尔尼诺发生年与东北夏季低温对应。刘实和王宁(2001)认为厄尔尼诺年的次年东北地区夏季多高温,而拉尼娜年的次年,东北地区夏季低温更明显。孙建奇和王会军(2006)发现东北夏季气温的时空变化并非全区一致,存在着南、北地区的差异。影响南部的关键海区是中纬度西太平洋和印度洋部分海域,影响北部的主要是 ENSO 事件;北部夏季气温与东亚夏季风存在显著负相关,而南部的关系则不明显。在实际业务预测中,尤其需要发展高效的东北夏季气温预测模型,并能提前几个月对东北夏季气温作出定量和准确的预测。

我们基于年际增量的方法发展一个东北夏季气温统计预测模型(Fan 和 Wang 2010)。预选在当年三月以前,这样可以提前两个月作出预测。同时预测因子与东北夏季气温不但统计上具有显著相关还要具有物理联系。通过分析东北夏季气温的年际增量相关的前期年际增量环流,确定了五个预测因子。北半球的极涡是影响我国冷空气活动和东北夏季气温的一个重要的系统。章少卿等(1985)分析了北半球极涡面积变化有季节持续性,当第二象限(85°—175°E)极涡面积增大时,东北夏季气温偏冷。冬季第一象限(5°W—85°E)极涡面积又与冬季欧亚的雪盖面积及夏季第二象限极涡面积有显著的正相关关系,当冬季欧亚雪盖面积大,欧亚极涡面积大,东北夏季气温偏低。我们研究发现,年际增量的北半球和南半球极涡在前一年秋季到当年 3 月都有很好的季节持续性。它们与东北夏季气温年际增量存在显著相关。

我们选取前一年秋季与欧亚极涡相关的 x_1 作为预测因子,将其定义 200 hPa 的($70°$—$80°$N,$60°$—$120°$E)区域平均位势高度年际增量。它与东北夏季气温的年际增量在 1977—2007 的相关系数是 0.7,超过了 0.05 的显著性水平。x_2 是与前一年南半球绕极低压相关的预测因子,将其定义 200 hPa 的($60°$—$70°$S,$270°$—$300°$E)区域平均位势高度年际增量。它与东北夏季气温的年际增量在 1977—2007 的相关系数是 -0.5。南半球绕极低压的变化受制于 AAO 的变化,AAO 强,绕极低压加深。AAO 通过两半球的经圈环流和热带对流、海温等途径影响东亚气候。由于当年 3 月北美高压变化与北太平洋高压变化相反,而当同年 3 月北美高压减弱和北太平洋高压增强,东北夏季气温偏冷。因此,我们选取同年 3 月的北美高压作为预测因子 x_3 定义为($50°$N—$60°$N,$240°$—$270°$E)区域平均海平面气压年际增量,与东北夏季气温年际增量在 1977—2007 的相关系数是 -0.5。曾昭美等(1987)注意到赤道东太平洋海温与东北夏季气温反位相的现象,并指出赤道东太平洋海温正异常,南亚高亚偏弱偏南,亚洲沿岸西风带偏南,冷空气活动频繁造成东北低温。前一年春季的赤道东太平洋海温($10°$S—$0°$,$160°$—$190°$E)区域平均海表面温度,与东北夏季气温年际增量在 1977—2007 的相关系数是 -0.5,我们作为 x_4 预测因子。冬、春季 NPO 位相异常是预测东北北夏季气温和降水的一个重要的前期信号。我们发现冬季东西伯利亚海海冰($75°$—$80°$N,$160°$—$190°$E)是冬、春季的 NPO 变化的一个外强迫因子。当西伯利亚海海冰增多时,NPO 位相处于正位相,东北夏季气温偏高,夏季降水减少。我们将冬季东西伯利亚海海冰作为预测东北夏季气温的预测因子 x_5,两者的相关系数在 1977—2007 年是 0.54。这 5 个预测因子在统计上基本相互独立。

在上面的基础上建立东北夏季气温年际增量的预测模型,依据下面步骤实现对气温本身的预测:先预测出东北夏季气温的年际增量 $\Delta y(1)$,再通过式(9.2)得到东北夏季气温 y(东北夏季气温的年际增量加上前一年的观测的气温)。年际增量预测模型的拟合的相关系数在 1977—2007 年(31 年)达到 0.91,解释 83％的年际变化方差。

$$\Delta y = 0.42x_1 - 0.26x_2 - 0.07x_3 - 0.22x_4 + 0.38x_5 \tag{9.1}$$

$$y = \Delta y + y_{-1} \tag{9.2}$$

对东北夏季气温年际增量的大异常值年份而言,无论是正异常年份 1982,1984,1988,1994,1996,1999,2000,2004,2007 年,还是负异常年份 1983,1989,1995,1992,2002 年,模型拟合的绝对误差都相当小。从图 9.7a 可见,东北夏季气温的年际增量清楚地反映了东北夏季气温准两年的变化,这正是年际增量预测方法的一个优势。图 9.7b 显示了模型很好地拟合了东北夏季气温的年际变化,在 1977—2007 年平均绝对误差是 0.3℃。并成功地捕捉到东北气温的年代际的上升趋势。模型对东北夏季气温异常年份有很好的再现能力。东北低温年份(气温距平小于 -0.5℃)1977,1979,1981,1983,1986,1987,1989,1992,1993 模式(观测)值分别是 19.8℃(20.4℃),20.0℃(20.3℃),20.7℃(20.4℃),19.6℃(19.7℃),20.5℃(20.3℃),19.9℃(20.3℃),19.8℃(20.4℃)20.1℃(20.1℃),19.8℃(19.9℃),平均绝对误差 0.29℃。东北高温年份(气温距平大于 0.5℃)1982,1984,1988,1997,2000,2001,2007 模式(观测值)分别是 22.0℃(21.7℃),20.4℃(20.6℃),21.7℃(22.0℃),22.3℃(22.7℃),22.3℃(22.0℃),21.1℃(21.5℃),21.6℃(22.1℃),平均绝对误差 0.28℃。我们对预测模型进行交叉检验和回报检验。对 2008 年回报结果是绝对误差是 0℃。为增加回报的样本,我们应用交叉检验方法。在 1977—2008 年中,逐次选取其中一年,其余年份建立预测模型回报该年,这样我们可以得到 1977—2008 年(32 年)独立样本检验。模式交叉检验的东北夏季气温的年际增量(气温)的相关系数分别是 0.83(0.76),绝对误差是 0.4℃。交叉检验结果表明模式具有不错的预测能力。

包含 5 个预测因子的东北夏季气温年际增量预测模型可以解释 83% 的年际变化的方差(1977—2008 年),并且显示了对东北夏季气温年际变化乃至年代际变化的相当好的预测能力。

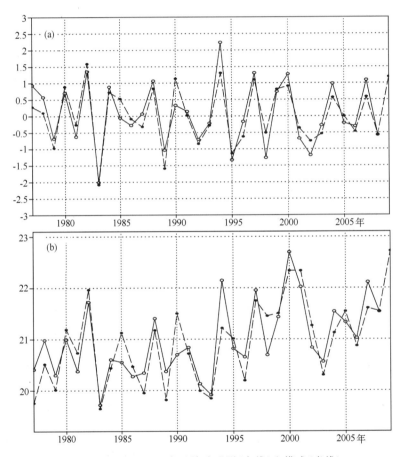

图 9.7 1977—2008 交叉检验观测(实线)和模式(虚线)

(a)东北夏季气温的年际增量(℃);(b)东北夏季气温值(℃)(引自 Fan and Wang 2010)

9.5.2 基于年际增量预测方法的我国东北冬季气温预测

对近百年全球增温的研究显示,中国东北是全球变暖最显著的区域之一,冬季变暖的特征尤为明显。虽然对东北冬季增暖的机理已有研究,但对东北冬季气温气候预测方法及预测模型的研究并不多。我们基于年际增量的预测方法研制我国东北冬季气温气候预测模型,结果表明年际增量的预测方法在东北冬季气温预测是适用(Fan 2009b)。在这个预测模型中选取了前一年冬季、前一年秋季和前一年 11 月与 AO 和 AAO 相关的大气环流因子,共选取六个东北冬季气温年际增量的预测因子。应用多元线性回归的方法建立了东北冬季气温预测模型，其中建模时段是 1965—2002 年，回报时段是 2003—2008 年。

$$\Delta y = 0.1x_1 - 0.26x_2 - 0.37x_3 + 0.17x_4 + 0.11x_5 - 0.14x_6 \qquad (9.3)$$

$$y = \Delta y + y_{-1} \qquad (9.4)$$

图 9.8 分别给出了模式东北冬季气温的年际增量和气温的变化。模式在 1965—2002 年拟合的相关系数是 0.73，较好地拟合了 2002 年东北异常暖年。合理回报了 2003—2008 年，平均绝对误差是 0.8℃。预测模型成功地再现 1960—1970 年代的东北冷期、1980—1990 年代的暖期。

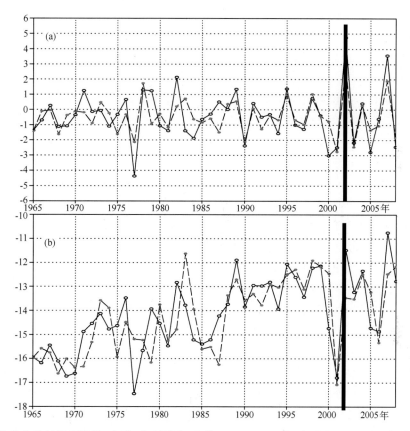

图 9.8　东北冬季气温观测值(实线)和预测值(虚线)1965—2008，拟合时段 1965—2002，独立样本回报 2003—2008 年，黑色线是分界线；气温的年际增量(a)；气温(b)(℃)(引自 Fan 2009b)

9.6　基于年际增量预测方法的西太平洋台风活动预测

西太平洋台风活动的季节气候预测是短期气候预测一个重要的研究内容。台风是指中心最大风速超过 33 m/s 的热带气旋，热带气旋数指中心风力超过 17.2 m/s。西太平洋台风频次定义为一年中西太平洋区域(5°—45°N，105°E—180°)包括南海区域台风生成的个数。热带气旋生成频次和登陆气旋数年际变化规律及影响因子不同，热带气旋生成数多的年份，登陆气旋数未必多，如 1997 年西太平洋热带气旋生成数多达 26 个，但登陆我国热带气旋数仅 4 个。研究表明西太平洋台风生成频次和登陆我国的热带气旋数具有 2～4 a 的变化特征，气候量的年际增量能够反映了气候量的准两年的特征,具有预测信号放大以及年际和年代际趋势预测的优势。事实上,西太平洋台风频次的年际增量和台风生成频次在 1965—2006 年的标准差分别是 5.21 和 4.08,前者比后者大。因此,我们将年际增量的预测方法扩展应用到台风和登陆我国热带气旋数的预测中。

ENSO 与台风频次的关系是非常复杂,它们随着季节变化而不同,冬季和台风活动盛期(6—10 月)的南方涛动分别与台风频次年际增量的相关关系相反,前者是显著正相关(0.65),后者却是显著的负相关(—0.38)。因此仅根据 6 月之前的 ENSO 位相的变化预测异常台风还是不够的,如,1997 年 4 月—1998 年 5 月赤道东太平洋都处于 ENSO 暖位相,6 月以后才转为冷位相,但 1997 年台风频次异常多(24 个)而 1998 年台风频次异常少(9 个),因此,为了提高对台风频次的预测准确度,发现新的预测因子是至关重要的。

范可(2007)发现北太平洋海冰面积是预测台风活动的一个新预测因子,因此我们选择的第一个预测因子 x_1 是冬季的北太平洋海冰面积(Fan 和 Wang 2009)。我们的研究表明,冬季和春季北太平洋海冰面积指数与全年的西北太平洋台风活动频次在 1965—2004 年中有显著的反相关关系。当冬、春季北太平洋海冰面积越大,西北太平洋台风生成频次减少。与春季北太平洋海冰面积正异常相关的热带环流和海温异常将提供不利于西北太平洋台风生成的热力和动力条件。其中可能影响过程是冬、春季北太平洋海冰异常通过 NPO 或北太平洋高纬到热带的大气遥相关,影响春季到夏季热带环流的变化,进而影响台风生成频次的变化。北太平洋海冰面积指数的年际增量与西太平洋台风频次的年际增量在 1965—2001 年的相关系数是—0.47。我们将冬季北太平洋海冰面积的年际增量异常年份做组合分析(正异常—负异常)发现,北太平洋海冰面积的年际增量多年对应着冬、春季 NPO 的负位相即阿留申低压和西太平洋高压加强。而负位相 NPO 通过北太平洋高纬到热带大气遥相关影响热带地区的动力和热力条件,导致夏季热带西太平洋纬向风垂直切变幅度加强,夏季低空热带西太平洋出现反气旋环流异常和负涡度异常,西太平洋季风槽减弱,进而不利于台风生成。

考虑到 ENSO 与台风活动复杂性关系,我们选择春季 1000 hPa 区域平均(20°S—20°N,90°—120°E)气温的年际增量作为第二个预测因子,由于它不仅反映了赤道东太平洋海温的变化而且反映了赤道西太平洋海温的变化。此外,它和台风频次显著相关的关系从春季到台风活动的盛期(6—10 月)都有非常好的季节持续性。

第三个预测因子是影响台风生成的动力因子,它表示 6 月 850 hPa 区域平均(15°—20°N,125°—140°E)的相对涡度的年际增量。该值越大表示西太平洋季风槽越强,越有利于台风生成。第四个预测因子是 6 月 850 hPa 和 200 hPa 西太平洋区域(5°—10°N, 145°—170°E)纬向风垂直切变幅度,纬向风垂直切变幅度小,有利于台风活动的生成。第五个预测因子是 6 月西太平洋区域(10°—20°N, 135°E—150°W)海平面气压场的年际增量。

利用上述预报因子,我们建立了以下台风频次的年际增量多元线性回归模型 M-DY。Δy 是台风频次的年际增量。

$$\Delta y = -0.15x_1 - 0.4x_2 + 0.16x_3 - 0.28x_4 - 0.21x_5 \tag{9.5}$$

预测模型在 1965—2001 年(37 年)拟合的相关系数是 0.86,解释 74% 的年际变化方差。将台风频次的年际增量加上前一年观测的西太平洋台风频次得到西太平洋台风频次。西太平洋台风频次的年际增量反映了西太平洋台风频次的准两年的变化特点,成功地拟合了西太平洋台风频次的年际增量的大异常年份如 1973,1984,1995,1997,1998 和 1999 年和小异常年份如 1966，1968，1970，1977，1979，1981，1982，1985，1990，1994 和 1996 年及异常 1997—1999 年。通过西太平洋台风频次的年际增量获得西太平洋台风频次，预测模型 1965—2001 年拟合的平均绝对误差是 2.3 个台风数，对 1996—2001 年模拟（观测）的台风数分别是 19(21)，21(24)，10(9)，15(12)，13(15)，17(20)，台风平均数是 17，模型的效能很好。

我们应用回报和交叉检验两种方法对预测模型检验。回报的时段是 2002—2007 年，回报（观测）台风数分别是 17(16)，17(17)，22(21)，15(16)，16(15)，平均绝对误差仅 0.8 个台风数。我们对预测模型做了 1965—2007 年（43 年）交叉检验，交叉检验平均绝对误差仅是 2.4 个台风数。对异常台风频次的年份 1982—1983，1996—2000 年，观测和模式值接近。

基于年际增量的预测方法较之传统的基于原始变量的预测方法有何优势？为回答以上问题，分别用年际增量和原始变量的预测方法分别建立 M-DY 和 M-Y 预测模型。M-DY 的 F 统计量值(17.6)大于 M-Y(6.6)，表明 M-DY 预测模型较 M-Y 显著。对 M-DY 和 M-Y 进行交叉检验，台风频次的交叉检验相关系数 M-DY(M-Y)是 0.72(0.6)，解释 52%(36%)年际变化方差，平均绝对误差 M-DY(M-Y)是 2.4(2.5)。

为了避免卫星资料前台风和其他资料不准确影响预测模型的预测技巧。我们采用 1977—2007 年资料，分别用年际增量和原始变量的方法选取与 M-DY 相同的预测因子重新建立预测模型 M-DY$_{31}$ 和 M-Y1$_{31}$ 并交叉检验（图 9.9），选取五个相同的预测因子下，年际增量的方法是显著优于原始变量的方法，年际增量的预测模型的预测技巧好于原始变量预测模型：模型的台风频次和观测的台风频次在 1977—2007 年的交叉检验的相关系数 M-DY$_{31}$；M-Y$_{31}$ 是 0.76(0.64)，解释 58%(41%)的年际变化方差，平均绝对误差 M-DY$_{31}$ 是 2(3.8)。

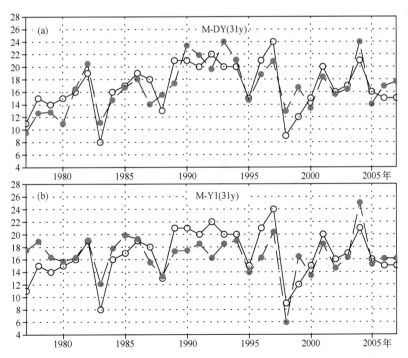

图 9.9　1977—2007 交叉检验台风生成频次预测（虚线）和观测值（实线）
(a)年际增量方法；(b)原始变量方法（引自 Fan 和 Wang 2009）

总之，年际增量的预测方法能够很好地应用西太平洋台风生成频次的预测中。台风活动频次存在着准两年的变化,通过预测台风频次的年际增量可以捕捉其准两年的变化,放大预测信号。五个预测因子不仅反映台风频次的前期预测信号,也反映两 ENSO 位相异常转换的前期信号,这是预测模型能够成功拟合 1997—1998 年台风频次异常的原因。

9.7　基于年际增量预测的登陆我国热带气旋数的预测

对我国而言,登陆气旋数比西北太平洋生成气旋数更具有实际价值,所以预测登陆气旋数非常重要。这里,我们首先建立登陆我国热带气旋数的年际增量预测模型,然后再预测登陆的热带气旋数(Fan 2009a)。年际增量的预测因子从登陆我国热带气旋数相关的前期年际增量环流场选取。登陆气旋的预报因子选择既和生成气旋的环境条件有关,也和与气旋移动相联系的大气环流有关,所以登陆与生成气旋数的预报因子是不同的,可能更加复杂。经过分析我们发现,登陆我国热带气旋数异常多时,在前一年夏季海平面气压相关场,南半球高纬出现类似 AAO 的正位相异常,前一年十月北太平洋高纬和澳大利亚的南部是负异常,北太平洋高纬的负异常,当年 5 月从西太平洋到澳大利亚南部是负异常。我们选取以上的关键区平均的海平面气压作为预测因子。预测因子 x_1 选择为前一年 10 月区域(40°—50°S,120°E—180°)平均海平面气压年际增量;x_2 定义为前一年 10 月区域(50°—60°N,160°—180 °E)平均的海平面气压的年际增量;x_3 定义为前一年夏季区域(55°—60°N,15°—45 °E)平均的海平面气压的年际增量;x_4 定义为前一年夏季区域(60°—50°S,30°—60 °E)平均的 SST 的年际增量;x_5 定义为当年五月区域(0°—10°N,120°—150 °E)平均海平面气压的年际增量;五个预测因子间无显著的相关关系,并都具有 2～4 a 变化。

基于上述预测模型的建立介绍,建立 1997—2007 年登陆我国热带气旋数预测的年际增量 (Δy) 的预测模型,通过 (Δy) 预测登陆我国热带气旋数 y。

$$\Delta y = -0.32x_1 - 0.27x_2 - 0.21x_3 - 0.36x_4 - 0.44x_5$$

$$y = \Delta y + y_{-1}$$

1977—2007 年登陆我国的热带气旋数的拟合的相关系数达到 0.84,解释 74％的年际变化方差,平均绝对误差 0.9,并成功地拟合了 1997—1998 年登陆热带气旋数的异常年份。1997 年生成的热带气旋数异常多 26 个,但登陆我国的气旋数异常少,只有 4 个热带气旋;1998 年登陆我国的气旋数减少到 3 个。而这两年正处于 ENSO 从暖位相向冷位相转换的时期,ENSO 前期的异常信号难以捕捉,导致了 1997—1998 年无论是台风生成频次还是登陆气旋数都难以预测。模式对 1995—1998 年模拟(观测)登陆的热带气旋数分别是 10(10),8(7),5(4),3(3),平均绝对误差仅 0.5 个登陆的热带气旋数(图 9.10)。

采用交叉检验的方法,检验预测模型的性能,预测模型对登陆我国的热带气旋数的年际增量和登陆我国的热带气旋数有很好的预测能力,交叉检验后登陆我国的热带气旋数的相关系数是 0.74,解释 55％的年际变化方差,平均绝对误差是 1.4。交叉检验的登陆气旋数 1995—1998 年模式(观测值)分别是 10(10),8(8),5(5),3(3)。

上述结果证明,年际增量的方法在登陆我国的气旋数气候预测是合理的,具有较好的预测效能。

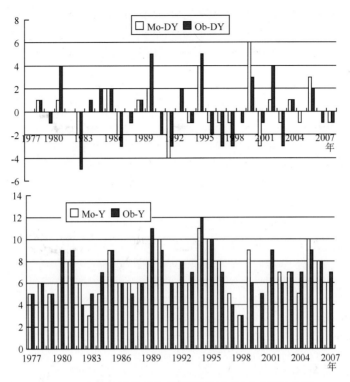

图 9.10　我国登陆热带气旋数观测(实线)和预测(虚线)
(a)登陆气旋数年际增量；(b)登陆气旋数(引自 Fan 2009a)

9.8　小结

　　年际增量的预测方法是短期气候预测一个新方法,它是建立在对气候变量的年际增量变化及相关的物理过程基础上的,确定年际增量的预测因子,建立气候变量的年际增量预测模型,之后,通过预测的年际增量加上前一年气候变量的观测值获得气候变量或气候距平量预测值。它的优势是抓住了气候变量的准两年的变化特征,放大预测变量振幅,确定新的年际增量预测信号,不仅对年际而且对年代变化趋势预测有显著的优势。我们已运用年际增量的预测方法,研制了长江中下游夏季降水、华北夏季降水,北方春季降水、东北冬、夏气温,台风、登陆气旋数预测及北大西洋飓风频次的预测(Fan 2010)等,同时,在动力模式预测及动力—和统计模式结合的预测中,年际增量的预测方法也显示了不错的预测技巧,年际增量的预测方法将会是短期气候预测的一个值得注意和推广,具有重要潜在应用意义的方法。

参考文献

范可,林美静,高煜中. 2008. 用年际增量的方法预测华北汛期降水.中国科学(D 辑:地球科学),**38**(11)：
　　1452-145.

范可,王会军,Choi Y J. 2007. 一个长江中下游夏季降水的物理统计预测模型. 科学通报,**52**(24)：
　　2900-2905.

范可. 2006. 南半球环流异常与长江中下游旱涝的关系. 地球物理学报,**49**(3)：672-679.

范可. 2007. 北太平洋海冰, 一个西北太平洋台风生成频次的预测因子? 中国科学(D 辑:地球科学), 37(6):851-856.

刘实, 王宁. 2001. 前期 ENSO 事件对东北地区夏季气温的影响. 热带气象学报, 17(3):314-319.

刘宗秀, 廉毅, 高纵亭, 等. 2002. 东北冷涡持续活动时期的北半球环流特征分析. 大气科学, 26(3):361-372.

孙建奇, 王会军. 2006. 东北夏季气温变异的区域差异及其与大气环流和海表温度的关系. 地球物理学报, 49(3):662—671.

王会军, 张颖, 郎咸梅. 2010. 论短期气候预测的对象问题. 气候与环境研究, 15(3):225-228.

曾昭美, 章名立. 1987. 热带东太平洋关键区海温与中国东北地区气温的关系. 大气科学, 11(4):383-388.

章少卿, 于通江, 李方友, 等. 1985. 北半球极涡面积、强度的季节变化及其与中国东北地区气温的关系. 大气科学, 9(2):178-185.

Fan K, Wang H J. 2004. Antarctic oscillation and the dust weather frequency in North China. *Geophysical Research Letters*, 31: L10201, doi:10.1029/2004GL019465.

Fan K, Wang H J. 2009. A new approach to forecasting typhoon frequency over the western North Pacific. *Weather and Forecasting*, 24(4): 974-978, doi: 10.1175/2009WAF2222194.1.

Fan K, Wang H J. 2010. Seasonal prediction of summer temperature over Northeast China using a year-to-year incremental approach. *Acta Meteorologica Sinica*, 24(3): 269-275.

Fan K. 2009a. Seasonal Forecast Model for the Number of Tropical Cyclones to Make Landfall in China. *Atmospheric and Oceanic Science Letters*, 2(5): 251-254.

Fan K. 2009b. Predicting winter surface air temperature in Northeast China. *Atmospheric and Oceanic Science Letters*, 2(1): 14-17.

Fan K. 2010. A prediction model for Atlantic named storm frequency using a year-by-year increment approach. *Weather and Forecasting*, 25(6): 1842-1851.

Sun J Q, Wang H J, Yuan W. 2009. A possible mechanism for the co-variability of the boreal spring Antarctic Oscillation and the Yangtze River valley summer rainfall. *International Journal of Climatology*, 29: 1276-1284, doi:10.1002/joc.1773.

Wang H J, Fan K. 2005. Central-north China precipitation as reconstructed from the Qing dynasty: Signal of the Antarctic Atmospheric Oscillation. *Geophysical Research Letters*, 32: L24705, doi: 10.1029/2005GL024562.

Wang H J, Fan K. 2006. Southern Hemisphere mean zonal wind in upper troposphere and East Asian summer monsoon circulation. *Chinese Science Bulletin*, 51(12): 1508—1514, doi: 10.1007/s11434-006-2009-0.

Wang H J, Zhou G Q, Zhao Y. 2000. An effective method for correcting the seasonal-interannual prediction of summer climate anomaly. *Advances in Atmospheric Sciences*, 17(2): 234-240.

Zhu Y L. 2011. A seasonal prediction model for the summer rainfall in Northeast China using the year-to-year increment approach. *Atmospheric and Oceanic Science Letters*, 4: 146-150.

第 10 章　热带相似预测思想和 对东亚夏季降水的预测

10.1　引言

前文已经介绍了，ENSO 变异的影响大都集中在低纬地区，而在中高纬地区的影响相当弱。因此，基于海气耦合模式框架的短期气候预测技巧主要在低纬和部分中纬度区域，中高纬区域的预测技巧总体上是比较低的，这可以从所有的气候模式的"一步法"或"两步法"的预测结果中得到证实。我国大部分国土处于中高纬区域，各季节气候的短期预测都存在很大的困难，这也是目前预测水平比较低的主要原因。因此，要寻求从中高纬海洋和冰雪圈的变异、陆面过程变异（特别是土壤温度、湿度异常）以及大气环流的遥相关中寻找新的预测"源"，这是短期气候预测研究的关键任务之一。

另外一方面，由于季风环流、Hadley 环流等具有经向结构，也由于大气环流变化的经向遥相关（如，著名的东亚—太平洋遥相关，或者称太平洋—日本波列）的存在，低纬和高纬气候变异之间存在着很大的关联性。在我国夏季降水的变异中就存在着明显的经向结构，华南和江淮流域的夏季降水异常经常是相反的，长江中下游流域和黄淮流域的降水异常经常是符号相反的，印度的降水异常和我国华北的降水异常则经常是符号一致的，华北和新疆北部的夏季降水异常也常常是符号相反的，等等。更进一步，南海季风和热带大气环流的异常和我国不同区域气候变异之间具有很重要的物理相关性，甚至南半球低纬地区大气环流异常（例如，海洋性大陆区域的对流活动、马斯克林副热带高压、澳大利亚副热带高压等）也和我国的气候异常相关。图 10.1 给出的就是东亚区夏季（6—8 月）平均降水的 EOF 分析的前两个主分量的空间分布，可以清楚地看到这种降水异常的空间模态特征。基于这些科学规律，Wang 和 Fan（2009）提出了预测我国夏季降水异常的一个新的思想，即"热带相似预测思想"，在文章中设计了一个根据气候模式预测的具体实施方案。下面，扼要介绍这一研究结果。

为了验证"热带相似预测"思想和方法的效果，我们利用了欧洲 DEMETER 计划的 MME 回报结果进行检验（Palmer 等 2004；表 6.1 是这些模式的一些基本信息）。这里选用的是从 5 月起报的 6 个耦合气候模式关于夏季的预测结果，分析时段为 1979—2001 年。

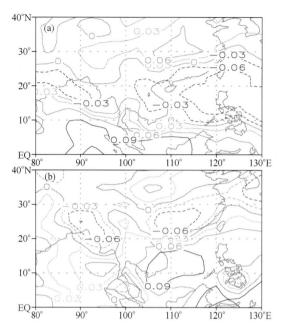

图 10.1　观测 1979—2001 年 CMAP 夏季(6—8 月平均)降水的 EOF 分解的第一(a)和第二模态(b)的空间分布
(引自 Wang 和 Fan 2009)

10.2　欧洲 DEMETER 计划模式在东亚区夏季降水预测的效能

　　总体上,这七个欧洲气候模式对东亚夏季降水的多年平均态的模拟还是相当合理的,对于空间分布和几个大值中心的模拟都比较接近实际观测结果。主要的模拟误差在于模式大都对于藏东南的降水有过大的估计(主要原因可能在于模式对于来自孟加拉湾的水汽输送在该区域的堆积估计过大,这种对于水汽堆积的过高估计又可能来源于分辨率不够高的气候模式对于地形的处理过于粗糙)。另外一方面,模式对于几个大降水中心的降水量估计或者偏小、或者偏大、或者位置偏移。但是,模式总体上对于降水气候平均态的模拟还是基本合理的。

　　关于夏季降水的年际变化的方差,模式模拟值偏小得较多,多模式合成的结果尤其如此。这是模式的一个很大缺陷,这会导致模式预测的夏季降水异常值系统性偏小,因此对于大降水异常几乎是无能为力的。

　　那么,模式的实际回报夏季降水异常的能力到底如何呢?为此,检验了各个模式以及多模式合成(MME)的回报在东亚($0°—40°N$;$80°—130°E$)的效果,我们用 $2.5°×2.5°$ 分辨率的模式和观测降水异常结果的 ACC 来作为一个度量,其逐年情况表示在图 10.2 中。可以发现,各模式的 ACC 比较低,多年平均结果都小于 0.2,有的甚至小于零,MME 的结果不过也就是 0.12。所以,这些模式对于东亚区夏季降水的预测效能是相当低的,这和国内外其他的气候模式的情况基本一致。根本的原因之一是 ENSO 和东亚夏季降水的关系不够紧密;同时,模式预测的热带(特别是西太平洋区)SST 的技巧以及模式刻画它和东亚夏季降水的关系的能力比较低。当然,模式预测中高纬 SST 异常的能力就更差一些。

在这种情况下,单纯用气候模式来预测东亚区夏季降水异常是远远不能解决问题的,必须提出新的预测思想和方法。

10.3　热带相似预测思想和方法及其在东亚区夏季降水预测中的应用

这个思想就是用模式预测得较好的热带区降水异常来推算东亚区降水异常,在方法上就是把模式预测的热带区(30°S—30°N；0°—180°)降水异常和观测的历史上各年的降水异常求场相关系数 ACC,找出 ACC 最大的一年。类似地,也找出 ACC 最小的一年。然后用东亚区这两年的降水异常和模式预测的东亚区降水异常共同线性组合为最后的东亚区降水异常预测结果,其权重系数可以经验地确定,比如可以选为 0.375,−0.375,0.25。就是说,模式直接预测的降水异常只占 1/4 的权重,3/4 的权重为热带相似的历史观测降水异常。那么,这种方法的效果如何呢?

各个模式以及多模式合成的交叉检验结果,所有模式直接输出降水异常和观测结果的 ACC 都明显小于热带相似方法的结果。而且,在 RMSE 方面,热带相似方法的结果也显著小于模式直接输出的结果(见图 10.3),说明热带相似的预测方法是可行的。

热带相似预测方案的具体构建还可以有多种选择,比如,以热带区主模态相似作为判据,以热带区对流活动或者大气环流的相似度作为判据,以多个热带关键区的相似度作为判据,以热带区多个指标作为判据,等等。在热带相似预测具体方案的研究中,Wang 和 Fan (2009)的工作还仅仅是一个初步的尝试。

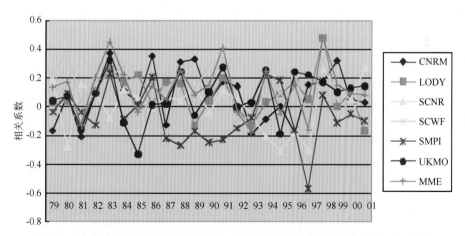

图 10.2　各个模式以及多模式合成(MME)的夏季降水异常回报结果和观测结果在东亚区(0°—40°E；80°—130°E)的场相关系数(ACC)

(引自 Wang 和 Fan 2009)

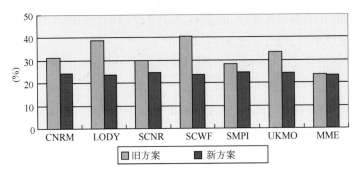

图 10.3 各个模式以及多模式合成(MME)的夏季降水异常回报结果和
观测结果在东亚区(0°—40°E；80°—130°E)的 RMSE 百分数
蓝色的为模式直接预测的结果，红色的为热带相似预测方法的结果(引自 Wang 和 Fan 2009)

10.4 欧亚地区夏季环流场的预报关键区

上面我们研究了降水预测的关键区，在研究基础上提出了热带相似理论，明确了热带在东亚夏季降水预测中的重要作用。进一步，我们探讨影响欧亚地区夏季环流预报的关键区。为此，我们计算了表达相关性的 C 值。每个点 C 值为该点与整个区域内其他各点相关系数的绝对值在整个区域的平均值。环流场中 C 值越大，表示该点对于整个区域大气环流年际变化的总体贡献越大，可以视为预报的关键区。这里选取的观测资料为美国 NCEP/NCAR 全球大气再分析资料 1974—2005 年月平均的高度场、海平面气压场、2 m 温度场的资料。CGCM 资料为我们采用美国大气研究中心发布的公用气候系统模式 4.0(NCAR CCSM4.0)开展的 AMIP 类型的模拟结果。该试验共进行了 1974—2005 年共 32 年的模拟。

对于 500 hPa 高度场而言，C 值的显著区域主要位于整个热带地区(图 10.4a)。此外，在欧亚大陆巴尔喀什湖到贝加尔湖之间的中纬度地区，也存在一个显著的区域。这些观测资料的分析特征，可以很好地被 CCSM4 模式模拟。如图 10.4b 所示，CGCM 模拟的 500 hPa 位势高度 C 值显著区域也主要位于热带和巴尔喀什湖到贝加尔湖之间。

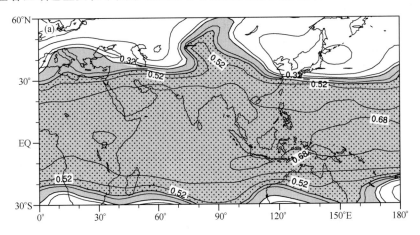

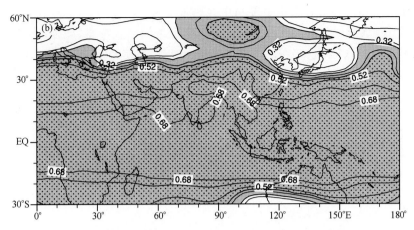

图 10.4　1974—2005 年 H500 的同期 C 值图，图中某点的 C 值为该点气候平均(1974—2005 年)的夏季序列 (JJA)与其他各点气候平均的夏季序列(JJA)的相关系数的绝对值的区域平均值。其中，(a)表示 NCEP/ NCAR-1 的结果，(b)表示模式结果。灰色区域表示通过了 95%(0.35)的可信度检验，灰色加点区域为通过 99%(0.45)的可信度检验(引自黄艳艳和王会军 2011)

不同于 500 hPa 位势高度场，表面气温场的 C 值分布空间尺度较小，大范围的显著区域主要 位于东北印度洋—南海—西北太平洋地区域(图 10.5a)。CGCM 虽然也能模拟出观测中上述区 域的显著区域，但是其范围明显偏大(图 10.5b)，这说明在 CGCM 中夸大了热带海洋的影响。

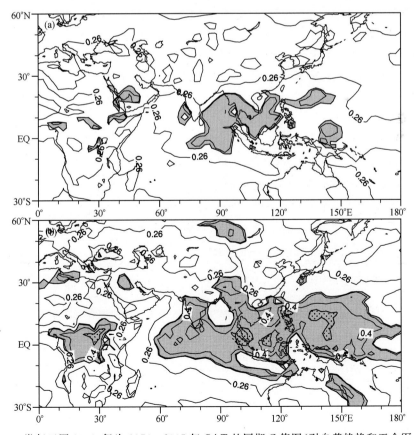

图 10.5　类似于图 10.4，但为 1974—2005 年 SAT 的同期 C 值图(引自黄艳艳和王会军 2011)

海平面气压的显著 C 值分布也主要集中在热带地区(图 10.6a),可以看到从非洲大陆中部到印度洋以及澳大利亚北部海洋性大陆区为一个显著的带状分布,此外在北半球中高纬度巴尔喀什湖到贝加尔湖之间也存在一个显著区域。但是,遗憾的是,耦合模式不能较好地再现观测资料这一空间分布特征,如图 10.6b 所示,整个区域几乎没有显著相关区,这说明耦合模式对于这个区域的海平面气压场的预测能力较弱。

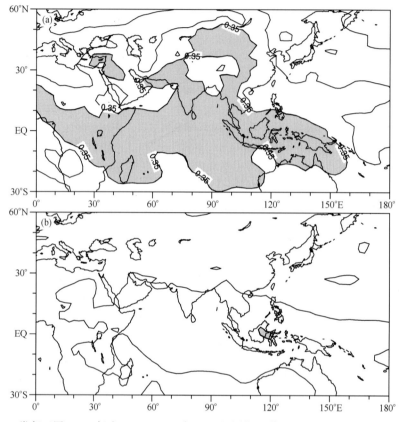

图 10.6　类似于图 10.4,但为 1974—2005 年 SLP 的同期 C 值图(引自黄艳艳和王会军 2011)

由上面的分析可以看出,欧亚大陆地区夏季大气环流的预测关键区位于热带地区,而CGCM 对于某些变量热带关键区模拟得很好。这说明:我们进行气候年际变化的研究和预测时必须重点考虑热带的变化,从热带的变化中寻找降尺度预测因子。这也是 Wang 和 Fan(2009)的提出热带相似预测思想的一个拓展和延伸。

参考文献

黄艳艳,王会军. 2011. 欧亚地区夏季大气环流年际变化的关键区及亚洲夏季风的关联信号. *Advances in Atmospheric Sciences*,(待刊).

Palmer T N, Alessandri A, Andersen U, *et al*. 2004. Development of a European multimodel ensemble system for seasonal-to-interannual prediction (DEMETER). *Bulletin of the American Meteorological Society*, **85**:853-872.

Wang H J, Fan K. 2009. A New Scheme for Improving the Seasonal Prediction of Summer Precipitation Anomalies. *Weather and Forecasting*, **24**:548-554.

第 11 章　基于统计和动力模式相结合的
我国不同区域季节性降水预测新方法

11.1　引言

目前，由于短期气候预测的难度和不确定性，针对我国夏季降水的气候预测研究不再是单纯注重物理统计预测方法、或者数值模式预测方法的应用，而是同时重视二者的结合。然而，由于降水的发生机制和影响因素较为复杂，动力模式往往对中低纬大尺度环流的特征预测较好，而对于温度、降水等区域尺度气候要素的预测技巧不理想，无法满足业务的需要。虽然已有大量工作致力于提高数值模式分辨率，改进参数化方案，探索和研究行之有效的模式结果修正方案。截至目前，单纯的数值预测手段仍然难以取得较好的预测效果，统计和经验预测方法仍然是我国气候预测业务的主要预测手段。就季节性降水的短期气候预测（主要是季节性和跨季度预测）而言，无论是单纯基于统计方法还是利用动力数值模式，预测准确度都还非常有限。因此，探索有效的预测思路是短期内提高预测技巧的有力途径。

近年来，气候年际增量预测思想和方法（Wang 等 2000；范可等 2008；王会军等 2010）、热带相似预测方法（Wang 和 Fan 2009）等都显示出了明显的预测优势。另外，从动力模式的大尺度变量中获取局地尺度信息的降尺度方法逐渐发展起来（陈丽娟等 2003；范丽军等 2007；Zhu 等 2008；魏凤英和黄嘉佑 2010；贾小龙等 2010）。这些预测思路的最终目的都是针对预报量建立预测模型，按照采用的资料可称作是统计降尺度方法和动力降尺度方法。那么，如果既能够有效地提取数值模式结果中有用的预测信息，又能够兼顾那些在数值预测中未能充分加以考虑、却对我国季节性降水（主要是夏季和冬季降水）具有很好指示意义的前期观测信息，从而通过动力与统计相结合的研究方法进行气候预测，是否会有效地提高我国冬季降水的季节预测水平呢？在这方面，Lang 和 Wang（2010）通过兼顾前期关键性气候异常信号（源于观测资料）和同期降水本身的数值模式结果，针对我国东部局部区域，全国 15 个分区，乃至全国 160 个站夏季降水尝试建立了统计结合动力预测方法的预测思想，并通过实时预测验证了这种预测方法的可行性和实用性。在本章的内容中，将详细介绍对这种统计结合动力数值模式的预测方法。

11.2　动力结合统计预测思想的提出

早在 20 世纪 70 年代，我国就已经开始针对汛期降水异常开展了统计预测研究工作，多年来积累了大量有价值的研究成果。例如，当前冬季青藏高原和欧亚积雪、中低纬及近赤道地区海洋状况出现异常后，都会显著影响到翌年夏季长江流域降水异常。还有研究表明，前期

NPO 及 SST 异常，以及前一年秋季南极绕极波动异常等也与淮河流域夏季降水异常存在密切关系。这些研究充分说明，我国夏季降水的异常变化中包含有前冬甚至更早时期的一些强指示信号，从统计意义上来说是存在跨季度可预测性的。然而，当具有统计预测意义的前期信号异常程度不够显著，或者与后期我国夏季降水的密切程度出现年代际转变时，基于统计方法的预测结果就很难具有说服力。因此，还需要借助数值预测手段为实时预测提供更多有价值的参考信息。

自曾庆存等(1990)首次开展了跨季度数值气候预测试验以来，数值模式在我国汛期降水实时气候预测中的应用越来越受到重视。由于受数值模式动力框架、物理过程参数化等条件的限制，在现有模式水平情况下，模式对中低纬大尺度环流的特征模拟较好，而对于温度、降水等区域尺度气候要素的模拟技巧不理想，无法满足业务的需要。受本身不完善或初始信息不确定(例如，SSTA 预测准确度有限)的限制，模式的预测性能还普遍存在着缺陷，即使针对模式结果采用某种修正方案，预测水平仍然相当有限。加之近几年气候变化出现了年代际变化特征，预测的难度更是加大了。特别是当最具影响力的海温信号较弱、大气内部的动力学过程占主导地位时，数值预报的难度就更大。因此，迫切需要不断地探索更为有效的气候预测思路。

在这方面，有一个问题值得思考。由于我国的跨季度实时气候预测中统计预测和数值预测往往是相互独立的，在综合两者的预测结果进行集成预测时，难免会忽略某些较为准确的预测信息，如果当数值预测结果与统计预测结果间出现较大分歧时就更难预报了。那么，如果能将二者的优势有效地结合起来，是否能够得到更好的实时预测结果呢？要实现这一预测思想，首先需要找到一些与我国区域性夏季降水存在显著统计关系而又未能在动力预测中予以考虑的某些前期气候异常信号，然后综合这些气候信号，夏季降水的动力预测结果，以及预测因子与实况间系统误差的共同作用，通过利用回归分析方法分区建立气候预测模型。由于该预测方法兼顾了夏季降水异常的前期关键气候异常信号和同期动力数值预测结果，在一定程度上有效地结合了统计预测和动力预测的优势，因而有望进一步提高这些区域汛期降水的预测技巧。需要提醒的是，预测模型中预测因子的数量和其代表性都是影响模型预测效果的关键因素。

11.3 动力结合统计预测方法的实际应用

11.3.1 动力—统计方法在我国东部夏季降水预测中的初步应用

1. 来自模式和观测两方面的预测因子的确定

依据传统的季节定义标准，文中春季为 3—5 月平均，夏季为 6—8 月平均，秋季为 9—11 月平均，冬季系指 12 月至次年 1 月和 2 月的平均。根据上述分析，首先需要确定预报量的预测因子。从大气环流内部变动来看，AAO 和 AO 分别是南半球和北半球中高纬大气环流系统中最具代表性的大气环流因子。AAO 和 AO 分别是南半球和北半球中高纬大气环流变动中极具代表性的大气环流因子，前者可通过遥相关影响北半球大气环流异常，后者则会通过影响海陆热力对比最终影响到东亚夏季风环流，并在冬季达到最强，恰好有利于夏季降水的预测研究。

图 11.1 中分析了 1981—2000 年冬季平均 AAO 和 AO 与 1982—2001 年夏季平均降水距平百分率之间的时间相关关系。结果显示,冬季 AAO 指数与翌年夏季我国新疆东南部,以及江南一华南一带降水都存在着显著正相关关系,而前冬 AO 指数则与翌年夏季新疆大部分地区,甘肃一带,以及长江下游降水关系密切。为此,我们可以将黄淮、江淮、江南、华南、新疆东南部夏季降水作为研究目标进行初步研究。

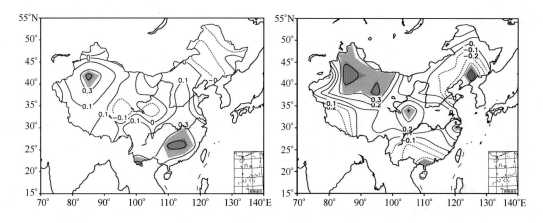

图 11.1　1981—2000 年冬季 AAO(左侧)和 AO(右侧)指数与 1982—2001 年夏季降水距平百分率的相关关系
(颜色由浅至深分别表示通过了 0.10,0.05 的显著性水平)(引自 Lang 和 Wang 2010)

其次,在众多大气外部强迫信号中,作为调控大气环流变动的主要影响因子,缓慢变化的 SST 的作用无疑是最为显著和最受关注的。也正是基于大气运动受缓慢变化的下边界强迫的控制这一重要假定以及考虑到 SST 具有较好持续性,目前的数值预测将 SST 变化看作是主要外强迫条件。分析上述目标区域与前冬 SSTA 的相关关系发现,每个研究区域的夏季降水都存在与其密切相关的前冬 SST 异常信号,但后者的区域性分布随前者变化较大。说明我国东部地区夏季降水既存在相同性质的前期外强迫信号,又在气候特征和动力学机制上存在必然的差异,有必要分区域进行研究。要针对各研究区域确定切实有效的 SSTA 影响因子,一个关键的问题是它们与后期夏季降水异常的相关关系是否具有良好的持续性,因为一旦已有的统计关系被打破,依据以往的统计规律就较难进行预测。比如,在以往我国夏季气候预测中,ENSO 信号的作用往往被认为是首要的。然而它与我国夏季降水之间的关系是具有不确定性的(Wang 2002;姜大膀等 2004;高辉和王永光 2007),如果依据以往的统计规律就较难进行预测。因此,最终所确定的 SST 预测因子应该与区域性降水具有持续显著相关关系。

最后,考虑到数值模式结果具有一定的可信度,能够在一定程度上对统计预测结果加以修正,这里尝试了一种新的研究思路,即:将夏季降水的跨季度模式预测结果也看作是回归分析中的一个预测因子。基于 IAP AGCM 的实时预测试验证实,通过在模式直接输出结果中扣除模式预测结果中存在的系统性误差(一般取前 10 a),可以显著地提高某些年份夏季降水的跨季度预测准确度,这说明虽然该模式的预测幅度与实况存在一定差距,但预报结果具有重要的参考价值。因此,如果能将其预测结果与前期关键气候异常信号一起作为预测因子,针对汛期降水异常建立回归预测模型,一方面可以为实时预测提供更多的参考依据,另外对于模式预测性能较好的区域,很有可能会得到较单独数值模式更为可靠的预测结果。

2. 动力—统计预测模型的建立

基于上述预测思想,Lang 和 Wang(2010)针对目标区域夏季降水距平百分率,在充分考虑前一年冬季 AO,AAO,关键区 SST,以及 IAP9L-AGCM 的同期预测结果的作用下,利用多元回归分析方法分区建立预测模型。同时,借鉴已有订正方法的思想依据,即扣除模式结果与实测间存在的系统性误差,在预测模型的预报结果中也考虑了所有预测因子与实况间的系统误差。具体来说,如果用 Y_0 和 Y' 分别表示回归分析结果和预测因子与实况间的系统误差,那么某一年夏季降水距平百分率的统计预测结果 Y 可以用以下表达式来表示:

$$Y = Y_0 + Y'$$

$$Y' = \frac{1}{n} \sum_{i=1}^{n} \left(x_i^{obs} + \sum_{j=1}^{m} A_i x_{ij} \right) \tag{11.1}$$

其中,"x^{obs}"和"x"分别表示夏季降水距平百分率实况和拟合因子的距平值。i 和 j 分别表示用于统计系统误差的年份个数和拟合因子个数,在这里分别为 10 和随区域变化。A_i 表示拟合因子在回归方程中的权重系数。

从我国汛期降水的跨季度实时预测的角度出发,针对 1982—2008 年夏季降水距平百分率进行多元线性回归分析,并依据预测模型的交叉检验效果确定了各区域最终的预测模型。交叉检验的具体做法为,在对某一年夏季降水进行预测时,预测模型中的预测因子从 1982—2007 年中除该年份以外的其他 20 年中获得。交叉检验结果显示,无论是从年际变化还是具体数来看,数值模式的直接预测结果预测技巧较低。经过订正后,预测技巧虽有一定程度改进,但整体而言仍然不理想,甚至在某些年份反倒下降。采用新方法后,预测准确率明显改进,预测结果不但能较好地反映出降水实况的年代际变化趋势(特别是江南和华南地区),还对某些地区降水的年际变化周期具有一定预测能力(例如,对于新疆东南部 7 年左右变化周期)。相关分析结果显示,新方法的预测结果与实况间的 20 年空间相关系数随区域变化,预测技巧明显要好于模式直接预测结果及其订正结果(见表 11.1)。此外,预测结果中的一个突出特点是,对各区域夏季降水的预测技巧几乎一致地从 1997 年开始出现了明显的好转,并持续到了 2007 年,不但预测结果与实况在年际变化上完全一致,同号率也很高。从逻辑上讲,这很可能是因为模型的预测性能对预测因子是否符合在时间上严格保持连续并且超前预测年的条件非常敏感。即便这会影响到交叉检验结果对实况的整体解释能力,但仍然反映了预测模型对我国现阶段的气候变化具有较强的跨季度预测优势。相比之下,新方法在江淮流域东部的预测能力较其他区域略显不足。究其原因,可能是因为该区域降水与其他本文未考虑到的气候因子的关系更为密切,或者受春季或同期某些气候因子的影响更大。例如,王蕾和张人禾(2006)的研究指出,江淮东部沿岸是我国夏季降水对同期海温异常响应最为明显的区域之一;刘舸等(2008)研究发现,澳大利亚东侧 SST 异常与长江中下游夏季旱涝存在密切关系。因此,江淮东部地区夏季降水的跨季度预测具有更大的复杂性和困难,还有待深入研究。

表 11.1　预测模型预测因子以及区域平均降水距平百分率的预测结果与实况间相关系数
（1982—2007 年）（引自 Lang 和 Wang 2010）

研究区域	预测因子		相关系数			
	前冬观测资料	GCM结果	GCM预测结果	GCM订正结果	统计模型	动力—统计模型
黄淮	AO，SSTA	/	0.01	−0.03	0.59	/
江淮西部	AO，SSTA	有	0.07	0.03	0.69	0.77
江淮东部	AAO，AO，SSTA	/	−0.10	0.01	0.62	/
江南	AAO，SSTA	/	−0.13	0.20	0.68	/
华南	AAO，SSTA	/	−0.26	0.13	0.64	/
新疆东南部	AO，SSTA	有	0.30	0.04	0.71	0.78

　　需要指出的是，由于数值模式本身预测能力有限，6 个目标区域中只有江淮西部和新疆东南部地区的数值模式结果在预测模型中存在较为显著的贡献，而其他 4 个区域的预测模型中预测因子则完全为前期观测的气候异常信号。也就是说，新方法建立的预测模型中，针对江淮西部和新疆东南部地区建立的预测模型可以称作是动力—统计模型，而其他 4 个区域的模型都为纯粹的统计模型。究其原因发现，IAP9L-AGCM 对新疆东南部地区夏季降水具有显著的预测技巧，而对于江淮西部夏季降水，IAP9L-AGCM 的系统性预测技巧虽然不够显著，但其多年回报结果与实况间存在显著的年代际相关关系，在使用了公式（11.1）进行订正后，有利于该区域预测模型预测水平的提高。这就提醒我们，既然这种动力、统计相结合的预测方法较单纯基于统计方法更具预测优势，如果在今后的工作中能够得到对夏季降水具有更高预测技巧的数值预测结果，抑或利用具有较高数值可预测性的同期大尺度环流影响因子代替预测模型中同期降水预测结果，将会有利于动力—统计预测方法在我国汛期降水预测中的应用。

　　进一步，为了考察数值模式结果在江淮西部和新疆东南部地区预测模型中的贡献程度，比较了单纯采用统计方法（只考虑前期气候预测因子）和采用动力—统计预测方法（兼顾前期观测资料和同期数值模式结果）的预测效果。结果表明，采用单纯的统计预测方法得到的 1982—2007 年两个区域夏季降水的交叉检验结果和实况间的相关系数分别较利用动力—统计相结合的预测方法得到的统计结果小 0.08 和 0.07。此外，利用动力—统计预测方法与单纯利用统计方法相比，两个区域的 RMSE 和平均绝对误差分别下降 0.1、0.08 和 0.1、0.05。这些分析说明，如果模式对降水同期预测因子具有较好预测性能，动力结合统计的预测方法更具预测优势。

　　为了更为直观地比较单纯基于数值模式的预测效果和采用新方法的预测效果，图 11.2 给出了目标区域夏季降水距平百分率的交叉检验结果（1982—2007 年）与实况间的相关情况。可以清楚地看到，数值模式本身的预测技巧比较低，相关系数在大部分地区为负数，最大接近 0.3。经过订正后，预测技巧只是在江淮东部、江南，以及华南有了改进，但整体来讲仍然不理想。说明目前所使用的订正方法不适用于 IAP9L-AGCM,寻找和探索有效的订正方案仍然是目前的一项重要工作。但采用新方法后,预测效果有了非常明显的改进。所有目标区域平均而言,预测结果与实况间的相关系数由单独基于数值模式结果及其订正结果的 -0.02 和 0.06 提高到了 0.68。统计结果还说明,新方法中源于观测资料的前期观测因子的作用是主要的,但预测模型中同期数值模式结果对于江淮西部和新疆中南部地区的预测技巧都具有重要的作用,其中的原因可能主要有以下几方面。首先,将数值预测结果作为预测因子之一,对模型的预测结果起到了一定程度的修正作用,有助于克服单纯基于统计方法或数值预测方法的缺陷。例如,前者忽略了气候的动力学特性,而后者则在实践上无法完全考虑到与前期气候异常的统计关系。其次,从建立模型的过程中发现,跨季度实时气候预测中未能予以考虑的前冬 AO 和 AAO 异常对各区域夏季降水距平百分率的预测准确度起到了非常关键的作用,而目前用于跨季度实时预测的统计方法大多只侧重于大气外部强迫因子的作用。

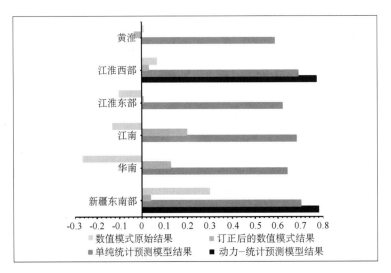

图 11.2　1982—2007 年夏季降水距平百分率预测结果与实况间相关系数
横坐标和纵坐标分别表示相关系数和目标区域(引自 Lang 和 Wang 2010)

11.3.2　动力—统计相结合预测方法在我国东部冬季降水预测中的初步应用

近期有关我国冬季降水的初步预测试验表明,尽管它在季节尺度上具有一定程度的可预测性,但像持续性降水异常这样的气象灾害事件在季节和月尺度上的预报技巧仍是低的。因此,鉴于上一节针对夏季降水的预测方法,本节将沿用这种预测思想,从实时预测的角度出发,兼顾前期和同期气候因子信息,针对我国东部冬季降水异常建立动力结合统计的季节预测模型。但本节的预测思想有所改进,不是从降水同期(冬季)数值预测得到的冬季降水中提取可利用的数值预测信息,而是关注那些既与冬季降水存在显著统计关系又具有较大数值可预测性的大尺度环流影响因子的异常信号。此外,鉴于 Lang 和 Wang(2010)提出的预测研究方法,使用扣除多元线性回归分析结果与实况间系统误差的订正方法对预测模型结果进行订正。按照 Chen 等(2009)提出的气候区域划分方式,此处将我国东部的东北北部(46°—53°N，116°—133°E，)、东北南部(36.5°—46°N，119°—133°E)、河套—华北(36.5°—46°N，100°—119°E)、黄淮流域(30°—36.5°N，105°—122°E)、东南沿海(21°—26.5°N，112°—120°E)、江南(26.5°—30°N，112°—123°E)作为目标研究区域。

1. 前期预测因子的确定

已有研究表明，AAO对我国冬春季节的气候变化有着很好的调控作用，AO对我国冬季降水有显著性的影响。此外，表征欧亚大陆上空西风环流状况的500 hPa位势高度场、以及代表入侵我国冷空气强弱的经向风异常也是我国冬季降水的重要影响因子。与此同时，海洋表面温度变化作为大气环流外部最为熟知的气候强迫因子之一，也会对我国冬季气候产生显著的影响。例如，已有研究指出，ENSO事件对东亚冬季风异常具有很好的指示意义；大西洋SST年代际振荡的暖位相能够造成我国东部地区降水在该时间尺度上呈现出南少北多的分布形式。以上及其他相关研究成果改进了我们对于季节尺度东亚气候变化的认识，也为从统计和动力学的角度开展我国冬季降水的季节尺度预测工作提供了依据和思路。

为了寻找目标区域冬季降水前期预测因子，首先考察了1982—2008年区域平均冬季降水与当年及前一年各季节平均AAO和AO指数的ACC。表11.2给出了每个区域ACC计算结果中的最大值情况，可以看到，各区域最具指示意义的前期季节性AAO和AO信号都发生在秋季，而且除东北北部以外，都是超前一个季节的秋季AAO和AO信号与冬季降水的相关性最大；相对而言，AAO的作用要明显大于AO，这体现了南半球中高纬度地区秋季大气环流变化与后期我国冬季降水变化之间的紧密联系。为此，对于目标区域，将表11.2中各自所对应AAO或AO作为其预测模型中的一个前期预测。

表11.2　目标区域冬季降水与前期季节平均AAO和AO最大ACC(1982—2008年)(引自郎咸梅2011)

气候因子	目标区域					
	东北北部	东北南部	河套—华北	黄淮流域	东南沿海	江南
当年秋季 AAO			−0.47	−0.40	−0.45	−0.48
当年秋季 AO		0.36				
前一年秋季 AO	−0.42					

20年滑动相关分析结果表明，除了东北北部外，前期500 hPa位势高度场(H500)与后期其他5个目标区域冬季降水都存在着持续而且显著的相关关系，其所在的季节，区域范围，以及与降水间的相关系数如表11.3所示。从中可以看出，我国冬季降水异常所包含的前期对流层中层H500信号中，既有超前一年的南半球中高纬地区异常信息(例如在河套—华北、黄淮流域、江南地区)，又有超前半年的赤道中东太平洋以及欧亚大陆北部的异常信息(例如在东北南部和东南沿海)。

表 11.3   目标区域冬季降水的前期 H500 预测因子及其与降水间 ACC(1982—2008 年)(引自郎咸梅 2011)

目标区域	东北南部	河套—华北	黄淮流域	东南沿海	江南
季节	当年春季	前一年冬季	前一年冬季	当年春季	前一年冬季
区域范围	2°—14°S, 150°—180°W	58°—74°S, 80°—110°W	38°—50°S, 25°—50°W	66°—70°N, 80°—120°E	34°—46°S, 15°—45°W
相关系数	−0.58	−0.64	0.56	0.50	0.59

　　相关分析结果表明,在考虑时间尺度为 1~3 个季节的超前影响下,各目标区域都存在着与其降水维持显著相关关系的海洋表面温度区域。总的来说,这些具有预测价值的海洋表面温度信号大多发生在前期春季,其次是夏季和秋季(表 11.4)。而且,与上述有关大气环流预测因子的选定结果相类似,东北北部地区的情况与其他 5 个区域存在较大差别,表明该区域冬季降水的发生机制与其他目标区域的情况存在着一定程度的差异,其中值得注意的是,这里地处西风带,冬季西北风更容易得到加强。

表 11.4   目标区域冬季降水的前期 SST 预测因子及其与降水的 ACC(1982—2008 年)(引自郎咸梅 2011)

目标区域	东北北部	东北南部	河套—华北	黄淮流域	东南沿海	江南
季节	当年秋季	当年春季	当年春季	当年春季	当年春季	当年夏季
区域范围	35°—50°N, 155°—175°E	5°—17°S, 120°—155°W	20°—30°S, 145°—165°W	38°—50°S, 128°—145°E	19°—28°S, 15°—40°W	47°—55°N, 142°—168°W
相关系数	0.68	−0.71	0.63	0.60	−0.70	0.63

2. 动力结合统计预测模型的建立

　　针对每个目标区域,为了评估上述已选定的前期和同期气候预测因子对于冬季降水的预报效果,采用多元线性回归分析方法,分别单纯使用前期气候预测因子和兼顾前期及同期气候预测因子建立了预测模型,并分析了两种预测模型预测效果的差异。在此,预测效果用模型交叉检验结果与实况间 ACC、RMSE、MAE、以及 RSSA 来体现。结果表明,若单纯考虑前期气候预测因子,ACC、RMSE、MAE、以及 RSSA 分别在 0.60~0.74、0.67~0.81、0.51~0.65、以及 70%~89% 之间变化。但如果同时兼顾前期和同期气候预测因子的共同影响,不但 ACC 和 RSSA 普遍增大,RMSE 和 MAE 也都减小了。这既表明预测模型中前期气候预测因子具有显著的预测意义,也充分说明了同期气候异常信号非常重要。因此,在实时预测中需要同时兼顾两类预测因子的作用。但我们知道,在实时预测业务实践中,冬季降水预测通常要在前期的秋季进行,此时尚未发生的后期冬季气候预测因子的信息是无法利用观测资料得到的,因此只能借助于数值模式得到其预测结果,从而针对每个目标区域的平均冬季降水逐一建立统计与动力相结合的气候预测模型。要通过这一思想提高预测技巧,同期气候预测因子的数值模式技巧是至关重要的。

　　这里,采用的数值模式结果来自 IAP9L-AGCM 的集合回报试验结果。对于 1982—2008 年的每一年冬季,回报试验以实测月平均 SST 为下边界强迫条件,考虑 10 月 25—31 日的 GMT 00 时实测大气初始异常的作用,分别从 10 月 27 日积分到次年 2 月底,将 7 个单个积分的算术平均结果作为最终的集合回报结果。通过计算回报结果与实况间相关系数分析了表

11.5 中所示各气候预测因子的数值可预测性。结果表明，H500 和 1000 hPa 经向风（V1000）的数值可预测性普遍较高，后者在东南沿海和江南地区尤为突出（图 11.3），这无疑是有利于实现以上提出的动力结合统计预测方法的。从表 11.5 所示的统计结果也可以看出，模式结果与实况间的 ACC 在 0.37～0.71 之间变化，几乎都通过了 0.01 的显著性水平检验。

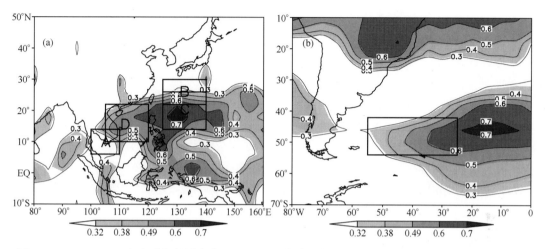

图 11.3　1982—2008 年冬季气候异常的 IAP AGCM 集合回报试验结果与实况间的时间相关系数分布（a）1000 hPa 经向风，图中的 A—D 区域分别为表 11.4 中河套—华北、黄淮流域、东南沿海、以及江南地区所对应的 1000 hPa 经向风因子的范围；（b）500 hPa 位势高度场，蓝色矩形框为表 11.4 中东北北部所对应的 500 hPa 位势高度场因子的范围（引自郎咸梅 2011）

表 11.5　IAP 9L-AGCM 集合回报试验结果与实况间 ACC（1982—2008 年）（引自郎咸梅 2011）

目标区域	东北北部	东北南部	河套—华北	黄淮流域	东南沿海	江南
变量	H500	U200	V1000	V1000	V1000	V1000
ACC	0.57	0.37	0.47	0.57	0.71	0.71

在确定了上述预测因子之后，针对每个目标区域平均的冬季降水，分别建立了动力与统计相结合的预测模型，并通过交叉检验考察了预测模型的预测效果。结果表明，模型的预测结果与实况降水的线性变化趋势基本一致，年际变化情况也具有很大的相似性，甚至具体数值在某些年份也非常接近。统计分析得出，6 个区域的模型结果与实况间的相关系数变化范围为 0.60～0.77，都通过了 0.01 的显著性水平；距平同号率的变化范围为 74%～82%。

为了直观地评估这种动力、统计相结合的预测方法较单纯统计方法（只考虑前期预测因子）的预测优势，图 11.4 给出了两种方法对 1982—2008 年冬季降水的交叉检验结果与实况间 ACC、RMSE、MAE、以及 RSSA 的差异，以混合预测模型结果减单纯统计模型结果为正。可以看出，除了东北北部和黄淮流域外，若在考虑前期气候因子的同时兼顾冬季降水同期大尺度环流因子的影响进行预测，预测结果与实况间相关更好，相关系数升高了 0.0～0.03，而 RMSE 和 MAE 分别下降了 0.0～0.03 和 0.0～0.02，说明动力、统计相结合的预测方法预测技巧相对更高，更具预测优势。然而，受数值模式本身预测性能的限制，动力、统计结合相的预测模型的预测效果并不是非常显著，尤其是就同号率而言。进一步的分析表明，若降水同期的大尺度环流预测因子完全取自观测资料,相应的相关系数会提高0.03~0.19,RMSE 和 MAE 分别下降0.04~0.20和0.01~0.18。因此,该方法值得进一步改进,引入更高预测技巧的数值模式是有效途径之一。

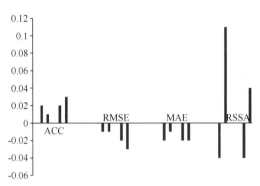

图 11.4　动力-统计预测模型(兼顾前期观测的气候预测因子和同期数值模式结果中的预测因子)与单纯统计预测模型(只考虑前期气候预测因子)之间的预测效果(用 ACC 来体现)差异

(引自郎咸梅 2011)

11.3.3　动力—统计预测方法在我国 160 站夏季降水预测中的应用

上述工作是从实时预测的角度出发,初步研究了动力结合统计的预测方法及其针对我国季节性降水预测的实际应用价值,不但揭示了我国部分地区夏季降水与前冬 AO,AAO,以及 SST 存在密切关系,而且表明动力结合统计的预测思想的确具有预测优势,值得进一步推广应用并为我国实际气候预测服务。

因此,在上述工作的基础上,有必要针对我国 15 个分区乃至 160 站夏季降水建立预测模型。按照目前中国气象局统一的划分标准,我国降水划分为 15 个区域,分别为:兴安岭区,松辽平原区,内蒙古区,华北区,淮河区,长江中下游区,江南区,华南区,云南区,川贵区,河套区,河西区,北疆区,南疆区,以及高原区。

预测因子源于前期观测信息和同期数值模式实时预测结果。鉴于已有研究成果,前期预测因子主要考虑超前夏季降水一年半至一个季度的月平均和季节平均 AAO,AO,南方涛动指数(SOI),欧亚西风指数(EUI),SST,以及大尺度环流场。同期预测因子考虑数值模式针对1983—2008 年的"两步法"实时预测结果。实时预测方案与 IAP 在我国年度举行的跨季度汛期气候预测会商中所采用的方案完全一致。

分析发现,AAO,AO,EUI,以及 SOI 都与目标区域夏季降水存在不同程度的显著相关关系,而且相关最大的信号都出现在前一年。其中,AO 和 EUI 对我国夏季降水的影响范围相对较大。虽然 AAO 的影响范围相对较小些,但在某些区域,例如松辽平原区,江南区,北疆区,南疆区,它的影响较其他 3 种气候因子更为显著。由此可见,两半球中高纬度大气环流异常较近赤道中东太平洋地区 SST 信号(由 SOI 反映)对我国夏季降水的指示意义更大。为了尽量减少预测模型中预测因子的数目,以便维持稳定的预测效果,对于每个目标区域将视预测模型的效果只考虑其中一个气候因子的信息。利用 20 年滑动相关分析考察 SST 和 H500 与降水间相关关系的持续性,将能够与降水维持较大显著相关关系的 SST 和 H500 视为最终的预测因子。

　　预测因子确定之后,针对 15 个分区夏季降水,完全从实时预测的角度出发,分别针对只考虑前期预测因子和兼顾前期观测信息和同期数值模式产品的目标区域夏季降水建立了统计和动力—统计预测模型,并针对各模型的实时预测效果进行了交叉检验分析。结果显示,目标区域模型结果与实况间 ACC,RSSA,RMSE,以及 MAE 的变化范围分别为 0.55~0.85,69%~88%,0.56~0.88,以及 0.42~0.68。同时,预测模型对我国夏季降水的年际变化及其变化趋势也都具有较高的预测能力,预测效果比较理想和稳定。这在很大程度上说明,各目标区域所确定的预测因子对其范围内单站夏季降水的预测具有较好的代表性,因而可以依据其预测因子组合方式,进一步对单站全夏季降水建立预测模型。在动力结合统计的预测模型中,同期预测因子是该站的而不再是区域平均的数值模式结果。

　　对 160 站预测模型进行交叉检验分析发现,ACC 在我国大部分地区都通过了 90% 的信度检验,预测模型的预测技巧要远远高于 IAP9L-AGCM 本身。不足的是,个别区域尤其是西部地区的预测效果不如预期的理想。这主要是因为某些局部区域的降水机制独立特性强,或者说目标区域内站点降水离差较大,虽然同属一个气候分区,但站点之间的影响因子不尽相同甚至相差甚远,因而有必要进一步细化区域来改进预测效果。为此,根据分析结果,将长江中下游、华南、云南、川贵、新疆地区作为重点,重新分离出了 9 个区域并通过相关分析确定了各区域预测因子。比较发现,新的区域和包含该区域其在内的原目标区域夏季降水预测因子之间存在很大差别,而且前者较后者包含了更多当年 1 月和 2 月 H500 的异常信号。北疆地区的情况不但更为明显地体现了这一点,还揭示出该地区单站之间降水机制或机理差异很大的特点。这在一定程度上说明我国夏季降水目前的分区方式尚存在不足,可能需要更为合理地划分。例如,王绍武等(1998)指出不应将长江及其以南地区主要雨带归为同一型,而应划分为长江中下游雨型和江南雨型;Lang 和 Wang(2010)发现长江流域,东、西部的预测因子和影响因子都不尽相同。

　　综合上述分析结果,针对我国 160 个站 1983—2008 年间夏季降水共建立了 24 个预测模型。其中,有 10 个模型考虑了夏季降水同期大尺度环流影响因子的动力数值预测结果,初步实现了动力、统计相结合的预测思想。图 11.5 给出了我国 160 个站 1983—2008 年夏季降水

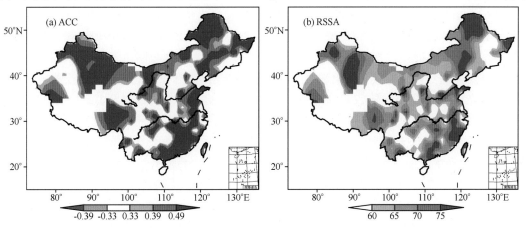

图 11.5　预测模型对我国 160 站 1983—2008 年夏季降水的交叉检验结果与实况间相关系数(a)
(阴影区从浅至深分别表示通过了 0.10,0.05,以及 0.01 的显著性水平)和距平同号率(b)
(引自 Lang 和 Zheng 2011)

的交叉检验结果与实况间 ACC 和 RSSA。ACC 分析结果表明,预测模型对我国绝大部分地区都具有预测技巧,尤其是在新疆北部,黄淮,江南至华南一带等备受关注的区域更为突出。就全国平均而言,ACC 可达 0.37,接近 0.05 的显著性水平(相关系数为 0.38)。此外,RSSA 在全国大部分地区都超过了 60%,表明预测模型的预测效果相当稳定。由于预测模型的建立完全符合与实时预测的要求,交叉检验结果能够反映出预测模型的实时预测能力。

建立预测模型的最终目的是为了进一步提高目前我国夏季降水的跨季度实时预测水平,并最终将研究成果提供给中国气象局气候预测业务平台使用。对 2009 年和 2010 年我国夏季降水的实时预测结果表明,预测模型可提前一个季度预测出这两年我国夏季降水旱大于涝的异常分布形式。全国平均而言为,ACC 分别为 0.27 和 0.11,分别通过了 0.01 和 0.10 的显著性水平,具有较高的参考价值。总体而言,预测结果的大值中心与实况还有差距。此外,受数值模式结果普遍较实况幅度偏低的影响,我国东部地区因大多考虑了数值模式结果也出现了降水预测幅度较实况偏低的现象。

11.4 小结和讨论

针对汛期降水异常进行气候预测,是我国汛期气候预测的核心所在。经历了几十年的探索和研究,我国的预测水平已取得很大进展。目前,全国各省短期气候预测业务的主要工具是统计方法,所建立的预报对象和预报因子之间多是统计关系,该方法最大的缺陷是在气候预测应用中的动力学意义不够明确,即使历史拟合率可能较高,但预报准确率有限且不稳定。相比而言,动力气候模式时空分辨率较高,能够将大气最新的状态初值代入气候模式中,结合大尺度大气的活动规律输出丰富、灵活性强的预测资料。但动力方法同样存在缺陷,即,不能充分考虑大气和气象要素的历史演变状况。因此,如果能够将这两种方法综合考虑和应用,就能够取长补短,提高短期气候预测准确率。探索和应用动力与统计相结合的客观预报方法是气候预测的大势所趋。已有的研究与实践表明,采用统计与动力相结合的技术方案得到的预测效果是令人鼓舞的,这在已有的业务预报中已得到初步体现。

这一章介绍了动力—统计预测方法在我国季节性降水预测中的可行性及其初步应用。从已有研究看出,前期气候预测因子的代表性及同期数值模式结果的预测技巧对预测模型的预测性能至关重要。因此,需要尽可能大地扩大预测模型中的前期预测因子的搜索范围。另外,需要针对夏季降水评估现有气候预测模式的预测性能,择优选择模式产品。由于现有气候模式普遍对降水存在预测困难,仅仅从降水的预测结果中提取数值模式结果中有用信息,即使预测模型体现出满意的预测效果,也不具有强的代表性或说服力。因此需要从统计降尺度的思想入手,找出与降水存在显著同期相关关系并且具有较高数值可预测性的大尺度大气环流预测因子,作为降水同期的预测因子。同时要注意到,对于依赖于动力模式结果的预测模型,当动力模式的外强迫因子性质发生改变,或者更换动力数值预测结果时,还需考察该预测方法的适用性,从中寻找规律,发现新的问题,及时改进预测模型。已介绍的方法中没有考虑春季的气候异常信号,一方面是因为实时预测时这些信号还无法获得,另外考虑到模式对这些信号的预测能力有限。随着后续工作的深入,这一问题应当得到重视。

就目前来看,要针对全国区域得到较为准确且稳定的预测效果还有一定困难。例如,分区是否合理直接影响了区域性降水预测因子的代表性。此外,即使通过观测资料找到了降水同期的关键预测因子,由于数值模式预测能力有限,这些预测因子的预测信息无法充分利用,因此只有那些数值气候预测水平较高的地区可通过利用动力、统计相结合的预测思想提高预测准确率。比如,Lang 和 Wang(2010)的相关工作发现,若将淮河地区预测模型中夏季 850 hPa 纬向风用观测资料代替,交叉检验结果与实况间相关系数和距平同号率分别可由 0.58 上升到 0.77 和 77% 上升到 81%。为了能够引入预测技巧相对较高的数值模式结果,需要评估多个数值模式的实时预测性能,择优选择可预测性较大的模式预测信息甚至是 MME 结果,并将其应用动力—统计预测研究中。还有,通常是依据相关分析结果将相关程度相对较大并且分布规则的矩形区区域平均值作为预测因子值,这样一来,那些可能是关键预测因子的气候信号,即使相关更大,但因分布不规则就被忽视了。

　　由于独特的地形条件和所处的地理位置,我国冬季降水的影响因素复杂而多变,使得统计预测和动力数值预测的准确度都存在着一定程度的不确定性和局限性。我们知道,预测因子具有预测意义的一个重要前提是它与预报量之间具有持续且显著的相关关系。因此,针对新的预测年份,需要密切关注前期潜在的气候预测因子,例如高原积雪、欧亚积雪、高纬度海冰、北太平洋高压强度等与我国冬季降水之间的相关程度,以便及时对预测因子进行调整。此外,由于北半球中高纬度冬季气候数值可预测性的季节性差异还存在争议。例如,Brankovic 等(1994)、Rowell(1998)、赵彦等(2000)等的研究成果均表明春季(秋季)气候的可预测性最大(最小);Yang 等(1998)则认为气候可预测性最大和最小的季节分别为夏季和冬季;而 Kumar(2003)则指出二者相当。Lang 和 Wang(2005)使用 IAP AGCM 的研究结果表明,春季气候的可预测性往往较小,地表气温和位势高度场(风场和降水场)的可预测性则在夏季(冬季)相对较大。因此,对于预测模型中的同期气候预测因子,需要从实时预测的角度出发,评估现有数值模式的实时预测能力,以便择优选取准确度相对更高的预测结果,进而提高预测模型性能。考虑到与我国冬季降水关系最为密切的环流场主要在欧亚大陆和东亚沿海一带,因此可能更需要着重考虑区域模式的应用。因此,以上介绍的动力—统计预测研究方法还只处于初步尝试性阶段,还需要大量的研究工作进行深入和改进。动力统计方法的结合历来是重要的,将来更是重要的,因为任何模式都是有缺陷的,所以结合以统计方法是必不可少的。

参考文献

陈丽娟,李维京,张培群,等. 2003. 降尺度技术在月降水预报中的应用. 应用气象学报,**14**(6):648-655.

范可,林美静,高煜中. 2008. 用年际增量的方法预测华北汛期降水. 中国科学(D 辑:地球科学),**38**(11):1452-1459.

范丽军,符淙斌,陈德亮. 2007. 统计降尺度法对华北地区未来区域气温变化情景的预估. 大气科学,**31**(5):887-897.

高辉,王永光. 2007. ENSO 对中国夏季降水可预测性变化的研究. 气象学报,**65**:131-137.

贾小龙,陈丽娟,李维京,等. 2010. BP-CCA 方法用于中国冬季温度和降水的可预报性研究和降尺度季节预测. 气象学报,**68**(3):398-410.

姜大膀,王会军,Drange H,等. 2004. 耦合模式长期积分中东亚夏季风与 ENSO 联系的不稳定性. 地球物理学报,**47**:976-981.

郎咸梅. 2012. 中国冬季降水的动力结合统计预测方法研究. 气象学报,**70**(2):174-182.

刘姉,张庆云,孙淑清. 2008. 澳大利亚东侧环流及海温异常与长江中下游夏季旱涝的关系. 大气科学,**32**(2):231-241.

王会军, 张颖, 郎咸梅. 2010. 论短期气候预测的对象问题. 气候与环境研究, 15(3): 225-228.

王蕾, 张人禾. 2006. 不同区域海温异常对中国夏季旱涝影响的诊断研究和预测试验. 大气科学, 30(6): 1147-1159.

王绍武, 叶瑾琳, 龚道溢, 等. 1998. 中国东部夏季降水型的研究. 应用气象学报, 9(增刊): 65-74.

魏凤英, 黄嘉佑. 2010. 大气环流降尺度因子在中国东部夏季降水预测中的作用. 大气科学, 34(1): 202-212.

曾庆存, 袁重光, 王万秋, 等. 1990. 跨季度气候距平数值预测试验. 大气科学, 14(1): 10-25.

赵彦, 郭裕福, 袁重光等. 2000. 短期气候数值预测可预报性问题. 应用气象学报, 11(增刊): 65-71.

Brankovic C, Palmer T N, Ferranti L. 1994. Predictability of seasonal atmospheric variations. *Journal of Climate*, **7**(2): 217-237.

Chen L J, Chen D L, Wang H J, et al. 2009. Regionalization of precipitation regimes in China. *Atmospheric and Oceanic Science Letters*, **2**: 301-307.

Kumar A. 2003. Variability and predictability of 200-mb seasonal mean heights during summer and winter. *Journal of Geophysical Research*, **108**(D5): 4169, doi:10.1029/2002JD002728.

Lang X M, Wang H J. 2005. Seasonal differences of model predictability and the impact of SST in the Pacific. *Advances in Atmospheric Sciences*, **22**(1): 103-113.

Lang X M, Wang H J. 2010. Improving extraseasonal summer rainfall prediction by merging information from GCMs and observations. *Weather and Forecasting*, **25**: 1263-1274.

Lang X M, Zheng F. 2011. A statistical-dynamical scheme for the extraseasonal prediction of summer rainfall for 160 stations over China. *Advances in Atmospheric Sciences*, **28**(6): 1291-1300, doi:10.1007/s00376-011-0177-6.

Rowell D P. 1998. Assessing potential seasonal predictability with an ensemble of multidecadal GCM simulations. *Journal of Climate*, **11**: 109-120.

Wang H J, Fan K. 2009. A new scheme for improving the seasonal prediction of summer precipitation anomalies. *Weather and Forecasting*, **24**: 548-554.

Wang H J, Zhou G Q, Zhao Y. 2000. An effective method for correcting the seasonal-interannual prediction of summer climate anomaly. *Advances in Atmospheric Sciences*, **17**: 234-240.

Wang H J. 2002. The instability of the East Asian summer monsoon-ENSO relations. *Advances in Atmospheric Sciences*, **19**: 1-11.

Yang X Q, Anderson J L, Stren W F. 1998. Reproducible forced modes in AGCM ensemble integrations and potential predictability of atmospheric seasonal variations in the extratropics. *Journal of Climate*, **11**(11): 2942-2959.

Zhu C W, Park C K, Lee W S, et al. 2008. Statistical downscaling for multi-model ensemble prediction of summer monsoon rainfall in the Asia-Pacific region using geopotential height field. *Advances in Atmospheric Sciences*, **25**(5): 867-884.

第 12 章 统计和动力降尺度预测研究

12.1 统计降尺度研究进展

CGCM 能相当好地模拟出大尺度环流的平均特征,特别是能较好地模拟高层大气场、近地面温度和大气环流(Von Storch 等 1993)。但 CGCM 输出的气象要素场空间分辨率较低,缺少区域气候信息,很难对区域气候情景做精确的预测(范丽军等 2005)。目前,有两种方法可以弥补 CGCM 预测区域气候变化情景的不足:一是发展更高分辨率的 CGCM;二是采用降尺度的方法。由于第一种方法需要大量的计算机资源而不利于发展,因此,降尺度方法使用更加广泛。目前降尺度方法主要有两种:一种是动力降尺度法;另一种是统计降尺度法。统计降尺度方法由于其使用简便、需要较少资源的优点而被广泛采用,此方法主要是将预报因子(大尺度变量,例如:位势高度场、海平面气压场、SST 等)和预报量(局地变量,例如:局地降水、气温等)之间建立统计关系,从而达到降尺度预报的目的(Cavazos 和 Hewitson 2005;Paul 等 2008)。

耦合模式对于东亚地区降水的预测能力十分有限,DEMETER 计划中耦合模式模拟的夏季降水多年平均的距平相关系数(ACC)基本都小于 0.10,多模式集合结果也仅为 0.12(Wang 和 Fan 2009)。为了提高模式的预测水平,许多学者利用不同的统计降尺度方法对所关注的变量进行了研究(Zorita 等 1992;Widmann 和 Bretherton 2003)。Wang 和 Fan(2009)利用"热带相似"的方法使得夏季降水多年平均的 ACC 由 0.12 提高到了 0.22。Chen 等(2006)利用统计降尺度方法对大尺度环流模式对区域模式降水预报的影响进行了有效评估,17 个全球气候模式的统计降尺度结果显示,热带降水总体呈现增加趋势,但也由于时间、地区的不同而有所差异,大尺度降水的增多和西风带的加强是局地降水增加的主要原因。Chu 等(2008)利用 500 hPa 高度场和海平面气压场作为预测因子对台湾北部夏季降水进行了统计降尺度研究。Zhu 等(2008)利用 EOF 和 SVD 相结合的方法对亚太地区的夏季风降水做了降尺度预报,提高了本区域夏季风降水的距平相关系数和均方根误差(RMSE),使得多模式集合的东亚地区夏季降水的 ACC 提高了 0.14,RMSE 相对减少了 10.4%。魏凤英和黄嘉佑(2010)的研究也指出,基于典型相关分析的统计将尺度方法可以有效提高耦合模式对我国东部地区夏季降水的预测技巧,6 月份 ACC 增加到了 0.06,7 月份增加到了 0.22,8 月份增加到了 0.10。Lang 和 Wang(2010)对中国六个区域分别进行了研究,将模式输出资料与观测资料结合,针对不同区域选取影响因子,基于多元线性回归建立预测模型,研究结果显示,新的预测方法对各区域平均的夏季降水距平符号、量值以及年际变化上优于模式本身的预报。

12.2 统计降尺度方法对江南地区年夏季降水距平的应用研究

江南地区地处中国东部,北邻长江、南邻南岭、东临东海,且此地区经济发达,人口稠密,春夏季都是洪涝的多发区。该地区气候异常会威胁到千百万人的生命财产,并对工农业生产和国民经济建设带来巨大的危害(陈菊英 1991)。由于较多的不确定因素导致江南地区的夏季降水预测有一定难度,因此,有效地利用模式输出结果提高江南地区夏季降水的预测技巧意义重大。

12.2.1 1980—2001 年统计降尺度结果

我们利用亚洲季风区内 q_{850}、关键区内 SST 以及贝加尔湖地区 Z_{500} 的区域平均时间序列为预报因子建立多元线性回归模型,对江南地区夏季降水距平进行统计降尺度预测。以上这些预测因子的关键区均为江南区域平均夏季降水距平与全球夏季 500 hPa 高度场(Z_{500})、850 hPa 比湿场(q_{850}),以及前冬 SST 距平场的显著相关区。表 12.1 给出了各个预测因子及它们所对应的关键区。以上these 6 个预测因子与江南区域平均的夏季降水距平时间序列之间的相关系数都达到了 0.05 显著性检验水平($r=0.4$)。

表 12.1　6 个预测因子以及其所对应的关键区(引自 Liu 等 2011)

预测因子	关键区
模式 Z_{500} (JJA)	贝加尔湖地区($37.5°$—$55°$N,$80°$—$130°$E)
模式 q_{850} (JJA)	东亚夏季风地区($5°$—$30°$N,$60°$—$160°$E)
观测 SST (DJF)	黑潮区($20.5°$—$34.5°$N,$120.5°$—$140.5°$E) 北大西洋区($30.5°$—$45.5°$N,$40.5°$W—$10.5°$E)
	南太平洋区($19.5°$—$4.5°$S,$105.5°$—$170.5°$W)

由于资料长度有限,仅为 22 年(1980—2001),我们采取去掉一年的交叉检验方法(Michaelsen 1987),也就是说,22 年中的每一年作为一次预报目标年,然后,我们利用剩下的 21 年建立预报因子与预报量之间的多元线性拟合方程,上述过程重复 22 次。我们对江南地区的每个站点建立多元线性回归统计模型,预报方程表示如下:

$$y_{it} = b_0 + b_1 Z_{500} + b_2 q_{850} + b_3 AAOI + b_4 SST_{KU} + b_5 SST_{NA} + b_6 SST_{SP} \qquad (12.1)$$

其中 i 为站点数;t 预报时间;b_0,b_1,b_2,b_3,b_4,b_5 和 b_6 分别为方程常数项和预测因子的系数。$AAOI$ 为南极涛动指数,SST_{KU},SST_{NA} 和 SST_{SP} 分别代表黑潮区、北大西洋地区和南太平洋地区的海表面温度。

对于模式 CERFACS,CNRM,INGV 和 UKMO 来说,两个同期因子(Z_{500} 和 q_{850})观测资料(ERA-40)与模式资料的相关系数分别从 0.42 到 0.65,超过 0.05 显著性检验水平。ECMWF 和 LODYC 的其中一个因子相关系数超过了 0.10 显著性检验水平,只有 MPI 的相关系数较低,Z_{500} 和 q_{850} 的相关系数分别为 0.29 和 0.15。大多数的模式对于关键区 Z_{500} 和 q_{850} 因子都具有比较理想的回报效果,因此,我们将七个模式的 Z_{500} 和 q_{850} 因子均考虑到多元线性回归方程中。

为了有效地检验降尺度模型对江南夏季降水的回报效果,我们计算了观测与模式降尺度前、后的 ACC(图 12.1)。从图 12.1(a)中可以看到,对于模式原始结果来讲,七个模式的 MME 对于江南地区夏季降水距平几乎没有预测技巧,ACCs 在此区域大部分为负值,只在江南地区西北部 ACCs 具有显著性。在实施统计降尺度之后,江南大部分地区 ACCs 都有所提高,大部分站点的 ACCs 都变成了正值,尤其在中部及东北部地区提高显著,最大 ACCs 可以达到 0.8,远远超过了 0.01 显著性检验水平(图 12.1(b))。

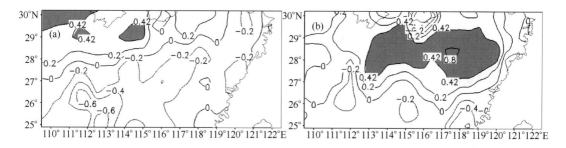

图 12.1　1980—2001 年观测与模式后报夏季降水的 ACCs 空间分布场
(a)为模式原始结果,(b)为降尺度之后的结果。阴影区代表超过 0.05 的显著性检验区(引自 Liu 等 2011)

为了更进一步评估统计降尺度模型的效果,我们又考察了 RMSE 的差值空间分布场,以评估在实施降尺度之后,江南夏季降水距平与观测数据之间的偏差是否有所减小以及减小的幅度。这里,RMSE 的差值 d 为模式原始结果的 RMSE 减去降尺度之后的 RMSE。七个模式与 MME 降尺度前、后的预测结果的 RMSE 差值场的空间分布型,与模式原始回报相比,降尺度方案降低了江南北部地区的 RMSE,其中,中部地区的 RMSE 降低更加显著。从前面的分析可以看到,这种典型的空间分布型类似于 ACCs 的空间分布型(图 12.1(b)),也就是说,江南地区东北部的站点更好地响应了以上 6 个预测因子。LODYC 和 UKMO 与其他模式相比,RMSE 降低更加明显,虽然前面提到,LODYC 对 Z_{500} 和 q_{850} 的预测技巧不甚理想,但降尺度结果较好,这个结果证明了,前期关键区内 SST 是江南地区夏季降水的重要预测因子。同时,对于大多数模式和 MME 而言,有大约 25% 的站点提高了预测水平,即 RMSE 有所减小。然而,UKMO 的表现最好,它的 RMSE 的差值有超过 50% 的站点(33 个站)都大于 0 mm/d(表12.2)。

表 12.2　江南地区降尺度前、后 RMSE 差值大于 0 mm · d^{-1} 的站点数(引自 Liu 等 2011)

	CERFACS	CNRM	ECMWF	INGV	LODYC	MPI	UKMO	MME
总数	20	17	12	13	21	14	33	19
$d \geqslant 1.0$	1	0	0	1	2	2	2	1
$0.5 \leqslant d < 1.0$	3	3	3	3	2	1	9	4
$0 \leqslant d < 0.5$	16	14	9	9	17	11	22	14

前面的研究表明,多元线性回归统计降尺度模型对江南夏季降水距平表现出较好的降尺度预测技巧。这里,我们再来评估一下江南区域平均夏季降水距平的回报效果。从观测资料来看,在 2000 年之前,江南地区夏季降水距平呈现上升趋势,在 2000 年之后下降(图 12.2)。对于模式原始结果,所有七个模式以及 MME 都没有抓住这种年际变化趋势,相比之下,在实施降尺度之后,七个模式以及 MME 都再现了江南降水距平的变化趋势,尤其是 CERFACS,CNRM,UKMO 和 MME 表现更好。七个模式以及 MME 的降尺度结果与观测数据之间的相关系数变化范围为 0.52~0.69,相应的相关系数在降尺度之前的结果只有 -0.27~ 0.22(相关系数没有给出,具体参见图 12.2)。然而,对于 1991、1994、1998 和 2001 年来讲,降尺度结果都有低估或者高估降水距平值的情况出现,因此,对于江南地区的极端降水,此交叉检验降尺度模型具有一定局限性。

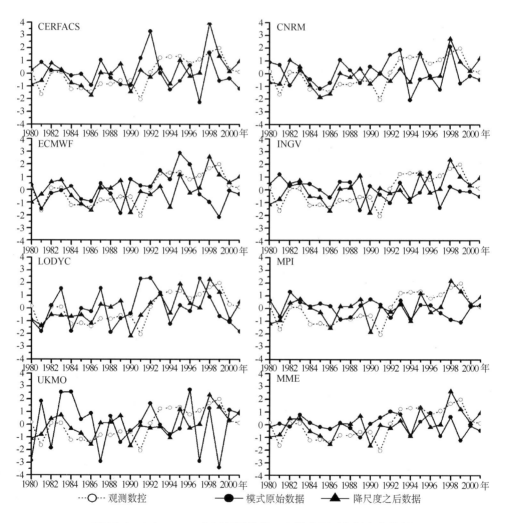

图 12.2　1980—2001 年区域平均的 JJA 降水距平年际变化特征
空心圆+点线表示观测数据,实心圆+实线表示模式原始数据,
实心三角+实线表示降尺度之后数据,单位:mm·d^{-1}(引自 Liu 等 2011)

12.2.2　1961—2001 年统计降尺度结果

长期的降水数据表明,中国降水的年际变化,尤其是中国东部地区,具有准两年振荡的趋势特点:夏季降水多年的下一年是降水少的年份,相反亦是,这种现象通常被称作对流层准两年振荡(TBO)。它存在于印度夏季风降水(Mooley 和 Parthasarathy 1984;Yasunari 1990;Webster 等 1998;Meehl 和 Arblaster 2002)、东亚季风、ENSO 以及中国东部季风降水中(Li 等 2001;赵振国 1999)。基于 TBO 的物理意义,Wang 等(2000)提出了年际增量预报方法,这种方法是利用变量的当年值减去前一年变量值的差值建立起的预报方法。而且,相比于变量原始形式,变量的年际增量包含了更多前一年的信息,这样可能会更有效地提高预测质量。已经有许多的研究基于年际增量的方法针对不同地区不同变量展开:长江中下游地区的夏季降水(Fan 等 2008),中国北方的夏季降水(Fan 等 2009),中国东北地区的气温(Fan 2009;Fan 和 Wang 2010),西北太平洋台风生成频次(Fan 和 Wang 2009)和热带大西洋的飓风生成频次(Fan 2010)的预报。因此,本部分研究的目的在于,利用更长时间尺度(1961—2001 年)的 DEMETER 模式资料,基于年际增量的方法利用 CGCMs 中的大尺度环流信息和观测资料信息建立一个有效的站点对站点江南地区夏季降水统计降尺度模型。文中年际增量定义为当年的变量减去前一年的变量。降尺度模型建立在年际增量变量的基础上,也就是说,最后得到的预报变量等于当年的年际增量加上前一年变量值的和,我们使用多元线性回归的统计方法进行建模。

下面,我们简要分析一下江南夏季降水的大尺度环流背景场。图 12.3 为 1961—2001 年江南夏季降水多年与少年的矢量差值风分布场,从贝加尔湖地区到菲律宾群岛存在着经向的差值风场异常分布(图 12.3(a)所示),在贝加尔湖以东和中南半岛地区存在着风的反气旋性异常分布,在黄土高原和菲律宾群岛分布着异常的气旋性风切变。可以看到,在江南地区 200 hPa 上空存在着异常的辐散环流,使得低层易于产生辐合气流,这种高低空的配置更有利于江南夏季降水的发生。200 hPa 的青藏高原地区上空有一异常的气旋式风切变,南亚高压的减弱可能会导致纬向气压梯度的减小,从而产生相对偏弱的东亚夏季风环流,弱的夏季风不易向北推进使得降水带偏南集中于长江流域和江南地区。图 12.3(b)和(c)分别给出了 500 hPa 和 850 hPa 风矢量差值场空间分布特征。与 200 hPa 风矢量差值场分布类似,在 500 hPa 和 850 hPa 高度场的东亚地区依然存在着纬向"＋ － ＋ －"的分布特征。可以看到这是一个准正压结构,而且 850 hPa 高度上的西南向和北向异常风汇合于江南地区。另有一个异常的气旋式环流出现在菲律宾地区 850 hPa 上空,这个异常环流产生的正涡度距平为江南地区的夏季降水提供了有利的动力学条件,从而利于江南地区发生更多的降水。图 12.4 为江南区域平均的夏季降水年际增量与同期 200 hPa 散度的年际增量的相关系数空间分布特征。由图中我们可以看到,在 10°—20°N,110°—150°E 范围内存在显著的负相关区域,此区域的大尺度环流场是夏季风—ENSO 系统中的重要组成部分(Kleeman 等 1999)。根据前面的分析可以看出,在此区域(10°—20°N, 110°—150°E)附近亦存在着一个异常的气旋性环流(图 12.3(a))。因此,图 12.3(a)和图 12.4 同时显示出,此地区上空的异常环流系统可能会导致江南地区产生更多的降水。

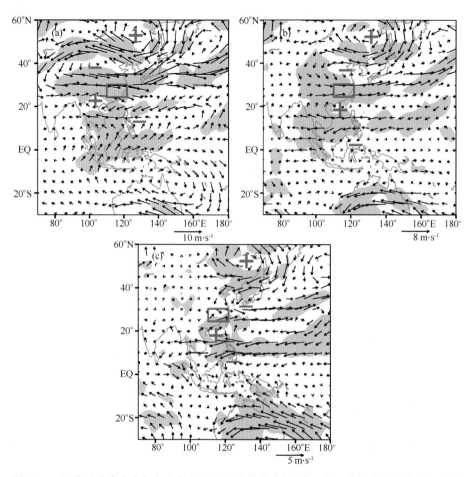

图 12.3　江南夏季降水多年与少年的风矢量差值分布场(多一少),方框中为江南地区范围
(a) 200 hPa;(b) 500 hPa;(c) 850 hPa。阴影区代表通过 0.05 显著性检验水平的区域
(引自 Liu and Fan 2012)

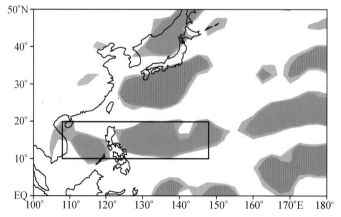

图 12.4　江南区域平均的夏季降水与同期 200 hPa 散度场的相关系数分布场
阴影区分别表示相关系数分别超过 90% 和 95% 的信度水平,实线框中的范围表示的所选取的
预测因子 Div_{200WTP} 的区域(引自 Liu and Fan 2012)

我们选择了来自于前期和同期的 9 个年际增量预报因子,它们分别为:前冬 SST_{KU} 和 SST_{SP},它们分别代表了太平洋暖池和 ENSO 的延迟效应;同年 5 月的 SLP_{MG};代表着东亚夏季风的夏季指数($EAMI$);代表夏季青藏高原动力作用的 Z_{200TIB};代表夏季西太平洋副热带高压作用的 Z_{500SEC};热带太平洋上空的夏季 Div_{200WTP} 和 ζ_{850PI},它们与 ENSO—季风系统密切相关;夏季 q_{850SIO},它代表了印度洋的水汽输送,如表 12.3 所示。所有预报因子的关键区都是江南区域平均夏季降水年际增量与因子变量场的显著相关区。

表 12.3　预测因子及相应的属性介绍(引自 Liu and Fan 2012)

预测因子	时间	数据	关键区
SST_{KU}	1960—2000 冬季	HadISST1	$20.5°—34.5°N, 120.5°—140.5°E$
SST_{SP}	1960—2000 冬季	HadISST1	$19.5°—2.5°S, 105.5°—70.5°W$
SLP_{MG}	1961—2001 五月	ERA-40	$40°—50°N, 90°—110°E$
$EAMI$	1961—2001 夏季	DEMETER	$20°—40°N, 110°—125°E$
Z_{200TIB}	1961—2001 夏季	DEMETER	$25°—35°N, 80°—100°E$
Z_{500SEC}	1961—2001 夏季	DEMETER	$20°—30°N, 100°—125°E$
q_{850SIO}	1961—2001 夏季	DEMETER	$20°—10°S, 70°—100°E$
Div_{200WTP}	1961—2001 夏季	DEMETER	$10°—20°N, 110°—150°E$
ζ_{850PI}	1961—2001 夏季	DEMETER	$0°—10°N, 110°—130°E$

SST_{KU} 和 SST_{SP} 分别代表了黑潮地区和赤道南太平洋地区的 $SSTs$;SLP_{MG} 代表蒙古国地区的 SLP;$EAMI$ 代表东亚夏季风指数;Z_{200TIB} 是青藏高原地区上空 200 hPa 位势高度场;Z_{500SEC} 是江南地区上空的 500 hPa 位势高度场;q_{850SIO} 代表了南印度洋的 850 hPa 比湿场;Div_{200WTP} 为热带西太平洋地区上空的 200 hPa 散度场;ζ_{850PI} 为菲律宾地区上空 850 hPa 涡度场。

由于前面我们选取的一些因子当中有一部分是同期因子,这些因子都来自于 DEMETER 模式资料,那么,模式对这些因子的后报效果如何呢?表 12.4 就给出了同期因子模式资料与观测资料的相关系数,可以看到,所有来自于模式的 6 个同期因子的相关系数都远远大于 0.4(99%信度检验水平),虽然模式 CNRM 的 Div_{200WTP} 的相关系数只有 0.26,但也超过了 90% 的信度检验水平,因此,此来源于 DEMETER 模式中的 6 个因子是可用的。

表 12.4　1961—2001 年同期夏季因子年际增量的模式资料与观测资料之间的相关系数(引自 Liu and Fan 2012)

模式	$EAMI$	Z_{200TIB}	Z_{500SEC}	q_{850SIO}	Div_{200WTP}	ζ_{850PI}
CNRM	<u>0.50</u>	<u>0.59</u>	<u>0.52</u>	<u>0.48</u>	0.26	<u>0.66</u>
ECMWF	<u>0.58</u>	<u>0.59</u>	<u>0.58</u>	<u>0.47</u>	<u>0.65</u>	<u>0.69</u>
UKMO	<u>0.55</u>	<u>0.50</u>	<u>0.54</u>	<u>0.45</u>	<u>0.64</u>	<u>0.63</u>

标有下划线的相关系数代表超过 99% 的信度检验水平。

我们基于 9 个预测因子设计了两个预测方案,一个是独立样本检验方法(方案-A):针对 1991(1961—1990)到 2001(1971—2000)年基于滑动 30 年建立拟合方程,也就是说,此预测过程在 1991—2001 年间重复 11 次。为了避免过度拟合的现象发生,我们又实施了第二个预测方案,称为去掉一年的交叉检验方法(方案-B)。在方案-B中,1961—2001年41年中的任意一个年份均作为一次预报目标年,因此,此预测过程将重复建立42次。

1. 方案-A:1991—2001年独立样本检验

图12.5为1991—2001年ACCs年际变化特征。可以看到,3个模式以及MME降尺度之后的ACCs大于模式原始结果ACCs的年份占了63%。实施降尺度之后,UKMO在各模式当中表现最好,除了1993年,在1991—2001年间的ACCs均大于模式本身的ACCs。CNRM,ECMWF,UKMO和MME在降尺度之后的11年多年平均ACCs分别为0.29,0.35,0.32和0.33,而相应的模式原始结果仅为0.09,0.24,0.01和0.12。

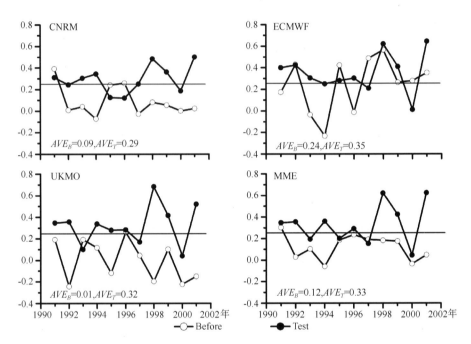

图12.5 1991—2001年观测资料与模式原始结果和降尺度结果的ACCs的年际变化
空心圆和实心圆分别代表模式原始结果(Before)和降尺度结果(Test)的ACCs。水平直线表示95%的信度检验水平,AVE$_B$和AVE$_T$分别表示模式原始结果ACCs和降尺度结果ACCs多年平均值
(引自 Liu and Fan 2012)

$RMSE_{Per}$被用来诊断降尺度模型与模式原始结果相比,在预测数值上是否更加接近观测值。这里,我们定义$RMSE_{Per}$:$RMSE_{per} = (RMSE_{before} - RMSE_{down})/RMSE_{before}$,作为降尺度模式结果和模式原始结果的比较。我们分析了$RMSE_{Per}$的空间分布型。图12.6为CNRM,ECMWF,UKMO和MME站点$RMSE_{Per}$的空间分布型。可以看到,降尺度模型的预测技巧有明显的提高,对于CNRM,ECMWF,UKMO和MME除了江南地区西北部和一些个别站点,此地区大多数站点的$RMSE_{Per}$都为正。因此,基于时间尺度的$RMSE_{Per}$在独立样本检验阶段(1991—2001)有显著的提高。因此,基于ACCs和$RMSE_{Per}$的结果,1991—2001年3个模式以及MME的降尺度模型预测技巧明显高于模式本身的预测技巧。

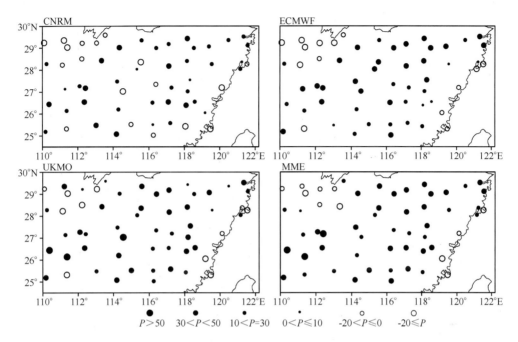

图 12.6　1991—2001 年 $RMSE_{Per}$ 的空间分布型
P 表示 $RMSE_{Per}$ 的大小(引自 Liu and Fan 2012)

2. 方案-B:1961—2001 年独立样本检验

为了说明此降尺度模型的稳定性,我们又实施了去掉一年的交叉检验方法(Michaelsen 1987)。图 12.7 显示了 1961—2001 年交叉检验的 ACCs 时间变化特征,CNRM,ECMWF, UKMO 和 MME 在降尺度之后 41 年平均的 ACCs 分别为 0.36,0.38,0.40 和 0.39,而相应的模式原始结果分别为 0.11,0.18,0.05 和 0.14。在实施降尺度之后,1961—2001 年中大于 78% 的年份 ACCs 都大于模式原始结果的 ACCs,我们可以看到预报技巧有显著的提高和改善。而且,可以看到方案-B 的 1961—2001 多年平均 ACCs 要优于方案-A 中 1991—2001 多年平均的 ACCs 结果。

为了更好地检验此降尺度模型的效果,我们又计算了模式原始结果和降尺度结果与观测资料之间时间相关系数 TCCs,结果参见图 12.8。总体来讲,降尺度结果的 TCCs 从 0.2 变化到 0.6,而模式原始结果的 TCCs 要小于 0.2。其左列为模式原始 MME 结果的 TCCs,可以看到在江南地区的夏季降水几乎没有预测技巧,江南大部分地区的 TCCs 都低于 0.25(0.10 显著性水平)。从图中我们可以清楚的看到,MME 降尺度确实提高了江南地区的夏季降水预报效果,尤其在江南地区中部和北部地区提高更加显著(MME-C)。然而,值得注意的是,此降尺度结果对订正模式误差和提高江南夏季降水的预报准确性也存在着一定的局限性。我们还检验了各个模式以及 MME 夏季降水年际增量的 TCCs 分布态,降尺度年际增量结果的 TCCs 明显高于原始降水的 TCCs,可能是由于我们的降尺度模型是建立在年际增量变量的基础上,而在还原到原始变量形式加上前一年变量值之后,可能会扩大降尺度结果相对于观测数据的偏差。

我们依然考察了 1961—2001 年的 $RMSE_{Per}$ 的空间分布特征形态,方案-B 的降尺度结果

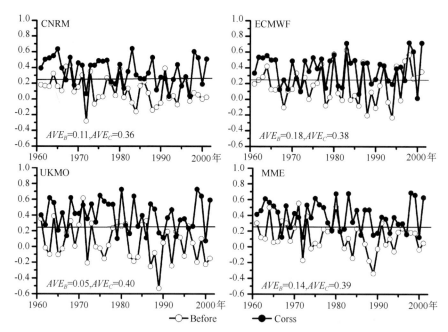

图 12.7 1961—2001 年观测资料与模式原始结果和降尺度结果的 ACCs 的年际变化

空心圆和实心圆分别代表模式原始结果(Before)和降尺度结果(Corss)的 ACCs。水平直线表示 95% 的信度检验水平，AVE_B 和 AVE_C 分别表示模式原始结果 ACCs 和降尺度结果 ACCs 多年平均值(引自 Lin and Fan 2012)

同样提高了各模式以及 MME 在江南地区的夏季降水预测技巧。对于 CNRM、ECMWF、UKMO 和 MME，它们的 $RMSE_{Per}$ 在大多数站点都为正值，只是在西北地区和江南区域边界上的一些站点 $RMSE_{Per}$ 为负值。通过以上的结果分析，年际增量的降尺度方法呈现出较好的预测技巧，提高了预报降水与观测值之间的相关系数且 RMSE 也有不同程度的降低。

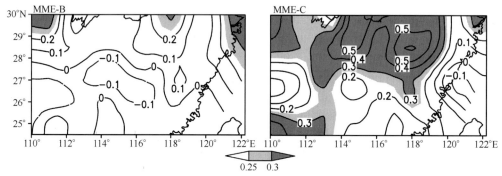

图 12.8 1961—2001 年时间相关系数的空间分布特征。阴影区分别代表分别
通过 0.10 和 0.05 的显著性检验(引自 Lin and Fan 2012)

12.2.3 小结

本节主要介绍了针对江南地区夏季降水建立的统计降尺度模型，第一部分为利用 DEMETER 计划中的七个模式资料建立了 1980—2001 年统计降尺度模型，第二部分利用了 DEMETER 计划中较长时间段的 3 个模式资料建立了 1961—2001 年统计降尺度模型。

第一部分基于 6 个预测因子利用多元线性回归的方法针对江南夏季降水距平建立了降尺

度方法,结果发现,统计模式在江南地区 DEMETER 七个模式回报的夏季降水与观测结果的 ACC 提高显著,尤其是在中部和东北部地区,距平相关系数都大于 0.42(超过 95% 信度)甚至超过 0.53(超过 99% 信度)。同时,RMSE 在江南东北部地区也有显著降低,降尺度前后的 RMSE 差值场大于 1 mm/d。降尺度之后的区域平均夏季降水距平时间序列能够抓住观测场的主要特征,模式原始结果与观测的时间序列的相关系数的变化范围为 −0.27 到 0.22,在实施降尺度之后,相关系数的变化范围提高到 0.52 到 0.69。

第二部分是根据预报因子和预报量的年际增量建立起的统计降尺度模型,分别进行了两个实验方案。方案-A(1991—2001),CNRM, ECMWF, UKMO 和 MME 多年平均的距平相关系数分别为 0.29, 0.35, 0.32 和 0.33,而相应的模式原始结果分别为 0.09, 0.24, 0.01 和 0.12。方案-B(1961—2001)中,CNRM, ECMWF, UKMO 和 MME 多年平均的距平相关系数分别为 0.36, 0.38, 0.40 和 0.39,而相应的模式原始结果分别为 0.11, 0.18, 0.05 和 0.14。另外,两种方案中的 RMSE 无论在空间尺度还是时间尺度在江南地区都有显著的减小。

通过以上结果的分析可以看到,DEMETER 模式的资料在降尺度方法当中有着重要的作用,其大尺度环流信息具有一定的使用价值。我们利用此模式资料和观测资料相结合对江南夏季降水进行了统计降尺度预报,较模式原始结果有显著改善和提高。

12.3　提高我国夏季降水预测能力的一种新思路

另外,基于 DEMETER 耦合模式和观测降水资料,我们还发展了一种统计降尺度方法,该方法有效提高了耦合模式对我国站点降水的预测能力(Chen 等 2012)。下面简单介绍该方法的主要思路以及其预测效能。

12.3.1　统计降尺度方法

所发展的统计降尺度方法(SD)的核心思想为:基于观测资料,确定耦合模式模拟最好的、最稳定的且与观测降水有一定物理联系的预测因子,利用这些预测因子进行建模并开展降水预测研究(图 12.9)。其具体步骤如下:

(1)可能预测因子范围的确定:由于局地大气环流是影响降水变化的最直接因素,因此,我们将可能预测因子的范围局限在欧亚大陆区域内(30°E—180°,0°—80°N),而该范围也是我国降水与各大尺度环流因子显著相关主要集中的区域。可能预测因子范围的确定主要是基于两种相关系数的计算。首先,利用站点观测降水序列与 ERA-40 再分析的大尺度环流因子求相关,找出其中相关系数通过 0.05 显著性检验的格点,称为子集 1;接着,利用站点观测降水序列与耦合模式回报的相应大气环流因子求相关,找出其中相关系数符号与 ERA-40 再分析结果一致的格点,称为子集 2;最后,从这两个子集的交集中找出耦合模式模拟的相关系数最大的格点。为了避免由于单个格点而引起的预测不确定性,我们以此格点为中心,各向外延伸一个格点,由这些格点组成的范围(5°×5°)即为可能预测因子的最佳区域。

(2)预测因子序列的计算:以观测降水与耦合模式模拟的大气环流因子在其最佳区域内各个格点的相关系数为权重算得最佳区域内可能预测因子序列。

(3)稳定预测因子的确定:通过步骤(1)和(2)所算得的可能预测因子序列与预报量之间的关系并不一定是稳定的,因此,在预测模型建立之前,非常有必要对可能预测因子进行

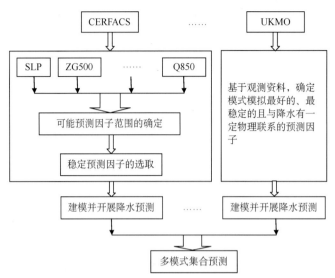

图 12.9 SD 方法的流程示意图(引自 Chen 等 2012)

进一步筛选,以确保用以建立预测模型的预测因子都是稳定的,这样可以最大程度地消除由于预测因子与预报量之间的不稳定关系而引起预测结果的不确定性。这里我们采用滑动检验的思想对预测因子进行挑选。首先,从可能预测因子序列中扣除连续 5 a,用剩余序列与预报量求相关,而后扣除下一个 5 a,求得相关系数,直到算出所有滑动相关系数。对所有可能预测因子都进行所有滑动相关系数的求取。而后,对所有可能预测因子的滑动相关系数按降序排列并以每个因子的最小滑动相关系数作为其稳定性判定的阈值。当某几个因子的最小滑动相关系数在某一个最高显著性水平上都显著时,认为这些可能预测因子都是稳定的。例如共有 n 个可能预测因子,其中有 $m(m \leqslant n)$ 个预测因子与观测降水的最小滑动相关系数都通过了 0.05 的显著性水平检验,而其他 $n-m$ 个因子的滑动相关系数的显著性水平低于 0.05 时,这里只选取这 m 个显著性水平最高的因子作为最佳预测因子来进行建模并开展降水预测;如果所有预测因子都没有通过 0.05 显著性检验,我们将显著性水平降低到 0.10,…,而后重复上述步骤,直到选取稳定预测因子为止。当显著性水平低于 0.10 时,我们以 0.01 的降幅降低显著性水平,即 0.11,0.12,…。需要指出的是,经统计,全国 160 个台站中有 90%以上站点对应的预测因子在 0.05 显著性水平上是稳定的,其他台站基本在 0.10 显著性水平上是稳定的。这里用以建模的稳定预测因子可能只有一个,也可能有多个。

(4)建模并开展降水预测:通过上述步骤确定了模式模拟最好的、最稳定的并且与降水有一定物理联系的预测因子,最后利用多元线性回归方法建立它们与降水之间的统计关系,并且开展多模式集合(MME)预测研究。

该 SD 方法的优势在于:(1)选取预测因子时基于观测资料,使得它与降水之间存在某种直接或间接的物理联系,而且预测因子又能够很好地被耦合模式模拟;(2)利用滑动检验的思想挑选稳定的预测因子,在建立预测模型时可以最大程度地消除预测因子与预报量之间不稳定关系的影响;(3)用以 SD 建模和预测的大尺度环流因子均为耦合模式回报结果,资料的统一性可以减少由于观测和模式之间的偏差而引起的预测误差。这些优势都有助于 SD 方法能够显著提高耦合模式对降水的短期气候预测能力。

这里所用的可能预测因子包括:500 hPa 位势高度场,海平面气压场,850 hPa 纬向和经向风,200 hPa 纬向风。另外,Wibly 和 Wigley(1997)研究指出大气环流变化并不能完全解释降水的变化,大气温度和湿度的变化也有着相当重要的作用。因此,可能预测因子还包括了 2 m 地表大气温度和 850 hPa 绝对湿度等变量。

另外,这里我们主要利用交叉检验和独立样本检验来验证 SD 方法对我国夏季降水的预测能力。通过计算预测结果与观测降水之间的相关系数,距平相关系数,均方根误差和方差等因子,并与耦合模式直接回报结果进行比较来分析 SD 方法的预测性能。为了比较方便,我们将耦合模式直接回报的格点降水数据双线性内插到我国 160 个台站。

12.3.2　SD 方法对我国夏季降水预测效能的改进

1. 交叉检验

图 12.10a 给出了耦合模式直接回报的夏季降水距平与观测降水之间的相关系数通过 0.05 显著性水平检验的站点分布。从中可以清楚地看到,耦合模式对我国夏季降水异常的模拟能力很弱。在七个模式中,ECMWF,INGV,LODYC 和 CNRM 模式对我国西北东部地区的少数站点模拟相对较好,这些站点的相关系数通过了 0.05 显著性检验。但对于大多数站点来说,与观测的相关很弱,有些站点的相关系数甚至为负值。直接回报的全国区域平均降水与观测的相关系数也很小,分别为 0.27,0.35,0.30,-0.03,-0.02,0.00 和 0.27。多模式集合好于单个耦合模式的结果,160 个站点中有 16 个站点的相关系数通过了 0.05 显著性水平检验,区域平均降水的相关系数为 0.28。

相比耦合模式直接回报结果,SD 方法可有效提高耦合模式对我国夏季降水的预测技巧。图 12.10b 给出了基于交叉检验的结果与观测降水之间的相关系数通过 0.05 显著性水平检验的站点分布。可以看到,所有模式的回报结果都得到了明显的改进,通过显著性检验的站点由原来的 4,13,8,8,12,9 和 7 个分别增加到了 119,116,125,119,104,123 和 127 个;相应地,全国区域平均降水的相关系数也显著增加,分别达到了 0.81,0.78,0.87,0.80,0.75,0.78 和 0.75。多模式集合结果改进更加明显,160 个站点的相关系数范围为 0.53~0.90,所有站点都通过了 0.05 显著性检验,而且区域平均降水的相关系数达到了 0.85。这也表明了多模式集合方法可以有效减小模式间的系统误差。同时,我们也分析了经过 SD 方法降尺度前后相关系数的差异(图 12.10c)。很明显地,所有耦合模式结果表明所有站点的相关系数都得到了显著提高,其中增加幅度最大的为我国南方地区,多数站点在多模式集合中超过了 1.0,而增加幅度相对较小的为西北东部地区,这是由于耦合模式对该地区夏季降水的模拟能力本来就好于其他区域。

表 12.5 给出了耦合模式直接回报的和 SD 方法预测的 1980—2001 年我国各区域平均的夏季降水与实际观测之间的相关系数以及均方根误差。可以看出,所有耦合模式以及多模式集合结果基本都不能模拟各区域夏季降水的年际变化特征,而且耦合模式直接回报的夏季降水异常在大多数年份与观测的符号相反。虽然多模式集合能够减小模式间的系统偏差,有效纠正降水异常的变化,比如西北地区,多模式集合回报的降水异常与观测更为接近,两者的相关系数达到了 0.58(通过了 0.05 显著性检验),但对其他区域改进并不明显。而 SD 预测结果相比耦合模式直接回报结果有着明显的改善,各个区域的预测技巧显著提高。七个耦合模式预测的西北地区相关系数增加到了 0.50~0.74,东北地区为 0.68~0.81,华北为 0.49~0.75,黄淮为 0.58~0.79,江南为 0.63~0.84,华南为 0.68~0.78,西南为 0.59~0.78,内蒙古为 0.46~0.81(均通过了 0.05 显著性水平检验)。相应地,各个区域的均方根误差相对耦

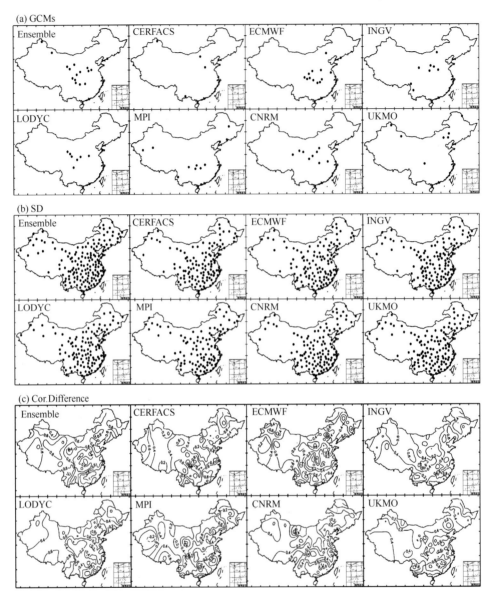

图 12.10　(a)耦合模式(GCMs)直接回报的,和(b)SD 基于交叉检验预测的 1980—2001 年我国夏季降
水与观测降水的相关系数通过 0.05 显著性水平检验的站点分布,(c)SD 与 GCMs 相关系数的差值分布
(引自 Chen 等 2012)

合模式直接回报结果也显著减少(表 12.5)。而且各个区域多模式集合结果明显优于单个模
式的结果,相关系数达到了 0.77~0.92。SD 不仅能够纠正降水异常的符号,而且能够增加降
水异常的变化幅度,使得降水的年际变率相比耦合模式直接回报结果与观测更为接近。这从
图 12.11 中可以很清楚地看到。图 12.11 给出了 SD 预测的和耦合模式直接回报的降水年际
变率(用标准差表示)和观测结果的比较。很明显地,SD 可以显著增加站点降水的年际变率,
尽管仍然小于观测结果,但与实际观测更为接近。另外,从 SD 预测的各个区域降水距平变化
与观测的比较(图 12.12)可以看出,SD 方法不仅能够很好地预测各个区域夏季降水的年际变
化,而且对极值降水也有很高的预测技巧,比如,1997 年 El Niño 引发的东北、华北和黄淮等地

表 12.5　耦合模式直接回报的和 SD 预测的我国不同区域平均的 1980—2001 年夏季降水与观测结果的相关系数（Cor.）和均方根误差（RMSE）单位（RMSE）；mm·mon⁻¹（引自 Chen 等 2012）

上标 * 表示相关系数通过了 0.05 的显著性水平检验。

模式	东北 Cor. GCM	SD	RMSE GCM	SD	华北 Cor. GCM	SD	RMSE GCM	SD	黄淮 Cor. GCM	SD	RMSE GCM	SD	江南 Cor. GCM	SD	RMSE GCM	SD
CERFACS	0.16	0.72*	20.1	15.6	0.04	0.58*	45.1	20.4	0.17	0.63*	38.5	22.4	-0.17	0.78*	37.1	21.4
ECMWF	0.26	0.74*	33.7	16.4	0.09	0.70*	48.2	18.8	0.33	0.69*	27.1	23.4	0.07	0.76*	46.5	22.8
INGV	-0.03	0.68*	38.6	14.9	0.16	0.75*	24.8	16.1	0.10	0.79*	57.2	20.1	-0.08	0.83*	48.6	23.3
LODYC	0.07	0.75*	29.1	15.3	-0.13	0.70*	48.4	18.6	0.13	0.64*	29.0	22.1	0.21	0.63*	48.4	26.3
MPI	0.30	0.73*	20.0	14.4	0.14	0.49*	37.9	21.4	0.42*	0.66*	30.7	22.8	-0.17	0.74*	63.2	23.3
CNRM	-0.17	0.71*	26.9	15.6	0.23	0.69*	43.9	18.3	0.28	0.58*	33.4	23.4	0.06	0.84*	34.7	18.3
UKMO	0.16	0.81*	22.0	12.3	-0.15	0.69*	53.5	18.3	-0.02	0.70*	32.2	22.8	-0.31	0.82*	46.5	19.7
Ensemble	0.30	0.89*	20.4	14.0	0.08	0.83*	41.0	17.2	0.32	0.84*	29.6	21.4	-0.11	0.84*	35.4	20.4

模式	华南 Cor. GCM	SD	RMSE GCM	SD	西南 Cor. GCM	SD	RMSE GCM	SD	西北 Cor. GCM	SD	RMSE GCM	SD	内蒙古 Cor. GCM	SD	RMSE GCM	SD
CERFACS	-0.20	0.70*	85.3	41.4	-0.12	0.70*	97.3	12.2	0.05	0.58*	75.1	5.1	-0.22	0.63*	46.7	12.2
ECMWF	0.02	0.76*	100.1	38.5	0.09	0.64*	36.9	12.7	0.44*	0.68*	28.4	4.6	0.10	0.71*	32.7	11.6
INGV	-0.04	0.74*	110.9	39.0	0.22	0.68*	20.3	12.2	0.55*	0.74*	12.7	4.3	0.19	0.81*	16.1	9.5
LODYC	-0.24	0.68*	120.4	42.3	-0.03	0.78*	36.5	10.6	0.41	0.58*	25.6	5.1	-0.16	0.68*	28.0	11.7
MPI	0.39	0.70*	66.2	41.2	0.39	0.74*	15.4	11.0	0.02	0.50*	6.7	5.5	-0.09	0.46*	23.5	13.4
CNRM	-0.28	0.78*	78.2	36.5	-0.02	0.59*	88.2	13.3	0.54*	0.72*	68.0	4.4	0.28	0.72*	46.4	11.2
UKMO	-0.07	0.70*	62.1	41.4	0.14	0.62*	98.2	12.8	0.16	0.68*	46.6	4.7	0.55*	0.71*	43.0	10.6
Ensemble	-0.19	0.78*	83.1	37.2	0.18	0.78*	52.5	11.0	0.58*	0.77*	36.6	4.4	0.14	0.92*	30.7	10.4

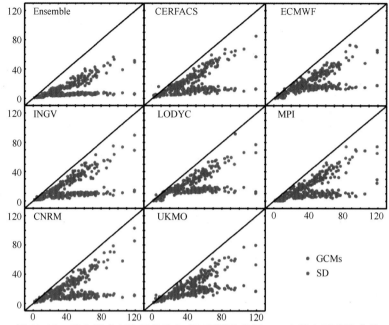

图 12.11　耦合模式直接回报的和 SD 预测的我国 160 个站点夏季降水的
年际变率（标准差）与观测的散点图

横坐标为观测，纵坐标为 GCMs 和 SD 结果。单位：mm·mon^{-1}（引自 Chen 等 2012）

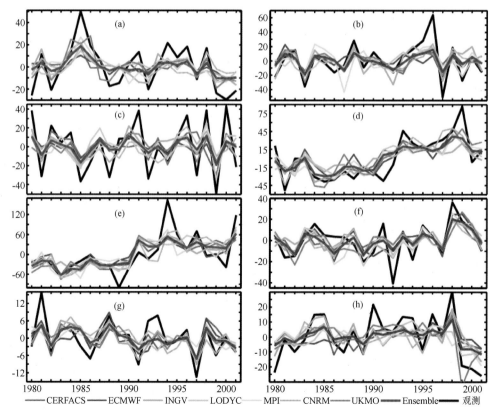

图 12.12　观测的和 SD 基于交叉检验预测的 1980—2001 年我国各个区域平均的夏季降水距平变化
（a）东北，（b）华北，（c）黄淮，（d）江南，（e）华南，（f）西南，（g）西北，和（h）内蒙古地区。
单位：mm·mon^{-1}（引自 Chen 等 2012）

的干旱以及接下来 1998 年的 La Niña 引起的这些地区的洪涝事件。值得一提的是,SD 也能够很好地预测出我国夏季降水的年代际变化特征,例如华南和江南地区在 20 世纪 90 年代初夏季降水的显著增加,而耦合模式直接回报结果无法再现这一特征。

　　另外,我们也比较分析了 SD 预测的与耦合模式直接回报的 1980—2001 年相对观测的均方根误差变化。由表 12.5 可以看到,耦合模式直接回报的均方根误差都很大,回报的降水量与实际观测相差甚远,特别是西北地区,虽然耦合模式能够较好地模拟出了该地区降水的年际变化特征,但回报的 RMSEs 都远大于观测的气候态降水,这显然是不合理的。其中,西北地区的复杂地形是造成耦合模式回报能力弱的主要原因之一。但 SD 方法可以很好地改进耦合模式中的这一缺陷。SD 基于七个耦合模式预测的西北地区夏季降水的均方根误差仅为 4.3～5.5 mm/mon。与西北地区类似,SD 预测的其他区域的均方根误差也显著减少。RMSEs 的显著变化也可以从各个站点中得到反映(图 12.13)。图 12.13 给出了 SD 预测的 1980—2001 年各个站点夏季降水的 RMSEs 相对耦合模式直接回报的百分比变化。可以看

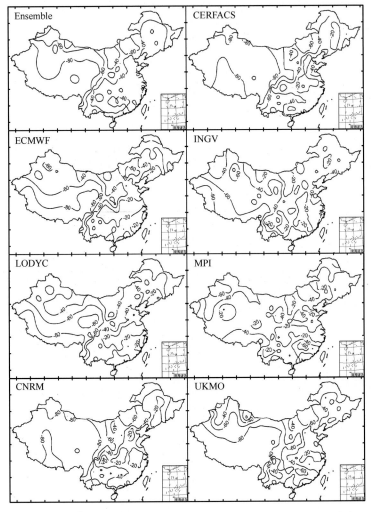

图 12.13　基于交叉检验,SD 预测的七个耦合模式 1980—2001 年我国各个站点夏季降水的均方根误差相对耦合模式直接回报结果的变化,并给出了相应的七个模式的集合预测结果。单位:% (引自 Chen 等 2012)

到,经过 SD 方法降尺度后,所有耦合模式预测的 RMSEs 均显著减少,其中我国西部地区减少最为显著。

由以上分析可以看到,SD 降尺度方法对我国夏季降水的预测技巧在时间尺度上相对耦合模式直接回报结果有了明显的改进,那么,它对夏季降水空间分布特征的预测能力如何,需要进行进一步的分析。基于交叉检验的结果,我们计算了 1980—2001 年距平相关系数与空间均方根误差的变化,并与耦合模式直接回报结果进行比较(图 12.14)。从图中可以看出,经过 SD 降尺度后,耦合模式对我国夏季降水在空间尺度上的预测技巧有了明显的提高。所有耦合模式结果表明 SD 预测的 ACCs 在所有年份都显著增加,并且相应的均方根误差明显减小。七个耦合模式 1980—2001 年平均的 ACCs 分别由耦合模式直接回报的 0.00,0.10,0.04,0.03,0.11,0.06 和 0.00 增加到了 0.51,0.48,0.52,0.48,0.46,0.53 和 0.52。相应的均方根误差相对耦合模式直接回报结果分别减少了 53.6%,40.4%,42.0%,42.1%,34.3%,52.0% 和 49.7%。而且多模式集合要优于单个耦合模式的结果。22 年平均的 ACC 由耦合模式直接回报的 0.10 增加到了 0.71,相应的 RMSE 相对减少了 49.1%。

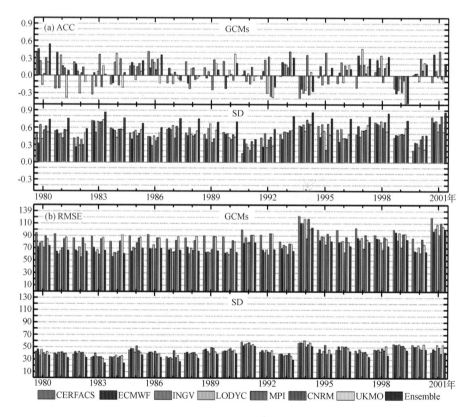

图 12.14　耦合模式直接回报的和 SD 基于交叉检验预测的 1980—2001 年我国夏季降水的
(a)距平相关系数和(b)均方根误差变化
单位(RMSE):mm·mon^{-1}(引自 Chen 等 2012)

基于 22 年交叉检验结果,我们对 SD 预测的夏季降水异常与耦合模式直接回报结果进行了比较分析。所有耦合模式以及多模式集合结果都一致表明,相比耦合模式直接回报结果,SD 方法可有效提高我国夏季降水的预测技巧,并且多模式集合优于单个模式的结果。

　　类似地,我们下面利用 ECMWF,CNRM 和 UKMO 这 3 个耦合模式回报的 1959—2001 年的资料进一步对 SD 方法对我国夏季降水的预测能力进行检验。

　　首先,我们计算了这 3 个耦合模式直接回报的以及 SD 预测的站点降水与观测之间的相关系数(图 12.15)。与之前的分析结果一致,耦合模式对我国夏季降水基本没有模拟能力,只有少数站点的相关系数能通过 0.05 显著性水平检验,其中 ECMWF 有 14 个,CNRM 有 11 个,而 UKMO 只有 9 个。但经过 SD 方法降尺度后,耦合模式的预测结果明显好于直接回报结果。3 个耦合模式预测的站点相关系数明显增加,160 个站中绝大多数站点的相关系数都通过了 0.05 的显著性检验,其中 ECMWF 模式有 124 个站点通过显著性检验,CNRM 和 UKMO 模式分别有 135 和 124 个站点是显著的。预测技巧的提高在多模式集合结果中表现得更加明显,所有站点均通过了显著性检验,但耦合模式直接回报结果却只有极少数站点是显著的。对于单个模式来说,也有少数站点的相关系数并不显著,但从两者相关系数的差值分布(图 12.15c)中可以清楚地看到,相对耦合模式直接回报结果,SD 预测的夏季降水与观测的相关系数是显著增加的。

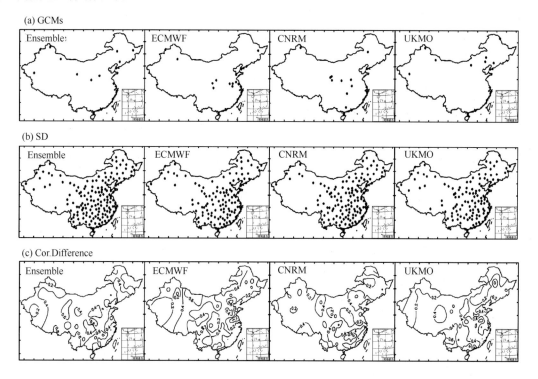

图 12.15　如图 12.10,但为 3 个耦合模式以及集合的 1959—2001 年的结果(引自 Chen 等 2012)

　　表 12.6 和表 12.7 分别给出了这 3 个耦合模式直接回报的和 SD 预测的我国不同区域 1959—2001 年夏季降水变化与观测的相关系数以及均方根误差。可以看到,SD 的预测能力明显好于耦合模式直接回报结果,各个区域相关系数相对 GCMs 显著增加,而均方根误差明显减小。这在多模式集合结果中表现得更加明显,各个区域 43 年的相关系数都在 0.64 以上,而且相比耦合模式直接回报结果,均方根误差至少减少了 15.2%。另外,SD 对我国夏季降水极值事件也有很好的预测能力,例如华北地区 1972/1973 年,1983/1984 年和 1997/1998 年的

干湿转变,但在 GCMs 直接回报结果中并没有体现出来。这也说明了耦合模式虽然对降水模拟能力较差,但仍可以很好地模拟大尺度环流因子的变化,这也是 SD 能够较好地预测我国夏季降水变化的主要原因之一。

表 12.6　基于 3 个耦合模式 1959—2001 年的回报资料,SD 预测的我国不同区域夏季降水与观测的相关系数(SD)以及模式直接回报降水与观测的相关系数(GCMs),同时给出了 3 个耦合模式集合预测结果。上标 * 表示相关系数通过了 0.05 的显著性检验(引自 Chen 等 2012)

区域	ECMWF		CNRM		UKMO		Ensemble	
	GCM	SD	GCM	SD	GCM	SD	GCM	SD
东北	0.41*	0.50*	−0.03	0.47*	0.11	0.66*	0.30*	0.69*
华北	0.01	0.61*	−0.01	0.48*	0.09	0.55*	0.05	0.64*
黄淮	0.25	0.49*	0.27	0.54*	−0.04	0.57*	0.18	0.70*
江南	0.13	0.63*	−0.07	0.63*	−0.04	0.62*	−0.00	0.72*
华南	−0.01	0.47*	−0.17	0.74*	−0.04	0.54*	−0.10	0.71*
西南	−0.02	0.53*	−0.11	0.63*	0.17	0.61*	0.03	0.66*
西北	0.29	0.66*	0.38*	0.52*	0.03	0.51*	0.36*	0.72*
内蒙古	0.06	0.50*	0.02	0.53*	0.45*	0.64*	0.28	0.72*

表 12.7　同表 12.6,但为 1959—2001 年各区域平均降水的均方根误差(单位:mm·mon^{-1})(引自 Chen 等 2012)

区域	ECMWF		CNRM		UKMO		Ensemble	
	GCM	SD	GCM	SD	GCM	SD	GCM	SD
东北	31.8	16.5	24.6	17.0	20.9	15.9	23.8	15.9
华北	44.1	21.7	40.6	23.6	49.1	22.6	43.6	21.7
黄淮	27.4	25.2	32.6	24.5	31.9	23.7	28.2	23.9
江南	39.3	26.5	36.0	25.9	48.1	26.1	34.3	25.1
华南	95.6	41.6	67.0	35.0	52.8	41.2	63.3	38.2
西南	40.3	14.1	89.6	13.4	98.6	13.5	75.8	13.3
西北	28.5	5.0	68.8	5.6	47.5	5.7	48.0	5.2
内蒙古	32.1	11.8	46.1	11.6	43.4	11.0	40.0	10.8

经过 SD 方法降尺度后,耦合模式对我国夏季降水的预测能力得到了明显的提高。其夏季降水年际变率显著增加,均方根误差明显减少,使得预测的降水量与实际观测值更为接近。同样地,它使得耦合模式对我国夏季降水空间分布特征的预测能力也得到了显著的提高(图 12.16)。与 1980—2001 年的结果类似,所有耦合模式以及集合结果一致表明,距平相关系数显著增加,空间 RMSEs 明显减少。ECMWF,CNRM 和 UKMO 模式 43 a 平均的 ACCs 分别由耦合模式直接回报的 0.06,0.03 和 0.01 增加到了 0.37,0.41 和 0.38,而且相应的 43 a 平均的 RMSEs 分别减少了 37.3%,48.4% 和 46.3%。多模式集合结果更加明显,平均的 ACC 从 0.04 增加到了 0.54,而 RMSE 相对减少了 45.2%。

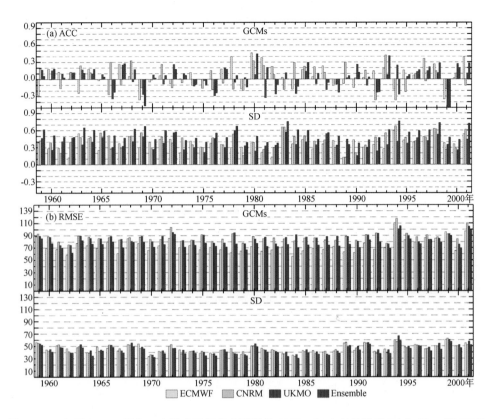

图 12.16　如图 12.14,但为 3 个模式以及集合预测的 1959—2001 年的结果(引自 Chen 等 2012)

2. 独立样本检验

为了进一步检验 SD 方法对我国夏季降水的预测能力,我们将 3 个耦合模式(ECMWF, CNRM 和 UKMO)1959—2001 年的回报资料分为两个时段:1959—1988 年和 1989—2001 年。利用 1959—1988 年的回报资料建模,预测 1989—2001 年各站点夏季降水的年际变化。在建模阶段,各站点夏季降水的拟合率都较高,基本都在 0.5 以上,而中国区域平均降水的拟合率:ECMWF 为 0.73,CNRM 为 0.72,UKMO 为 0.76。下面,我们主要对 1989—2001 年的预测值进行分析,同样通过对相关系数,ACC 和 RMSE 的分析来检验 SD 降尺度技术的预测效能。

在 SD 模型的标定阶段,SD 能够很好地模拟出了我国夏季站点降水的变化,比如具有与观测降水相近的年际变率,与观测降水的相关系数均通过了 0.01 的显著性水平检验等,而这在耦合模式直接回报结果中是不可能达到的,并且 SD 的预测结果表明 SD 在标定阶段强的模拟能力在预测阶段也得到了很好的体现。

图 12.17 给出了利用 1959—1988 年的回报资料标定的 SD 模型预测的 1989—2001 年夏季降水与观测的相关系数通过 0.05 显著性水平(相关系数大于 0.53)检验的站点分布,同时给出了相应时期耦合模式直接回报结果。从通过显著性检验的站点分布来看,耦合模式对这 13 年夏季降水变化的模拟能力同样很弱,只有极少数站点是显著的。而经过 SD 方法降尺度后,耦合模式对这些年夏季降水年际变化的预测能力得到了明显的提高。在 160 个站点中,ECMWF,CNRM 和 UKMO 通过显著性检验的站点由耦合模式直接回报的 9,9 和

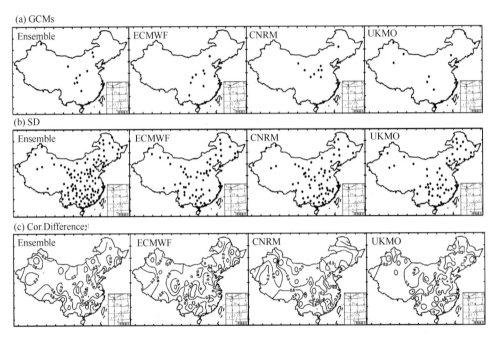

10 个分别增加到了 65,71 和 61 个。多模式集合更加明显,由 10 个站点增加到了 118 个。虽然其他站点的相关系数并没有通过显著性检验,但相对耦合模式直接回报结果来说,相关系数也是显著增加的,这可以从图 12.17c 中清楚地看到。类似地,我们将 43 年的资料分为其他不同时段进行 SD 模型的标定与预测,也可以得到相似的结果。预测相关系数的显著增加说明了标定的预测因子与预报量的关系在未来气候变化情景下也是稳定的,可用于未来气候变化的预测。

图 12.17　(a)耦合模式直接回报的,和(b)基于 1959—1988 年回报资料建模,SD 预测的 1989—2001 年我国春季降水与观测的相关系数通过 0.05 显著性检验的站点分布,(c)两者相关系数的差值分布

(引自 Chen 等 2012)

为了更进一步说明 SD 降尺度模型的预测能力,我们也分别分析了预测的 1989—2001 年我国不同区域平均的夏季降水变化情况。图 12.18 比较了 SD 预测的和观测的 1989—2001 年各区域平均的夏季降水距平变化。可以看到,耦合模式和多模式集合结果一致表明 SD 方法能够很好地再现各区域夏季降水异常的变化,尽管其变化幅度仍小于观测结果。而且 SD 预测的 1989—2001 年所有站点夏季降水的年际变率均大于耦合模式直接回报结果(图 12.19),与实际观测更为接近。另外,SD 也能够很好地预测出各个区域夏季降水变化的极值年,比如 1997/1998 年。表 12.8 和表 12.9 总结了耦合模式直接回报的和 SD 预测的 1989—2001 年我国各区域平均的夏季降水与观测的相关系数以及均方根误差。跟前面分析结果相似,耦合模式对降水弱的模拟能力使得其与观测的相关系数很小,甚至有些区域相关系数为负值,而且均方根误差也较大,有些区域其值甚至大于观测的平均降水。而基于回报资料建立的 SD 模型对 1989—2001 年各区域夏季降水变化具有很高的预测技巧,特别是多模式集合结果,各个区域的相关系数都至少大于 0.59。此外,预测的降水均方根误差相对耦合模式直接回报结果也显著减少(图 12.20),全国区域平均降水的 RMSEs 分别减少了 36.8%(ECMWF),77.6%(CNRM)和 81.5%(UKMO),而多模式集合结果相对减少了 73.7%。

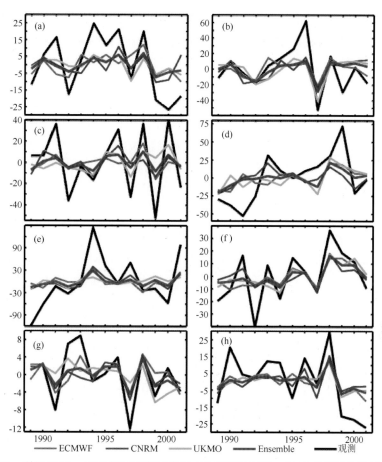

图 12.18 利用 1959—1988 年回报资料建模，SD 预测的 1989—2001 年我国各区域平均的
夏季降水距平变化以及观测的结果

（a）东北，（b）华北，（c）黄淮，（d）江南，（e）华南，（f）西南，（g）西北，（h）内蒙古。单位：mm·mon^{-1}（引自 Chen 等 2012）

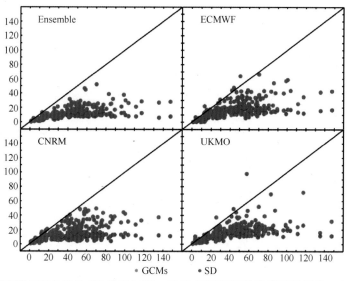

图 12.19 耦合模式直接回报的以及 SD 基于 1959—1988 年回报资料建模而预测的 1989—2001 年我国 160
个站点夏季降水的年际变率（标准差）与观测的散点图。横坐标为观测，纵坐标为 GCMs 和 SD 预测结果
单位：mm·mon^{-1}（引自 Chen 等 2012）

为了验证标定的 SD 模型对 1989—2001 年夏季降水空间变化特征的预测能力,我们也计算了距平相关系数和相应的空间均方根误差变化(图 12.21)。从图中可以看出,耦合模式对大多数年份夏季降水空间分布特征的回报能力也很有限,在某些年份,所有耦合模式模拟的距平相关系数均为负值,如 1992,1999 年。相比耦合模式直接回报结果,SD 能够很好地预测 1989—2001 年夏季降水空间分布特征,预测的 ACCs 显著增加,而 RMSEs 明显减小。13 年平均的 ACCs 由耦合模式直接回报的 0.05,0.00 和 0.03 分别增加到了 0.43,0.44 和 0.38 (ECMWF,CNRM 和 UKMO),而相应的 RMSEs 分别减少了 35.6%,45.1% 和 39.5%。多模式集合改进更加显著,多年平均的 ACC 由 0.04 增加到了 0.58,RMSE 相对减少了 40.9%。

交叉检验和独立样本检验的结果一致表明,SD 方法能够有效提高耦合模式对我国夏季降水的预测能力,而且多模式集合明显优于单个耦合模式的结果。

表 12.8　耦合模式直接回报的以及 SD 基于 1959—1988 年回报资料建模而预测的 1989—2001 年我国各区域平均夏季降水与观测降水之间的相关系数, ＊ 表示通过了 0.05 显著性水平检验(引自 Chen 等 2012)

区域	ECMWF		CNRM		UKMO		Ensemble	
	GCM	SD	GCM	SD	GCM	SD	GCM	SD
东北	0.47	0.58*	−0.14	0.64*	0.39	0.79*	0.42	0.89*
华北	0.23	0.67*	0.10	0.58*	0.00	0.59*	0.19	0.70*
黄淮	0.44	0.68*	0.14	0.67*	−0.11	0.61*	0.16	0.86*
江南	−0.23	0.48	−0.02	0.57*	−0.26	0.42	−0.25	0.59*
华南	−0.05	0.75*	−0.36	0.93*	0.04	0.59*	−0.23	0.91*
西南	0.01	0.75*	−0.02	0.81*	0.01	0.70*	0.00	0.81*
西北	0.20	0.77*	0.44	0.79*	0.28	0.74*	0.45	0.85*
内蒙古	0.19	0.79*	0.32	0.72*	0.47	0.83*	0.44	0.85*

表 12.9　如表 12.8,但为均方根误差,单位:mm・mon⁻¹(引自 Chen 等 2012)

区域	ECMWF		CNRM		UKMO		Ensemble	
	GCM	SD	GCM	SD	GCM	SD	GCM	SD
东北	33.8	14.8	25.3	15.1	20.4	14.7	25.1	14.3
华北	45.8	21.8	41.5	23.5	51.6	22.8	45.3	21.7
黄淮	29.0	25.1	37.7	24.8	35.3	25.1	32.1	24.3
江南	58.2	34.9	38.1	35.5	40.7	34.2	41.5	34.0
华南	121.3	62.5	98.4	54.3	68.6	65.2	90.4	60.1
西南	38.7	14.6	89.0	14.4	97.5	15.0	74.3	14.2
西北	27.0	3.9	70.7	3.7	45.2	4.5	47.4	3.8
内蒙古	31.0	12.9	44.1	13.4	43.5	13.1	39.1	12.8

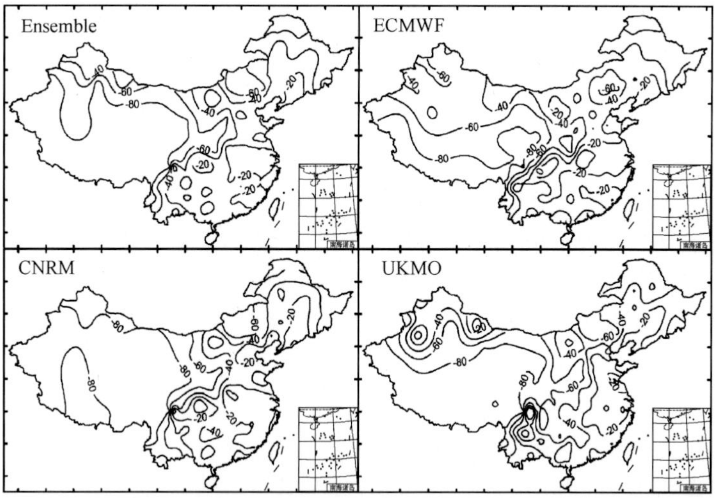

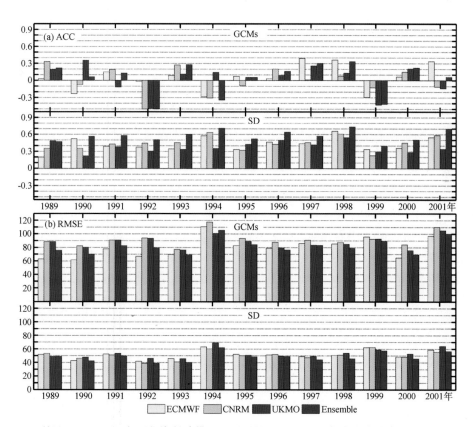

图 12.20　利用 1959—1988 年的回报资料建模，SD 预测的 1989—2001 年我国各台站夏季降水的均方根
误差相对耦合模式直接回报结果的变化。单位：%（引自 Chen 等 2012）

图 12.21　利用 1959—1988 年回报资料建模，SD 预测的 1989—2001 年我国春季降水的距平相关系数
和空间均方根误差变化，以及耦合模式直接回报结果
（a）ACC，（b）RMSE。单位（RMSE）：mm · mon^{-1}（引自 Chen 等 2012）

12.3.3 小结

短期气候预测是目前国内外面临的一项重大挑战,精细化短期气候预测是当前各国气象局以及气候学者极力倡导和鼓励发展的重大方向。基于此,我们发展了一种新的统计降尺度方法,试图提高耦合模式对我国短期气候的预测能力。这种方法的核心思想为利用耦合模式模拟最好的、最稳定的且与观测降水有一定物理联系的预测因子建立预测模型,并开展降水预测。首先,由于局地大气环流是影响降水变化的最直接因素,因此,可能预测因子的范围被限制在欧亚大陆地区,而其最终范围是由观测降水与 ERA40 再分析的和模式模拟的大尺度环流因子之间的相关关系来确定的。降尺度技术的一个基本假设为预报量与预测因子之间的关系在未来气候变化情景下始终是稳定的,因此,稳定预测因子的选择对短期气候预测能力的提高是至关重要的。因此,我们以 5 年时间长度为窗口,采用滑动检验的方法求取可能预测因子与预报量之间的所有滑动相关系数,当可能预测因子的最小滑动相关系数在某一个最高显著性水平上都是显著时,即认为这些可能预测因子是稳定的。最后,利用多元线性回归的方法建立预报量与预测因子之间的统计关系,并开展短期气候预测。

这里我们将该降尺度技术应用到了我国各站点夏季降水的短期气候预测上,并基于不同时间长度的 DEMETER 回报资料,利用交叉检验和独立样本检验的方法对该技术对我国夏季降水的短期气候预测能力进行了检验。通过对相关系数、距平相关系数、均方根误差以及方差的计算与比较可以发现,耦合模式基本不能模拟我国夏季降水的年际变化,直接回报结果与观测之间存在较大的偏差。相比耦合模式直接回报结果,经过 SD 方法降尺度后,耦合模式预测结果要好很多。它能显著提高我国各站点夏季降水的预测技巧,相关系数显著增加,年际变率增强,RMSE 明显减少,而且它能够合理地预测我国夏季降水的极值年份。另外,它也能够合理地预测我国每年夏季降水的空间分布特征。而且多模式集合预测技巧明显高于单个耦合模式结果。因此,多模式集合的统计降尺度方法可有效提高耦合模式对我国季节降水的短期气候预测能力,在业务预测领域具有潜在的应用意义。

12.4 基于 RegCM3 的动力降尺度预测研究

当前,我国短期气候预测领域主要还是采用统计模式、全球环流模式(动力模式)或统计/动力预报相结合的方法。虽然这些预测方法目前在我国短期气候预测的应用实践中仍占据主导地位,但其预测的局限性随着社会需求的提高也日益突出,如进一步提高局地或区域气候预测准确率等问题往往受到当前所用模型分辨率的限制,难有很大突破,这对要求气候预测场的空间分布尽可能准确的一些极端气候事件显得尤为不足。

区域气候模式由于具有较高的空间分辨率,对预测区域内地形、水域、海陆分布等关键陆面特征能进行较细致的刻画,通过改善其中陆面过程模式的模拟水平,从而提高区域模式的预测性能。尤其像地形这样能够影响大尺度大气环流和地形强迫降水的典型陆面特征,模式中对其更准确的分辨会对降水的模拟和预测效果有很大影响(Goddard 等 2001)。另外,由于区域模式能够抓住全球模式不能分辨的 CGCM 次网格尺度的强迫效应,即区域尺度效应(Giorgi 等 1994),它能够描述出由于高大地形或海陆分布等造成的局地环流系统,如对我国气候尤其是降水有重要影响的锋面系统及中尺度对流系统等,从而改善区域气候模式对局地尺度气候变量(尤其是其空间分布)的模拟和预测性能。

自 20 世纪 80 年代末区域气候模式首次成功模拟试验以来(Dickinson 等 1989;Giorgi and Bates 1989),它便被广泛应用于全球各区域的不同时间尺度的气候模拟和预测研究中。在对东亚及我国的气候模拟研究中,区域气候模式被证实具有较好的模拟性能,尤其是模拟的气候要素场的空间分布形势与观测很接近(熊喆 2001;高学杰等 2003),并较与之嵌套的全球环流模式的模拟结果更真实(鞠丽霞和王会军 2006)。自 20 世纪 90 年代中后期美国一些研究机构将区域气候模式用来尝试进行短期气候预测研究以来,近年来区域气候模式也逐渐被推广应用于业务部门的气候预测中(丁一汇等 2004),并得到许多有参考价值的预测信息。

采用区域气候模式进行短期气候预测,需要有全球环流模式提供初始和侧边界条件,然后采用嵌套技术进行单向或双向嵌套,建立嵌套区域气候模式系统,即所谓的动力降尺度预测。因而利用嵌套区域气候模式系统进行短期气候预测的一个重要前提条件就是用来与之嵌套的全球环流模式(AGCM 或 CGCM)对短期气候预测已具备一定的技巧,尤其是针对进行嵌套的区域,否则全球模式的预测误差通过边界条件传输到区域模式中,会大大降低嵌套区域模式的预测性能。而全球环流模式对短期气候预测水平的不断提高正是推动发展区域气候模式被用来尝试采用动力降尺度方法进行预测的重要前提和基础。

截至目前,已经完成应用嵌套区域气候模式系统对我国短期气候进行预测和回报试验的研究工作相对还较少。自 2001 年起中国气象局国家气候中心的 RegCM-NCC 在国家气候中心的汛期和年度预报中被应用(丁一汇等 2004;Ding 等 2006a,2006b),成为我国最早应用到业务预报中的嵌套区域气候模式系统。随着区域气候模式的不断发展和改进,邓伟涛(2008)建立了通用大气环流模式与区域气候模式的嵌套系统(CAM-RegCM),对我国夏季(6—8 月)降水距平百分率进行回报试验。Ju 和 Lang(2011)在中国科学院大气物理研究所 9 层模式进行多年夏季短期气候预测会商实践的基础上,建立了嵌套区域气候模式系统 RegCM3_IAP9L-AGCM,并利用该嵌套区域气候模式采用"两步法"对 1982—2001 年我国夏季(6—8 月)短期气候进行了跨季度集合回报试验。

嵌套区域气候模式(RegCM3_IAP9L-AGCM)是在意大利国际理论物理中心建立的 RegCM3(Pal 等 2007)和 IAP9L-AGCM 的基础上建立的,即通过单向嵌套技术(指数松弛边界方案),将 IAP9L-AGCM 每隔 12 h 输出的气候要素场进行空间插值,生成用来驱动 RegCM3 模式的初边条件。在对 1982—2001 年我国夏季短期气候进行集合回报试验时,IAP9L-AGCM 从每年的 2 月 22 日、25 日和 28 日分别积分至当年 8 月 31 日,即进行 3 个单个积分,并将模式输出的 4 月 1 日至 8 月 31 日的每隔 12 h 的结果用来驱动 RegCM3,使其分别从 4 月 1 日积分至 8 月 31 日。最后将 IAP9L-AGCM 和 RegCM3 从 3 个不同初始场分别完成的 6—8 月模式积分结果的算术平均作为最终的全球模式和区域模式的集合回报试验结果。

对夏季地表气温的预测已成为我国夏季短期气候预测业务中的一项重要任务。从 RegCM3_IAP9L-AGCM 回报与观测的地表气温 20 a(1982—2001 年)距平相关系数的空间分布(图 12.22)来看,模式对我国中西部的大部分地区具有较高的回报能力,回报与观测的最大相关系数达到 0.6 以上,而且基本都通过 95% 的信度检验。对长江中游,华北东部和北部以及东北东部地区的地表气温模式也回报得较好。嵌套区域模式对我国夏季气温的总体回报水平较单独的全球模式有所提高。从全国范围看,正相关系数达到 0.6 以上的区域范围前者明显较后者广。另外还值得注意的是前者对准噶尔盆地和天山山脉一带以及东北东部地区的回报效果明显优于后者,这与嵌套区域模式对上述地区一些典型地表特征描述更为精细准确有关。

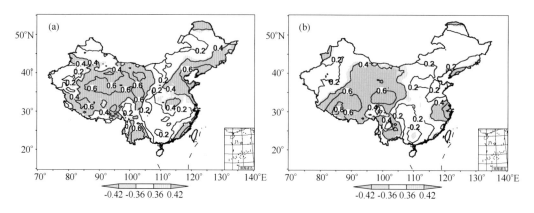

图 12.22　RegCM3_IAP9L-AGCM(a)和 IAP9L-AGCM(b)回报的 1982—2001 年我国
夏季地表气温与观测的时间距平相关系数的空间分布
(浅色和深色阴影区分别表示通过了 90% 和 95% 的信度)(引自 Ju 和 Lang 2011)

目前,数值模式对我国夏季降水的总体预测水平还是比较低的,模式直接输出的结果一般需要进行统计订正后才能成为我国汛期降水预测的参考依据。因此我们想知道,是否直接采用动力降尺度的方法,即采用嵌套区域气候模式也能在一定程度上提高数值模式对我国夏季降水预测水平。从 RegCM3_IAP9L-AGCM 和 IAP9L-AGCM 回报的 1982—2001 年我国夏季降水距平百分率与实测的比较来看,前者对华南(28°N 以南、105°E 以东)和西南(34°N 以南、95°—105°E)降水的回报效果较后者有明显改善,尤其是对华南降水,IAP9L-AGCM 回报与观测负相关(−0.19),而 RegCM3_IAP9L-AGCM 回报与观测为正相关,且相关系数达到0.22。对东北(42°N 以北、110°E 以东)和江淮流域(28°—34°N 、105°E 以东)的降水,嵌套区域气候模式也较全球模式略有改善,而对我国其他区域的降水,两个模式的回报能力基本相当。从全国平均来看,IAP9L-AGCM 的回报结果为 0.03,这与 1978—1995 年我国汛期降水距平百分率预报综合会商结果的试评估结果平均为 0.03(陈桂英等 1997)相当,而 RegCM3_IAP9L-AGCM 的回报结果为 0.05。从以上比较分析来看,通过提高模式分辨率及在模式中采用更适合区域尺度气候问题的各种物理参数化方案能在一定程度上有效提高数值模式对我国某些区域夏季降水的预测水平。

由于对流层高空流场和位势高度场分布特征及高空引导气流对我国夏季降水具有重要指示意义,如对流层中层 500 hPa 位势高度场的演变以及对流层高层(200 hPa)和低层(850 hPa)的高低层风场配合及其变化特征都是影响我国夏季气候重要的环流系统,因而考察模式对高空环流场的回报水平有助于认识其对我国夏季短期气候(主要是地面气候要素场)的预测潜力及帮助我们弄清模式结果与观测存在偏差的可能环流影响因素。这为今后改进模式预测能力提供重要依据。

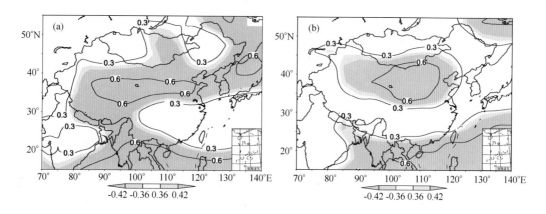

图 12.23　同图 12.22,但为夏季 500 hPa 位势高度场(引自 Ju 和 Lang 2011)

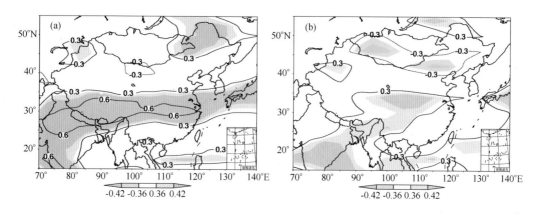

图 12.24　同图 12.22,但为夏季 200 hPa 纬向风场(引自 Ju 和 Lang 2011)

　　RegCM3_IAP9L-AGCM 对 500 hPa 位势高度场具有预测技巧的区域呈带状分布(图 12.23),范围涵盖了除东南、东北北部及西北西部外的我国大部分地区,回报与观测的正相关系数最大可达 0.8 以上,且基本通过 95%信度检验水平。与 IAP9L-AGCM 的回报结果比较来看,RegCM3_IAP9L-AGCM 的回报能力明显好于单独使用全球模式的结果,嵌套区域模式回报的具有预测技巧的区域比全球模式的广,尤其是从我国华北沿岸至东北亚一带以及西太平洋至我国西南地区,前者的预测优势更为突出,因此嵌套区域模式在一定程度上克服了当前全球模式在中高纬地区普遍存在预测困难的缺陷,这无疑有利于其对我国夏季气候异常的预测。同时也要注意到,这两个模式对长江下游和华南部分地区的回报效果一般。

　　从对高空流场的回报结果来看,RegCM3_IAP9L-AGCM 和 IAP9L-AGCM 两个模式对对流层高层(200 hPa)纬向风场的预测技巧明显高于低层(850 hPa)。在高层(图 12.24),嵌套区域模式回报和观测的纬向风距平全部为正相关,从印度半岛至我国长江中下游一带的正相关系数达到 0.4 以上,且都通过 95%信度检验水平。而在我国境内,IAP9L-AGCM 回报与观测的正相关仅出现在我国中部及长江中上游的较小区域范围内,而通过 95%信度检验水平的区域则更小。另外从内蒙古至东北地区 IAP9L-AGCM 的回报结果与观测则存在显著的负相关。以上结果表明 RegCM3_IAP9L-AGCM 较 IAP9L-AGCM 对 200 hPa 纬向风的回报能力有明显改进。而两个模式对低层 850 hPa 的回报与观测正相关通过信度检验的区域则较零散,RegCM3_IAP9L-AGCM 在我国南部地区和内蒙古东北部地区存在正的高相关系数区。而 IAP9L-AGCM 的回报与观测在东南沿海地区为正相关。

RegCM3_IAP9L-AGCM 对我国短期气候预测水平不仅比用来驱动的 IAP9L-AGCM 总体有所提高,而且与当前对亚洲夏季风研究公认的模拟和预测效果好的几个常用全球环流模式相比也有不同程度的改进。对比第二次季节预测模式比较计划(SMIP2,Phase 2 of the Seasonal Prediction Model Intercomparison Project)中的 LASG(中国科学院大气物理研究所大气科学和地球流体力学数值模拟国家重点实验室)、KMA(韩国气象厅)、MGO(俄罗斯地球物理观测总台)和 MRI(日本气象厅气象研究所)4 个单位的全球模式对以上 3 个高空气候变量的可预报性(施洪波等 2008)来看,上述所有模式对 500 hPa 位势高度的可预测性最高。IAP9L-AGCM 与这 4 个单位所用模式对 500 hPa 位势高度的可预测性水平相当,而RegCM3_IAP9L-AGCM 通过信度检验的区域比上述全球模式的空间范围更广。RegCM3_IAP9L-AGCM 与 MGO 模式对 200 hPa 纬向风的可预测性明显优于以上其他全球模式,呈现明显的带状分布特征。从对高空气候变量的回报结果来看,嵌套区域气候模式系统总体较当前一些对东亚季风气候具有相对较高预测技巧的全球环流模式对我国高空环流形势的预测水平有明显的改善,尤其对对流层高空环流的预测,这为有效预测地面气候状况提供了更为准确的大尺度环流背景场。

总之,随着计算条件的不断提高和短期气候预测理论的不断发展,以及区域模式物理参数化方案的进一步完善,区域气候模式必将成为短期气候预测研究和业务预报领域不可或缺的研究手段。

动力模式预测的水平高低与模式所用初值和模式系统本身误差有关,为消除或降低这些误差对模式预测结果的不确定性和随机性的影响,实践证明,采用集合预报方法对短期气候做预测是十分必要而且有效的。为提高气候预测的准确率,未来在计算条件允许的情况下,运用嵌套区域气候模式系统进行预测时,可试图尝试利用多个全球模式对某一区域模式进行强迫,或由同一个全球模式对不同区域模式进行强迫进行 MME 的预测试验,尽可能消除模式系统误差的影响,以提高嵌套区域气候模式系统的预测性能。

由于受计算条件等方面因素限制,当前采用嵌套区域气候模式系统对我国短期气候进行回报试验和实时预测时设置的区域范围较小,一些热带环流系统和中高纬环流系统基本靠用来驱动的全球环流模式输入研究区域内或者处在区域气候模式的边界上,像西太平洋副热带高压、东亚季风环流和阻塞高压等重要的环流系统都不能被区域气候模式进行完整回报和预测,这在某种程度上会影响模式的预测水平,因而在未来计算条件允许和区域尺度范围内,应尽量扩大区域气候模式设置的范围,以便包括对我国短期气候起关键作用的一些环流系统。

为不断探索提高我国短期气候预测水平的新方法,将观测资料和动力模式结果利用回归分析建立的动力与统计相结合的预测方法已受到广泛关注和更多尝试。由于该方法既能考虑到被预测季节地表气温和降水的前期与之有显著统计关系的关键气候异常信号的作用,又能同时包含有同期根据较真实不同圈层相互作用的动力气候模式预测的结果。我国气候存在明显的区域性差异,而当前动力模型预测结果大多由全球环流模式提供,受其分辨率限制,对区域尺度的差异性气候特征预测存在难度,因而若采用嵌套区域气候模式系统为其提供同期更为精细的预测结果必将有助于进一步提高我国短期气候的预测水平。

12.5 基于 WRF 模式的动力降尺度研究

WRF 模式是由包括美国大气科学研究中心（NCAR）、美国国家海洋和大气管理局（NOAA）和许多美国研究部门及大学的科学家共同参与研发的新一代中尺度预报模式和同化系统。从上世纪 90 年代中期开始，美国的气象模式研发机构对气象模式开发中各自为政的混乱状况进行反省，最终由 NCAR 中小尺度气象处、NOAA 的环境预报中心（NCEP）和地球系统研究实验室（ESRL）、美国国防部空军气象局（AFWA）、美国海军研究实验室（NRL）、俄克拉荷马大学的风暴分析预报中心（CAPS）、美国联邦航空管理局（FAA）和众多大学共同建立了 WRF 模式系统。该模式基于 FORTRAN90 计算机语言，采用组件式开发，因此模式系统具有可移植、易维护、可扩充、高效率、使用方便等诸多特性，为新的科研成果很快应用于业务预报模式提供了便利条件。同时模式优化了并行算法，支持多种网络环境，为大规模高速并行计算提供了可能。另外模式的测试维护和改进由气象科学家、计算机工程师、软件工程师和最终用户共同参与完成，从而使得模式在大学、科研单位及业务部门之间的交流更为容易。

WRF 模式最初用于 1～10 km 尺度天气预报和模拟，但随着模式发展与完善，模式已经用于各种空间尺度模拟研究，越来越多的研究者将 WRF 模式用于区域气候模拟与研究。本节主要讨论了使用 WRF 模式进行中国地区动力降尺度的性能表现。本节分为三部分，首先检验了 WRF 模式对 2010 年我国东北地区一次罕见的极端暴雪事件的回报能力；其次，探讨了 WRF 模式对中国季风区夏季降水的模拟能力及模式参数化方案的影响；最后，将 WRF 模式与一个全球模式单向嵌套，检验了其对中国地区的模拟性能。

12.5.1 2010 年东北地区一次罕见的暴雪回报

2010 年 4 月 12—13 日，东北地区经历了一次特大暴雪过程，黑龙江省多数地区气温下降超过 10℃，29 个县市降雪（雪水当量，下同）超过 10 mm。省会城市哈尔滨市日降雪量达到 26.8 mm，积雪深度超过 20 cm，成为新中国成立后该市有气象记录以来同期最大的降雪。暴雪导致黑龙江省高速公路全线封闭，哈尔滨机场取消进出港航班 35 架次，延误 121 架次，造成 2400 多名旅客滞留。积雪压垮大棚，农业生产推后 7～10 d。中小学停课一天，给黑龙江交通运输、能源供应、农业生产及群众生活造成严重影响。

我国东北地区降雪多发生在冬季和初春时节，而此次暴雪发生在 4 月中旬，异常罕见。针对此次极端暴雪过程环流背景的深入分析，对东北地区异常暴雪事件的预报预警以及防灾减灾具有重要的科学意义和社会价值。同时，极端天气的预报能力也是模式验证的重要方面，利用 WRF 进行此次暴雪的回报分析，也具有重要的指导意义。

1. 暴雪前大气环流演变过程分析

在哈尔滨暴雪 10 天前，在欧亚大陆的高纬度地区出现了一个强大的高压系统，表明此时西伯利亚高压正处于正位相，如图 12.25 所示。此后，西伯利亚高压一直加强，并向东南伸展，直到哈尔滨暴雪爆发。从海平面气压时空分布上也可以清楚地看到这一点，2010 年 4 月 1—14 日，西伯利亚高压一直维持并向南传播。位势高度在欧亚大陆是正异常区，而在北美为负异常区，显示 NPO 处于负位相。从 1000 hPa 风场（图 12.26）上可以看出，在亚洲大陆的东北部地区，一直存在强烈的西北风，从而使得冷空气向东北地区平流。强烈的冷空气平流至东北地区,从而使得东北地区低压不断加强。在广大的欧亚大陆地区,由于欧洲地区的高压异常同时伴随着强烈的西北风,使得低压系统向东南地区移动。

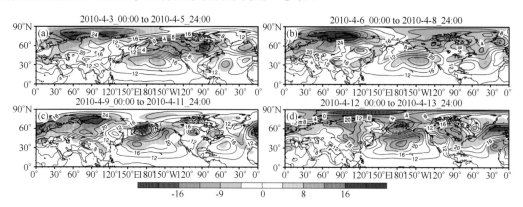

图 12.25　1000 hPa 位势高度(等值线,单位:dagpm)及异常(填色,单位:dagpm)分布,
异常指相对 1989—2009 年平均(引自 Wang 等 2011)

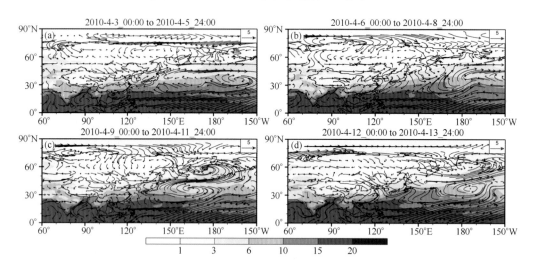

图 12.26　1000 hPa 比湿(填色,单位:g·kg⁻¹)和风场(单位:m·s⁻¹)分布(引自 Wang 等 2011)

进一步分析了 2010 年 4 月 3—13 日 850 hPa 温度和涡度演变,从图 12.27 上可以看出,低压中心位于西伯利亚和北太平洋地区,由于冷空气持续不断地向东北地区平流,从而使得东北地区温度一直低于 0℃并不断下降,4 月 12 日时温度下降更明显,整个东北地区温度低于 −9℃,哈尔滨温度低于−12℃。同时,东北地区 850 hPa 高度上为正涡度且不断加强,表明东北地区为低压控制且不断加强,这将导致更强的冷平流向东北地区输送,冷空气在东北地区堆积将导致东北地区上升运动大大加强。与此同时,持续不断的西北风将大量的水汽输送到东北地区。4 月 12—13 日,由于来自欧亚大陆的西北平流和来自北太平洋东风平流的联合作用,东北东部地区辐合运动更加强烈,大量水汽上升凝华导致了暴雪的发生。

在 500 hPa 高度(图 12.28)上,欧亚大陆中高纬度地区被阻塞高压所控制,太平洋西北部也受高压控制,而西伯利亚东部地区存在一个低压环流。因此,东亚大槽,对我国天气和气候有重要影响的行星尺度的低压槽(王会军和姜大膀 2004),在 4 月 12 日前沿 120°E 一直加深。

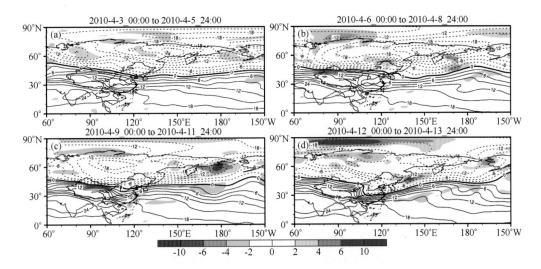

图 12.27　850 hPa 温度(等值线,单位:℃)和涡度(填色,单位:$10^{-5}\,s^{-1}$)分布(引自 Wang 等 2011)

从高纬度地区向东北地区的强烈的冷平流所造成的东亚大槽的加深,说明低层大气中低压异常的加强及垂直运动的加强。而哈尔滨暴雪过程中冷空气位于槽后,从而使得冷平流异常强烈。另外,南半球环状模在 4 月 12—13 日处于正位相,表明南极极地低压加深。而已有研究表明,南半球环状模的正异常和西太平洋副热带高压的加强西伸是相联系的(Xue 等 2003),这将有利于东亚大槽的加深和东北地区低压的加强。

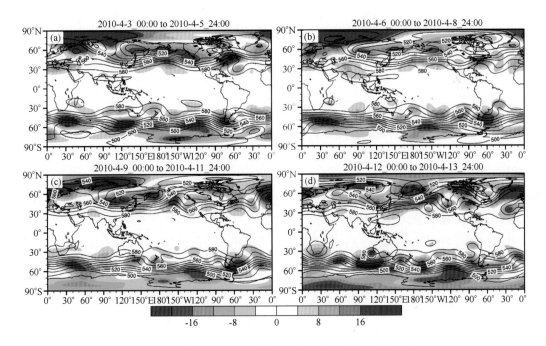

图 12.28　同图 12.25,但为 500 hPa(引自 Wang 等 2011)

进一步分析暴雪发生时的垂直热力—动力结构,图12.29显示了4月12日相关温度和比湿的垂直剖面,此时降雪主要集中在东北的中部和西部。图中可以很好地显示冷舌的形成。而在低层大气中,无论是纬向风还是经向风都有利于东北地区的辐合运动。因此,水汽也自东、西和北向东北地区辐合。但是因为东风相对较小,辐合运动也相对较小,从而使得降雪量相对4月13日小。4月13日,降雪系统向东移动并且进一步加强,这主要由于东风加强,从而使得从海上来的水汽输送加强。同时,低层辐合的增强和上升运动的加强也有利于降雪的增加。而低层辐合运动加强主要源于三点:东亚大槽在降雪期间持续加强,西北冷平流持续和西太平洋副热带高压的持续加强。

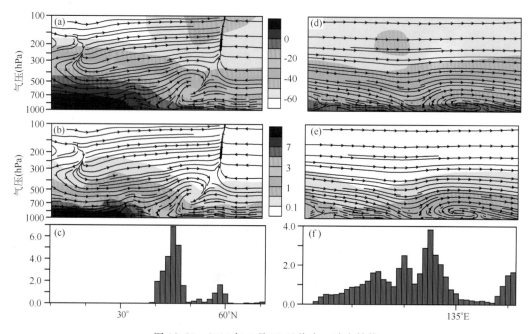

图 12.29   2010 年 4 月 12 日热力—动力结构

(a)120°—130°E 平均的垂直运动(流线)和温度(填色)垂直剖面;(b)同(a),但为比湿(单位:g·kg^{-1});
(c)120°—130°E 平均的降雪量(雪水当量,单位:mm);(d)和(e)与(a)和(b)对应,但为 40°—55°N
平均的垂直剖面(引自 Wang 等 2011)

因此,4月12—13日东北暴雪发生的过程是,欧亚大陆高纬度地区正位势高度异常持续加强南伸,伴随着对流层中低层持续不断的冷平流,从而使得欧亚大陆中纬度地区的负位势高度异常向东南移动。暴雪期间,东北地区的系统和东亚大槽进一步发展,同时自海洋上回流运动进一步加强了向东北地区的水汽输送,同时加强了东北地区的辐合运动和上升运动,从而导致了哈尔滨暴雪的产生。

从以上的分析可以看出,2010年4月12—13日暴雪成因可以追踪至暴雪10 d之前:欧亚大陆高纬度地区位势高度正异常维持南伸,西伯利亚高压南下,东亚地区低压向南运动,加上东亚大槽配合,使得低压被切断,并不断加深,大量水汽从海洋向陆地输送。西伯利亚高压、冷舌、低压被切断和东亚大槽的联合作用和相互配合最终产生了哈尔滨地区的异常暴雪。

2. 数值回报试验设计

WRF 模式是由包括 NCAR、NOAA 和许多美国研究部门及大学的科学家共同参与研发的新一代中尺度预报模式和同化系统。这里使用的版本是 WRF3.2.1,模式模拟区域如图 12.30 所示,为获得更高分辨率的信息,模式区域设置采用双层嵌套,外层覆盖整个中国地区,内层为东北地区。模式投影采用的是 Lambert 投影方式,区域外层的水平空间分辨率为 30 km,包含 140×120 个格点,内层的水平空间分辨率为 10 km,包含 100×100 个格点。所采用的基本物理选项有:WSM6 微物理参数化方案、Kain-Fritsch 积云对流参数化方案、MM5 近地层参数化方案、Noah 陆面过程、Yonsei University 行星边界层方案、RRTM 长波辐射方案和 Dudhia 短波辐射方案。

试验的初始场和边界场由全球预报系统(Global Forecast System,GFS)数据提供,数据验证使用的是 ECMWF 再分析资料,其水平空间分辨率为 $1.5°×1.5°$。数值积分从 2010 年 4 月 11 日 18 时(世界时)开始,最初 6 小时被认为是 spin-up 时间,不做分析使用。

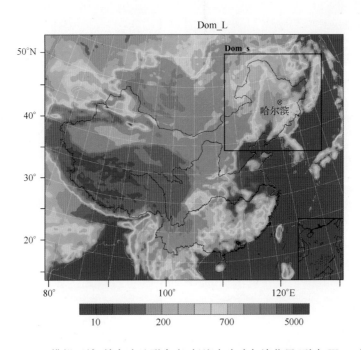

图 12.30 WRF 模拟区域,填色为地形高度,标注点为哈尔滨位置(引自 Wang 等 2011)

3. 模式回报分析

WRF 模式是否可以合理地预报 2010 年 4 月 12—13 日暴雪及其相关的背景场? 首先将 WRF 外层区域的结果与 ERA interim 再分析资料做了对比,观测和回报的 500 hPa 位势高度和温度分布如图 12.31 所示,从图中可以看出,模式可以合理地回报出东亚大槽南移加深,无论位置还是强度和观测十分接近。同时,模式也可以合理地回报出温度的分布情况,量值和观测也十分吻合,从图上可以看出,低温位于东亚大槽的西北部,这种温度气压的分配会导致冷空气向东北地区平流。

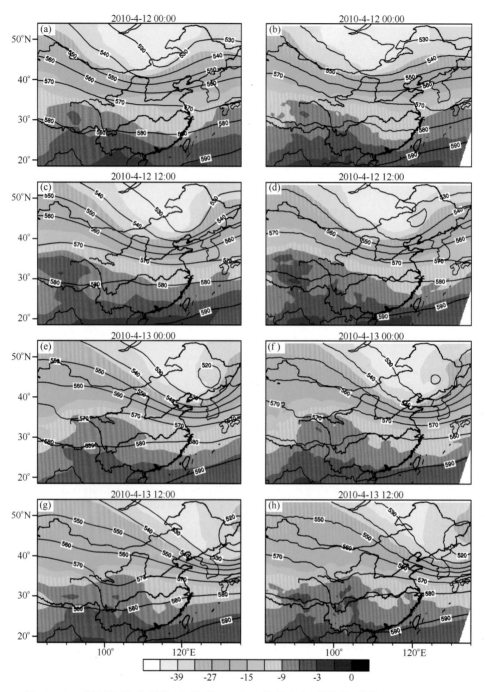

图 12.31　观测(左列)和回报(右列)的 500 hPa 位势高度(等值线,单位:dagpm)和温度
(填色,单位:℃)分布(引自 Wang 等 2011)

　　另外,模式对于 850 hPa 的比湿和风场的分布(图 12.32),无论是空间分布、量值还是移动
规律都回报得十分合理。东北降雪的主要的水汽多来自南方,而此次降雪过程的最大的特征
是水汽主要来自西北方向和东部海洋上。东北地区 850 hPa 高度上温度由于强烈的冷空气平
流,温度持续较低,在 4 月 13 日,东北地区最低温度低于−13℃,模式可以合理地回报这种温

度时间演变,但回报的 12 日温度略低,而 13 日回报结果相对较好。同时,模式也可以合理地回报出垂直运动的空间分布,但与观测相比相对较强。另外,模式总体上倾向于高估东北地区的流场分布,从而使得模式模拟的该地区的辐合运动过强。因此,模式似乎倾向于回报出更强烈的大气垂直运动。

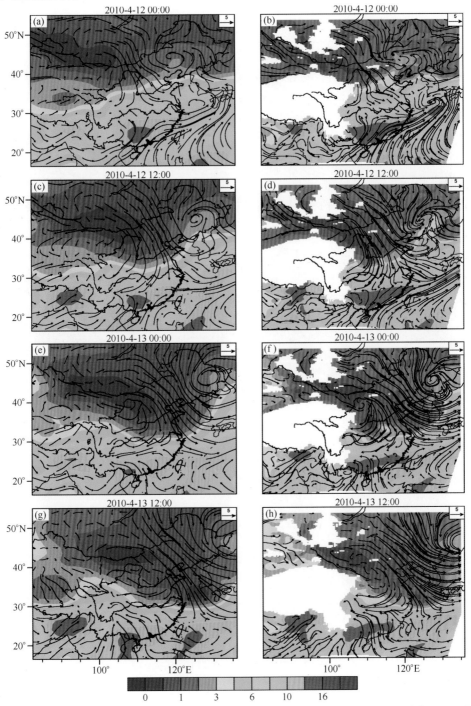

图 12.32　同图 12.31,但为 850 hPa 比湿(填色图,单位 g・kg^{-1})和风场(流场图,单位:m・s^{-1})

(引自 Wang 等 2011)

　　从观测和模拟降水(图12.33)可以看出,模式可以合理地回报出2010年4月12—13日降水分布,回报和观测比较接近,中国南方和东北地区降水模式都可以回报出来。同时也可以看到,模式回报的4月12日南方地区的降水在空间分布上与观测差别比较明显,而4月13日降水模式模拟与观测比较相对较低。

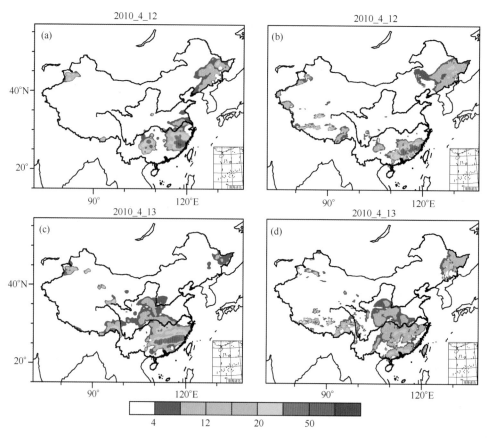

图12.33　观测(左侧)和回报(右侧)的2010年4月12日和13日24 h降水量
(单位:mm)(引自Wang等2011)

　　进一步定量比较了4月12—13日48 h的站点观测和模式回报的降雪雪水当量,如图12.34所示。从图中可以看出,GFS模式预报的降雪在东北东部分布比较合理,预报的雪水当量为21 mm,比观测26.8 mm低,同时降雪中心向东北方向偏移。在黑龙江西部地区,GFS与观测相差较大,出现虚假的降雪中心。

　　WRF模式DOM_L的结果明显好于GFS结果,模式并没有出现黑龙江西部的降雪偏差,而且,在东部地区,降水分布更加合理,和观测比较接近。模式预报的哈尔滨降雪的雪水当量为28 mm,略高于观测。DOM_S回报的哈尔滨降雪雪水当量为27 mm,这和观测非常接近,并且在东北东部地区,DOM_S结果与观测相比较更为接近。

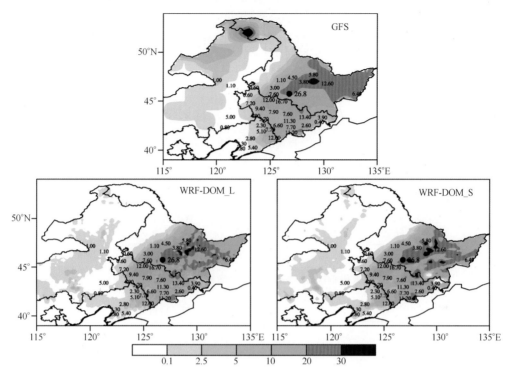

图 12.34　观测和模拟的 2010 年 4 月 12—13 日 48 h 降雪量(单位:mm)
其中,模式结果为填色图,站点观测值用数字标注(引自 Wang 等 2011)

12.5.2　中国夏季降水模拟及参数化方案影响

我国地处东亚季风区,季风降水的年际和季节变率很大。我国东部地区旱涝灾害的发生,多与季风雨带的季节性跳跃及雨带停留时间长短有关系。因此,我国夏季降水的模拟和预测一直是气候研究的重要内容,本章利用 WRF 模式进行区域气候性的长期积分,系统评估不同积云对流参数化方案的模拟性能。结果不仅可以为夏季降水模拟选择提供参考,还可为模式的改进提供借鉴,具有重要的科学意义和现实价值。

1. 数据、方法和试验设计

本章研究中使用的 WRF 版本为 3.2,模拟区域如图 12.35 所示,投影采用兰伯托投影,区域中心点位于(35°N,105°E),双标准纬线分别为 30°N 和 60°N。水平分辨率为 60 km,纬向 100 格点,经向 76 格点,垂直 σ 坐标分为 28 层,模式顶层气压为 50 hPa。

表 12.10 列出了试验中所采用的物理选项,模式积分的初始场和强迫场都采用 NCEP 提供的 FNL 资料,该资料水平分辨率为 $1° \times 1°$,垂直分为 26 层,提供 6 小时一次数据。SST、海冰、反照率和植被覆盖度在积分期间每 6 小时更新一次。

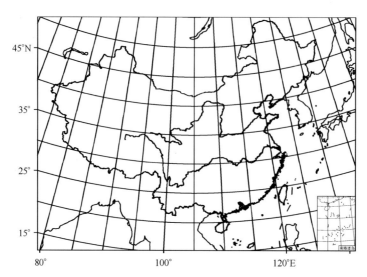

图 12.35　模式模拟区域,内部为中国行政边界线(引自 Yu 等 2011)

表 12.10　模式选项设置(引自 Yu 等 2011)

类别	名称
微物理参数化方案	WSM6
积云对流参数化方案	Kain-Fritsch/Betts-Miller-Janjic/ Grell-Devenyi
近地层参数化方案	相似理论(MM5)
陆面过程	Noah 陆面模式
行星边界层(PBL)方案	YSU
长波辐射方案	RRTM
短波辐射方案	Dudhia

模式积分时间为 1999 年 12 月 1 日至 2010 年 1 月 1 日,1999 年 12 月的积分结果被视作模式的 spin-up 阶段,不用于分析使用,后十年的结果用于本文的分析。

评估了模式对于气温和降水的模拟性能,其中用来与模式气温对比的观测资料是中国气象局格点化气温资料(CN05,Xu 等 2009),该资料水平分辨率为 $0.5°×0.5°$,时间为 1961—2005,并不断更新,适用于模式对比研究。该数据集基于中国地区 751 站站点观测数据建立,提供 3 个变量产品:日平均气温,日最高气温和日最低气温。插值方案使用异常方案(Anomaly Approach):首先计算 1961—2005 年格点的气候态,然后将 1961—2005 年的异常加到气候态上建立了整个数据集。将此数据集与 CRU 的月平均资料进行了对比,结果显示两个数据集十分吻合。两个数据集存在差异的原因是引进了新的站点观测资料。在华北和青藏高原东部,CN05 资料和 CRU 资料年际变率十分相近,但 CN05 资料显示更强的线性趋势。

降水资料采用的是 TRMM-3B42 和 3B43 月降水资料。该资料是使用卫星遥感资料反演的降水产品,空间分辨率为 $0.25°×0.25°$,范围覆盖 60°S—60°N,时间分辨率为 3 小时。该资料全天候提供高时间空间分辨率的降水观测结果,因而得到了广泛的关注和使用。在这两个产品中,3B42 数据为多种遥感观测资料的集合,而 3B43 资料则在 3B42 资料基础上加入了地面雨量站观测资料的校正。

用于验证模拟风场与比湿的是 ERA Interim 再分析资料。该资料取自 ECMWF,提供从 1989 年开始的全球再分析资料,空间分辨率为 1.5°×1.5°。该资料不断实时更新,因质量较高而得到了广泛应用。

2. 结果分析

将模式模拟的风场和温度与观测资料做了对比,来检验模式对中国夏季平均气候态的模拟能力。在此基础上考察了不同参数化方案对中国降水模拟的影响及差异的可能原因。

首先将 WRF 模拟的 2000—2009 年夏季(JJA,下同)平均风场与 ERA-interim 再分析资料的风场资料做了对比,以验证模式是否可以合理地模拟中国地区夏季降水背景环流场。

图 12.36 为 interim 再分析资料与 Betts-Miller-Janjic(简称 BMJ,下同)、Grell-Devenyi(简称 GD,下同)、Kain-Fritsch(简称 KF,下同)及三种积云对流参数化方案的集合(简称 ENS,下同)模拟的夏季平均 850 hPa 风场的空间分布。从图中可以看出,三种参数化方案及集合基本上都能够合理地模拟出我国夏季平均风场的分布,空间分布和风速量值与观测都比

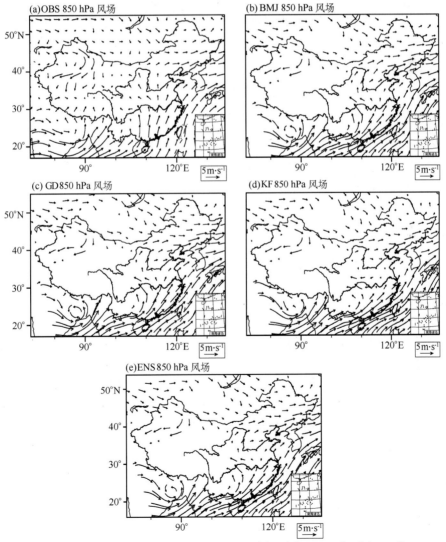

图 12.36　2000—2009 年夏季平均 850 hPa 风场分布(单位:m·s⁻¹,引自 Yu 等 2011)

较接近。同时对局地风场的分布细节,模式也可以很好地反映出来。如在西北地区,由于受地形的影响,盛行西风在天山东部分为两部分,一部分持续向东吹,而另一部分则在新疆东部地区转为南风。在华南地区,由于青藏高原巨大的阻挡作用,南风会在高原东部绕过,吹向中国内陆。三种参数化方案都可以很好地模拟出上述局地风场分布的细节。在我国东北及华北地区,模式模拟的风场的空间分布和量值也和观测比较接近,说明在这些地区,模式对于风场的模拟是合理的。而在我国东南地区,受季风影响,夏季盛行西南风,但各参数化方案模拟的季风风带,与观测相比较其位置都偏东。从模拟与观测纬向风和经向风差值上可以看出,各参数化方案模拟东南沿海的纬向风和经向风比观测偏强。但在江淮流域,模式模拟的经向风则明显偏弱,这说明 WRF 模式对中国地区季风的模拟性能还存在欠缺,尚需改进。而将各个参数化方案之间做相互比较能够得出,BMJ 和 GD 模拟的江淮流域的风场要略优于 KF 方案,其结果更接近观测。在其他地区,三种参数化方案之间差别不明显。

夏季平均的 500 hPa 风场分布如图 12.37 所示,图 12.37a 为再分析资料中风场空间分

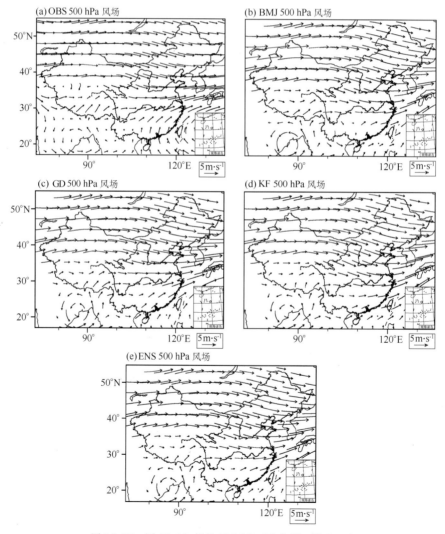

图 12.37　同 12.36,但为 500 hPa(引自 Yu 等 2011)

布。从图中可以看出,我国夏季风场上可以反映出的主要天气系统有:贝加尔湖以东的浅槽、西太平洋副热带高压以及孟加拉湾地区低压。三种参数化方案都能够较好地模拟出主要的大气系统,模拟的夏季平均的 500 hPa 风场的分布与观测比较吻合。但也可以看出,三种参数化方案模拟的西太平洋副热带高压的反气旋式环流强度偏弱,孟加拉湾地区的气旋式环流强度偏强,而贝加尔湖以东的浅槽的模拟强度偏强。而三种参数化方案之间差别则不是很明显。

从高层风场(200 hPa,图 12.38)来看,三种参数化方案对于高空风场的模拟都比较合理,高空急流、南亚高压在三种参数化方案的模拟结果中都有体现,并且其位置与再分析资料基本吻合。

由以上的对比可以看出,三种积云对流参数化方案都能够合理地模拟出我国夏季平均的大气环流背景场,模拟的空间分布和量值都与再分析资料比较吻合,并且对局地风场分布的细节模拟也基本合理。虽然在低层(850 hPa)对季风模拟尚有欠缺,总体上来说,模式对我国夏季平均的大气环流背景场仍然表现出较优的模拟性能。

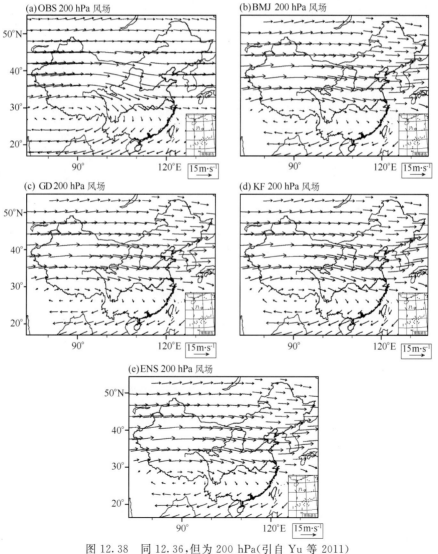

图 12.38　同 12.36,但为 200 hPa(引自 Yu 等 2011)

温度模拟的合理与否是检验模式性能的一个重要方面,图 12.39 为观测与模拟的 2000—2009 年夏季平均温度分布。从观测可以看出,除青藏高原外,我国气温总体呈现从南到北逐步递减的趋势,青藏高原由于巨大地形作用使得地面气温很低。在西北地区,具有特色的"三山夹两盆"地形,即昆仑山、天山和阿尔泰山从南到北分布,中间分布塔里木和准噶尔两大盆地。山区因为海拔升高使得地面气温较低,而两大盆地则由于分布着塔克拉玛干沙漠和古尔班通古特沙漠而导致地面温度较高。地形的这种分布使得西北地区地面气温的空间分布也表现出"三山夹两盆"特点。模式基本上合理地模拟出了中国地区温度的分布,其空间分布和量值与观测资料十分接近。同时对温度局地分布细节也模拟得比较好,如西北地区塔里木盆地和准格尔盆地的高温及天山山脉的低温。河西走廊地区和东北地区的温度分布都与观测比较接近。但也可看到,模式对于青藏高原气温模拟存在冷偏差,偏差约为−1~−3℃,在青藏高原的西北部地区,冷偏差超过−6℃。江淮流域则存在着暖偏差,偏差范围为 1~2℃。总体上来说,三种参数化对夏季平均温度模拟比较合理,模式模拟和观测比较接近,模拟性能较优。从模拟与观测的差值场上可以看出,GD 参数化方案模拟结果与观测更为接近,略优于其他两种方案。

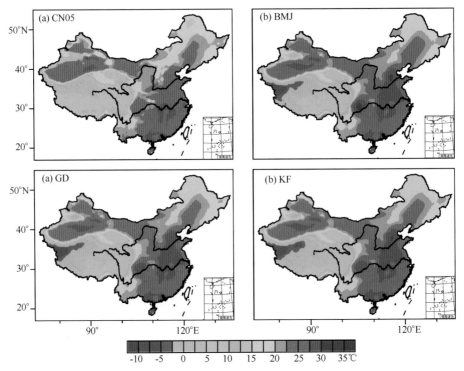

图 12.39   2000—2009 年夏季平均气温空间分布(单位:℃,引自 Yu 等 2011)

图 12.40 为观测与模式模拟的中国地区夏季平均降水的空间分布情况,其中观测使用的是 TRMM 提供的 3B43 和 3B42 资料。从观测上来看,中国地区降水分布不均匀,空间差异性很大。总体来说,中国夏季降水呈现从东南沿海向西北内陆逐步递减的趋势。夏季降水最为充沛的是东南沿海地区,其日平均降水量超过 10 mm。降水最匮乏的地区位于西北内陆,该地降水稀少,日降水量低于 1 mm。其他地区居中分布,但随地理位置和地表状况不同而各不相同。

从模拟结果上来看,三种参数化方案模拟的降水都呈现从东南向西北的递减趋势,这与观

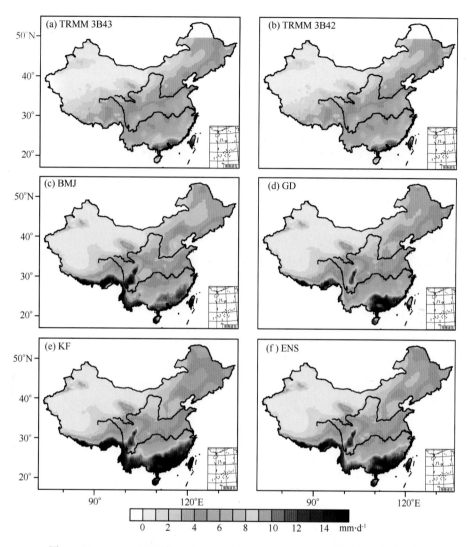

图 12.40　2000—2009 年夏季平均降水(单位:mm · d⁻¹,引自 Yu 等 2011)

测相符合。在我国西北地区、河西走廊和东北地区,三种参数化方案模拟的降水比较合理,空间分布和量值都与观测比较一致。另外,在这些地区,模式模拟的局地降水的分布细节和观测也十分吻合,说明模式因为具有较高的分辨率,从而可以合理地反映出地形作用的信号。在华中和华南等地,模式模拟的降水分布和观测也比较接近,模拟结果比较合理。在喜马拉雅南坡地区,模式模拟的降水明显高于观测。东南季风遇到喜马拉雅山高大地形,水汽抬升从而凝结降水,使得该地区夏季降水十分充沛。WRF 模式显然高估了这个地区的降水,这可能与模式中该地区地形高度数据不准确有关。

在我国江淮流域和东南沿海地区,WRF 模式对我国夏季降水的模拟存在较大的不确定性。前文提到,模式对于中国地区夏季风模拟尚有欠缺,而夏季风主要影响江淮流域和东南沿海地区的降水。在江淮流域,三种参数化方案模拟的降水都存在负偏差。从观测上可以看到,我国江淮流域由于季风作用,夏季降水十分丰沛,局部地区降水量和东南沿海地区相当。而三种参数化方案模拟的降水都被局限于长江以南地区,从而使得江淮流域模拟的降水偏少。而在我国东南沿海地区,三种参数化方案模拟结果则存在正偏差,局部地区模拟的降水远高于观测资料。各个参数化方案之间的比较可以看出,GD 方案比其他两种参数化方案更接近观测,其结果略优于其他两种参数化方案。

图 12.41 显示的是三种参数化方案及集合与 3B43 月降水资料差值的空间分布。与前文分析相一致,三种参数化方案模拟的降水,在中国西北地区、河西走廊和东北地区降水差异较小,模拟与观测比较接近。在喜马拉雅山脉南坡地区,模拟存在明显的正偏差。而在江淮流域和东南沿海地区,模式模拟与观测差异较大,在江淮流域,模式低估了夏季降水,而在东南沿海地区,模式则严重高估了夏季降水。

各个参数化方案之间比较可以看出,GD 方案在中国东北地区和江淮降水偏差空间分布范围和偏差值略小于其他两种参数化方案。而在中国南方沿海地区,BMJ 方案模拟结果更接近 3B43 资料。因此,从差值场上来看,三种参数化方案在中国不同的地区,其模拟结果各不相同:GD 方案在中国东北地区和江淮降水模拟性稍好,而 BMJ 方案在中国南方沿海地区与观测更为接近。

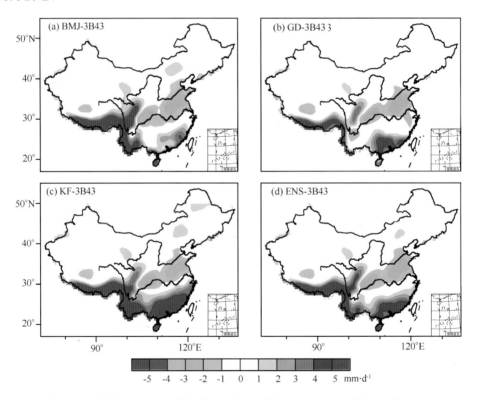

图 12.41　模拟与 3B43 资料差值空间分布(单位:mm·d^{-1},引自 Yu 等 2011)

依据公式计算了观测与模拟的温度和降水的空间相关系数和误差标准差。因温度观测资料 CN05 资料空间分辨率为 $0.5°×0.5°$,3B43 资料空间分辨率为 $0.25°×0.25°$,而 WRF 结果水平分辨率为 60 km,故在计算空间相关系数和误差标准差前,采用空间平均的方法将降水资料插值为 $0.5°×0.5°$格点,使用反距离加权插值方法将 WRF 结果也插值为 $0.5°×0.5°$格点。因降水存在明显的地区依赖,因此,本文又选取了长江下游以南地区($24°—30°$N,$108°—120°$E),计算了夏季区域平均降水的时间相关系数,结果如表 12.11 所示。

从表 12.11 中可以看出,模式对于夏季平均温度模拟性能较优,空间相关系数都处于 0.95 水平上下,RMSE 则为 2.9℃左右。而降水的相关系数则多为 0.8 左右,明显低于温度,这也是模式普遍存在的问题。具体至各个积云对流参数化方案结果,对温度的模拟,KF 方案空间相关系数较高,但 RMSE 最大。GD 方案对降水的模拟无论是空间相关系数还是误差标准差都比其他两种参数化方案要好。长江下游以南地区区域平均降水的空间相关系数则都在 0.6 左右,KF 方案为 0.404,明显低于其他两种参数化方案,而 GD 方案则表现出相对较优的模式性能。

表 12.11　夏季平均的 ACC、RMSE 及长江下游以南地区区域平均降水时间相关系数(TR)

(引自 Yu 等 2011)

	温度		降水		
	ACC	RMSE	ACC	RMSE	TR
BMJ	0.947	2.928	0.739	2.991	0.620
GD	0.950	2.858	0.831	2.125	0.653
KF	0.950	3.002	0.813	3.516	0.404
ENS	0.950	2.916	0.811	2.719	0.601

为更深入分析各种积云对流参数化方案对中国夏季降水时间演变的模拟能力,本文分析了 2000—2009 年平均的 5 月到 9 月 105°E 日降水时间—纬度剖面图。如图 12.42 所示,三种积云对流参数化方案都能够模拟出中国季风区 5 到 9 月降水南北移动的演变趋势。如从 5 月季风已经影响中国南方地区,随着时间的推移,雨带向北移动,7 月到达黄河(40°N)以北,为夏

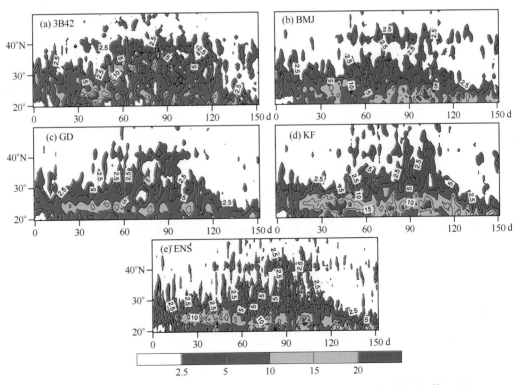

图 12.42　5—9 月 105°E 日降水时间—纬度剖面图(单位:mm · d⁻¹,引自 Yu 等 2011)

季风极盛期,9月初开始由北向南撤退。三种参数化方案基本上都能够反映出雨带的移动规律,但无论是 BMJ、GD 还是 KF 方案对 30°—40°N(江淮流域)降水的模拟都明显低于观测,模式倾向于低估中国江淮流域降水。BMJ 方案模拟的夏季降水在 25°N 以北便明显少于 3B42 资料,在整个季风期内,降水都被局限于 30°N 以南地区。KF 方案模拟的降水在长江以南地区高于观测,GD 方案模拟的夏季降水时间演变图像比较平滑,这与方案中采用集合方法有关。而三种参数化方案的集合,在江淮流域负偏差没有 BMJ 方案明显,长江以南地区正偏差没有 KF 方案明显。相比较来看,GD 方案在夏季降水时间演变的模拟上要相对优于其他两种参数化方案。

为考察不同积云对流参数化方案对不同雨量的模拟性能,本文分析了 2000—2009 年夏季日降水的概率密度分布(PDF)。在计算概率密度分布时,只计算了中国区域内部格点,结果如图 12.43 所示。

三种参数化方案对日降水量小于 0.5 mm 模拟比较一致,而对于日降水 1～15 mm 模拟高于观测降水,并且在此区间内,各个参数化方案表现略有不同。BMJ 方案模拟的 1～8 mm 日降水概率多于其他两种方案,而 KF 方案模拟的 8～15 mm 降水多于其他两种方案。日降水在 18 mm 以上,BMJ 和 GD 方案明显低于观测,而 KF 方案对 35 mm 以上日降水模拟低于观测。因此,BMJ 方案对于小雨模拟要多于其他两种参数化方案,而 KF 方案则模拟大雨多于其他两种参数化方案。

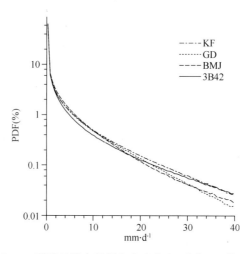

图 12.43　夏季日降水的概率密度分布(引自 Yu 等 2011)

从前文叙述可以看出,不同参数化方案模拟降水不确定性较大的地区主要位于中国季风区。在我国东部季风区,季风降水的水汽主要来源于海洋。因此,夏季降水时空分布与水汽输送有很大的关系,本文分析了不同积云对流参数化方案模拟的整层水汽输送情况,并与 interim 资料做了对比。图 12.44 是 ECMWF、BMJ、GD 和 KF 方案 2000—2009 年夏季平均水汽输送,阴影为水汽输送量。从图中可以看出,各个积云参数化方案都能够模拟出中国地区夏季平均的水汽输送的空间分布,其分布型与再分析资料比较一致。但也可以看出,水汽输送在江淮流域明显低于观测,而在东南沿海地区,则明显强于观测。这与前文所述的三种参数化方案模拟的降水在江淮流域偏低,而在东南沿海地区偏高相对应,也解释了三种参数化方案模拟偏差的原因。

　　因水汽主要集中在低层大气,而水汽输送主要受风场控制,因此,低层风场模拟的偏差很大程度上影响了水汽输送的模拟。从 850 hPa 风场模拟结果上看,三种参数化方案模拟的东南沿海的西南风风带位置偏东,而江淮流域模拟的经向风偏弱,这些都使得模式中输送到江淮流域的水汽比观测偏少,从而导致江淮流域降水模拟值偏低。而对于广东等东南沿海地区,模式模拟的经向风偏强,从而导致该地区降水模拟偏多。

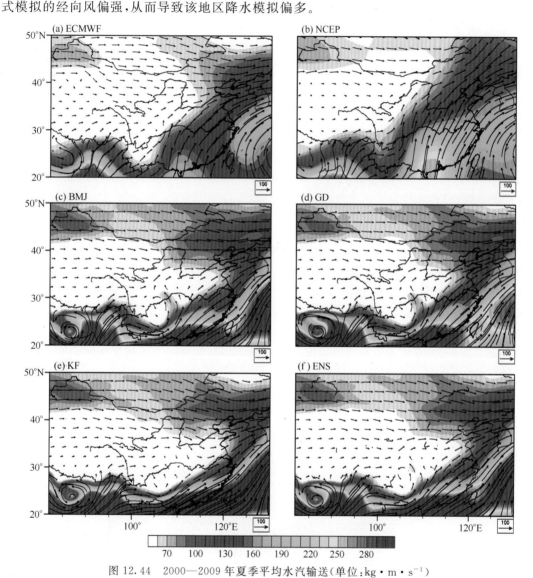

图 12.44　2000—2009 年夏季平均水汽输送(单位:kg·m·s^{-1})
(a)ECMWF;(b)BMJ;(c)GD;(d)KF;(e)ENS(引自 Yu 等 2011)

3. 小结

　　本文利用 WRF 模式,选择了 BMJ、GD 和 KF 积云对流参数化方案,针对中国地区进行了长时间的连续积分,探讨不同的积云对流参数化方案对中国夏季降水模拟的影响,所得到的结论包括:

　　(1)无论 BMJ、GD 还是 KF 方案都可以合理地模拟出中国夏季平均近地面和高空风场的分布情况,但模式中东南沿海的西南风风带位置偏东,而江淮流域模拟的经向风偏弱。

（2）三种参数化方案基本上都可以模拟出中国夏季降水的时空分布情况，对西北地区、河西走廊和东北地区模拟性能较优。对江淮流域降水模拟存在负偏差，而对东南沿海地区降水模拟存在正偏差。相对于其他两种方案，GD方案在空间分布上与观测更为接近。

（3）三种积云参数化方案基本可以模拟出中国季风区5到9月降水带南北移动趋势。从时间演变上来看，GD方案模拟性能稍优。

（4）从降水概率密度分布来看，BMJ方案模拟小雨偏多，而KF方案则模拟大雨偏多。

（5）从水汽输送可以解释不同参数化方案模拟中国地区降水不同的原因，模式模拟的江淮流域降水偏少和东南沿海降水偏多，都可以从水汽输送上得到说明。模式模拟的低层风场的偏差，是导致水汽输送偏差的主要原因。

12.5.3　嵌套全球模式进行动力降尺度模拟

上面的研究结果显示WRF对于我国气候变异具有较好的模拟和潜在预测能力，进一步我们将WRF模式与NCAR发展的第三版通用大气模式（CAM3）进行嵌套，建立新的动力降尺度预测系统，并初步检验其预测效能。

1. 模式、数据与试验设计

这里使用的全球模式是NCAR Community Atmosphere Model（CAM3），陆面过程耦合了NCAR Community Land Model（CLM3），CAM模式设置为Atmospheric Model Intercomparison Project（AMIP）-type积分（Phillips 1996），使用观测海温驱动，动力核心选用finite volume，分辨率为2°×2.5°，垂直分层为26层。CLM将土壤分为10层，可以模拟土壤温度和土壤水分等变量。全球模式从1977年9月1日开始运行，到2002年12月31日结束，结果文件输出频率为6 h。开始4年积分被视作是spin-up时间，其余作为区域气候模式的初始场和边界场。

WRF模式的区域如图12.45所示，区域包括中国全部，为比较不同地区动力降尺度适用性，将中国陆地区域分为7个分区域，包括华南（South China）、华中（Central China）、华北

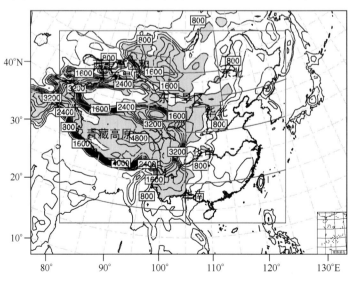

图 12.45　WRF模拟区域及子区域设置示意图，等值线为海拔高度（单位：m）（引自 Yu 等 2010）

（North China）、东北（Northeast China）、东部干旱区（Eastern Arid Region）、西北干旱半干旱区（Northwest Arid and Semi-arid Region）和青藏高原（Tibetan Plateau）。模式区域横向 120 格点，纵向 90 格点，水平分辨率为 60km，垂直分层 31 层，顶层气压 50 hPa。

区域气候模拟的初始场和边界场都来自于 CAM 结果输出，为保证区域长时间积分合理，海洋表面温度（SST）、深层土壤温度和植被覆盖度（green fraction）资料都从强迫资料中读取并随时间更新。

区域模式积分时间为 1981—2002，前两年为 spin-up 时间，剩余 20 a 结果用作分析。模式中物理选项如表 12.12 所示：

表 12.12　模式选项设置（引自 Yu 等 2010）

类别	名称
微物理参数化方案	WSM6 方案
积云对流参数化方案	Kain-Fritsch 方案
近地层参数化方案	相似理论（MM5）
陆面过程	Noah 陆面模式
行星边界层（PBL）方案	YSU
长波辐射方案	Rapid Radiation Transfer Model（RRTM）
短波辐射方案	Dudhia

模式验证数据使用的是 CN05 格点气温资料和 XIE 东亚地区格点降水资料（Xie 等 2007），东亚地区格点降水资料空间分辨率为 $0.5°×0.5°$，时间覆盖 1978—2003，区域覆盖东亚地区（5°—60°N，65°—155°E），是基于 2200 个不同来源观测站资料建立起来的。资料建立的过程如下：首先计算日降水气候态，然后使用 PRISM（Parameter-Elevation Regressions on Independent Slopes Model）月平均气候态调整日降水气候态，以校正地形的作用；使用与格点相对应的站点资料，采用最优插值方法得到日降水量与日降水气候态的比率，最后使用气候态乘以比率便得到了总降水。因为观测资料的分辨率都是 $0.5°×0.5°$，而 WRF 模式结果是 60 km，因此，为进行对比，首先将模式的结果插值到为 $0.5°×0.5°$ 格点，插值算法使用反距离加权插值。

2. 结果分析

图 12.46 为 CN05、CAM 和区域模式模拟的 1983—2002 年年平均气温，从观测可以看出，除青藏高原外，我国气温总体呈现从南到北逐步递减的趋势，青藏高原由于巨大地形作用使得地面气温很低。在西北地区，具有特色的"三山夹两盆"地形，即昆仑山、天山和阿尔泰山从南到北分布，中间分布塔里木和准噶尔两大盆地，山区因为地形原因使得地面气温较低，而两大盆地则由于分布着塔克拉玛干沙漠和古尔班通古特沙漠而导致地面温度较高，从而使得西北地区地面气温分布也表现出"三山夹两盆"特点。

从模式模拟结果可以看出，无论是 CAM 模式还是区域模式都可以合理地模拟出中国地区气温分布的气候态：气温随纬度升高而降低，青藏高原巨大地形作用导致地面气温较低及塔里木盆地因沙漠地表作用导致地面气温较高。但可以明显地看出，由于分辨率的提高，使得区域模式的结果更能反映温度分布的细节，例如青藏高原东部地区、华北以及东北地区，西北地

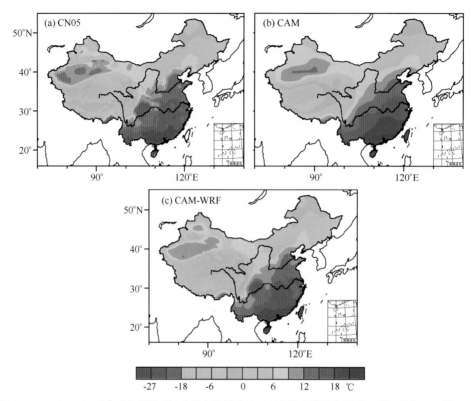

图 12.46 1983—2002 年(a)观测、(b)CAM 模拟和(c)区域模式模拟年平均气温(引自 Yu 等 2010)

区的气温分布在区域模式中都有更好的体现。

　　为定量地比较模式对气温的模拟能力,本文进一步计算了模拟和观测气温的空间相关系数和 RMSE,其中 CAM 模式的空间相关系数为 0.93,RMSE 为 2.99,而区域模式的相关系数为 0.96,而 RMSE 也略有降低。模式对气温模拟性能的提高,主要得益于对区域气温细节模拟的提高,因此,对气温空间分布而言,动力降尺度确实可以提高模式的模拟效果。

　　图 12.47 是模式结果和观测的差值分布,从图中可以看出,总体上 CAM 模式模拟的中国地区气温高于观测,而区域模式模拟结果则倾向于偏低。在东北地区和淮河流域地区,两个模式模拟结果都比较接近观测,而在青藏高原,模式模拟的不确定性很大,这可能与区域模式中采用的温度垂直插值方法有关。

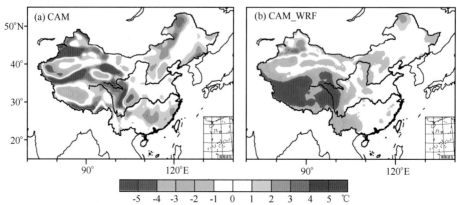

图 12.47 1983—2002 年(a)CAM 模拟和(b)区域模式模拟年平均气温与观测的差值分布(引自于恩涛 2011)

　　在整个中国东部地区,以及西北地区,区域模式都显著提高了模式对于年平均气温的模拟能力,但是在青藏高原地区,区域模式模拟的气温明显低于观测,且范围较大,这可能与在区域模式采用的垂直插值算法有关,这点需要进一步研究。

　　为更深入地分析模式对不同区域年平均气温模拟的性能,进一步计算了 1983—2002 年各个分区的区域平均气温的时间序列,如图 12.48 所示。从图中可以看出,与前面分析一致,CAM 模式模拟的气温偏高,而区域模式模拟的气温偏低;区域模式模拟的年平均气温振幅大于 CAM 结果;20 世纪 80 年代初到 90 年代初,区域模式对华北和东部干旱区气温模拟明显偏低,而 CAM 模拟结果与观测比较接近;区域模式对青藏高原模拟气温的明显低于观测,与观测的偏差也明显大于 CAM 模拟结果;从气温变化趋势来看,区域模式和 CAM 模式比较一致,原因是区域模式的强迫信号全部来自 CAM 模式结果,只能反映强迫场的主要变化趋势。

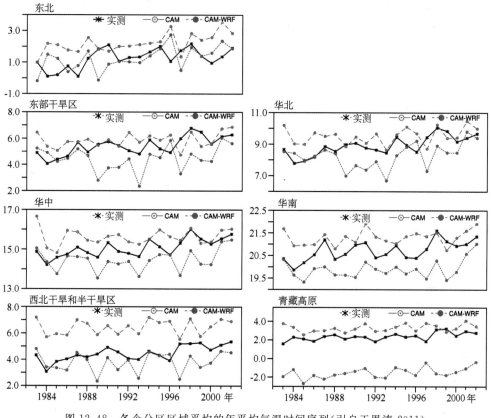

图 12.48　各个分区区域平均的年平均气温时间序列(引自于恩涛 2011)

　　图 12.49 是观测和模拟的 1983—2002 年年平均降水分布,从观测的降水分布可以看出,中国地区降水呈现从东南沿海向西北内陆逐步递减的趋势。年平均降水量最高的是东南沿海,降水量超过 1500 mm;而西北内陆降水稀少,两大盆地年降水量低于 50 mm,全国降水资源分布很不均匀。

　　比较两个模式模拟结果可以看出,区域模式显著提高了对中国地区降水的模拟,从图 12.49b 中可以看出,CAM 模式模拟的降水中心与观测差别很大,位于西南和中部地区,很多全球模式也存在这样的问题。而区域模式不仅校正了降水中心的偏移,并基本上抓住了我国降水中心的分布,显著提高了模拟效果。在我国东北和西北地区,模式基本上再现了降水分布的细节。定量计算结果显示,空间相关系数从 0.54 提高到 0.79,而 RMSE 则由 1.4 降低到 0.98。因此,对降水来说,动力降尺度可以显著提高模式的模拟能力,具有巨大的应用潜力。

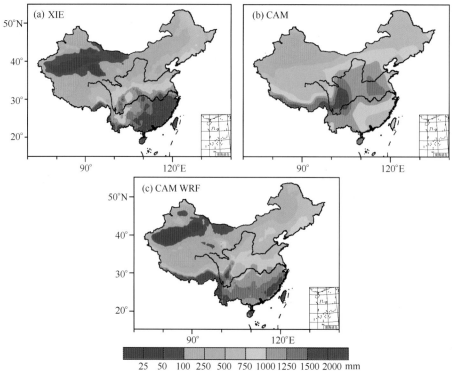

图 12.49 同图 12.46,但为降水(引自 Yu 等 2010)

图 12.50 是模式模拟和观测的降水差值分布,从图中可以看出,CAM 模式在中国东南沿海地区模拟的降水量偏少,而在其他地区模拟的降水量偏多。而区域模式模拟的降水分布与观测基本接近,误差最大的地区为内蒙古南部、昆仑山和喜马拉雅山南坡。

在东南沿海、华北和西北地区,区域模式显著提高了对降水的模拟效果,模式模拟结果和观测更为接近,而在昆仑山和喜马拉雅山地区,区域模式模拟的降水量高于观测,误差较大,而这些地区也是 CAM 模式中误差较大的地区,区域模式在这些地区的误差可能与使用 CAM 结果作为初始场和边界场有关。

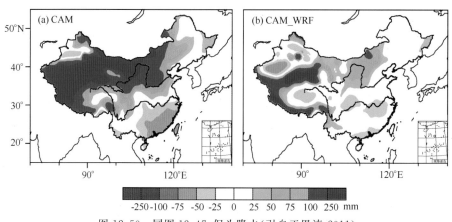

图 12.50 同图 12.47,但为降水(引自于恩涛 2011)

区域模式可以显著地提高模式对降水量空间分布的模拟能力,但是对于年平均降水的时间序列模拟效果如何,值得进一步探讨,本文计算了 7 个分区陆地区域的年平均降水的时间序列,如图 12.51 所示。总体上来看,区域模式在各个分区都显著提高了模式的模拟性能,特别是东北、华东、华北和西北地区。全球模式和区域模式在这些地方的 RMSE 分别是 0.57 (0.24),1.43 (0.32),1.32 (0.46),和 0.57 (0.16)。而在其他分区,例如华南和青藏高原,区域模式的结果介于 CAM 结果和观测之间,说明区域模式也提高了模式对于这些地区的降水的模拟性能。

从区域平均降水的年际变率来看,除东北和华中 CAM 模式有一定的模拟能力外,在其他分区 CAM 模式对年际变率模拟效果较差。而区域模式并没有改变降水年际变率的变化趋势,原因是区域模式的背景强迫信号都是由 CAM 模式给出。综合来看,区域模式因为具有更细的分辨率,可以更细致地反映地形作用的影响,从而能够提高对降水空间分布的模拟效果。

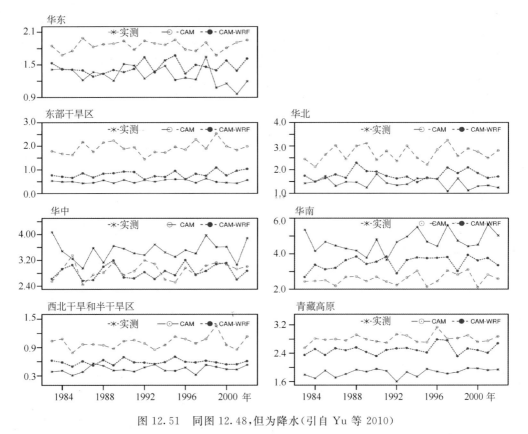

图 12.51　同图 12.48,但为降水(引自 Yu 等 2010)

继而考察模式对夏季平均的模拟能力,主要考察对气温、降水和风场的模拟。

观测与模拟的夏季平均气温空间分布如图 12.52 所示,从观测可以看出,除青藏高原外,中国夏季温度分布也呈现从南向北递减的趋势。青藏高原因地形作用夏季气温较低,西北地区呈现与山盆相间相对应的冷暖分布,东北地区温度分布也与地形一致,呈现山区低,平原高的特点。CAM 基本上能够模拟出气温的空间分布特征,模式模拟的气温分布形态和观测比较接近,空间相关系数为 0.89。而区域模式在保留大尺度分布特征的基础上,显著提高了对局地温度分布细节的模拟能力,特别是西北内陆、河西走廊和中国南方地区。区域模式模拟的气温与观测的空间相关系数为 0.95, RMSE 也有所下降, 因此, 区域模式可以提高对夏季平均温度的模拟能力。

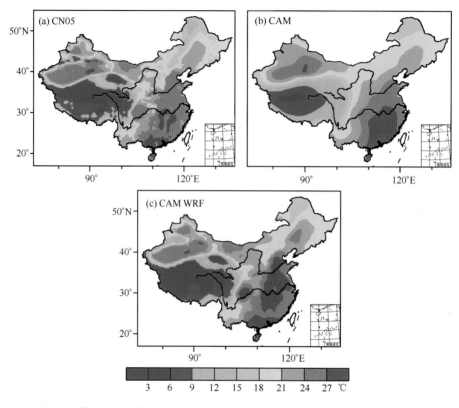

图 12.52 同图 12.46, 但为夏季平均气温(引自于恩涛 2011)

模式模拟的夏季气温的误差如图 12.53 所示, 从图中可以明显地看出, 区域模式误差相对全球模式降低, 模拟性能有所提高。总体上来看, CAM 模式高估了中国地区夏季气温, 特别是在天山山脉、祁连山、昆仑山及青藏高原东部地区, 这些地区模拟的气温的误差超过 5 ℃, 而区域模式可以有效地消除这些地区的气温偏差。除青藏高原外, 区域模式模拟的温度与观测都比较接近。但是在青藏高原西部地区, 区域模式模拟的气温与观测差别非常大, 需要进一步改进。

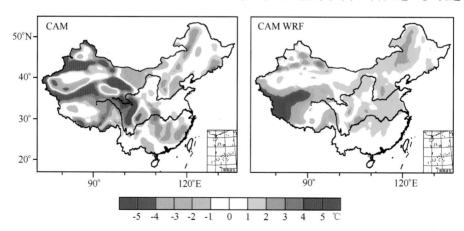

图 12.53 同图 12.47, 但为夏季平均气温(引自于恩涛 2011)

观测和模式模拟的夏季平均降水的空间分布如图 12.54 所示,从观测可以看出,中国夏季平均降水因为受夏季风的影响,呈现从东南沿海向西北内陆逐步递减的分布趋势。长江以南地区夏季降水较多,超过 500 mm,而西北内陆地区降水极少,夏季降水低于 50 mm,全国范围降水分布很不均匀。而从两个模式模拟结果来看,模式对夏季降水模拟结果存在较大的差异,CAM 模式模拟的降水中心位于中国东部和青藏高原东部地区,而东南沿海等地降水则较少。在西北内陆地区,CAM 由于较粗的分辨率,无法重现观测的山区稍多而沙漠极少的空间分布形势。区域模式相对 CAM 模式性能有了很大的提高,模式模拟的夏季平均降水基本呈现从东南沿海向西北内陆递减,量级也和观测比较接近。最明显的改进是区域模式并没有出现降水中心的偏移,并且全球模式在青藏高原东部地区的偏差也得到了改进。从空间相关系数上看,CAM 模式的空间相关系数为 0.57,而区域模式的空间相关系数为 0.77,并且区域模式的 RMSE 也要低于 CAM 模拟的结果。

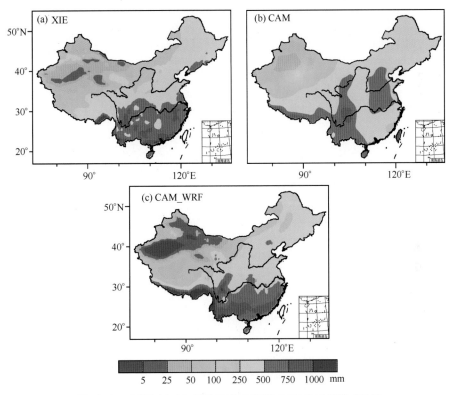

图 12.54 同图 12.46,但为夏季平均降水(引自于恩涛 2011)

观测和模式模拟的夏季平均降水误差的空间分布如图 12.55 所示,从图中可以看出,CAM 模拟的夏季降水在东南沿海偏少,偏少超过 25%,而在河西走廊和西北地区,CAM 模拟的降水偏多,偏多超过 100%,而区域模式在中国南方地区模拟结果较好,偏差在正负 25% 之间,在西北地区,模式模拟降水偏少,偏少幅度超过 50%。总体上来看,区域模式对夏季降水模拟的结果要好于全球模式。

图 12.56 显示了 NCEP 再分析资料和模式模拟的夏季平均 850 hPa 风场的分布,从图中可以看出,CAM 模式基本上可以模拟出中国夏季风的分布型态,但模拟的副热带高压位置偏北,东北地区风场分布也和再分析资料差异较大。区域模式因为分辨率的提高,可以更细致地

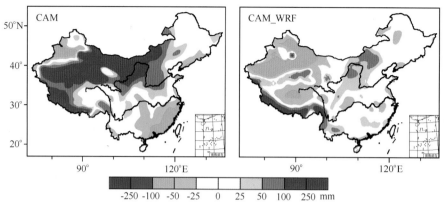

图 12.55 同图 12.47,但为夏季平均降水误差(引自于恩涛 2011)

分辨地形分布,在西北内陆和中国中部地区模拟的风场与 CAM 比较稍有改进,但其模拟的副热带高压位置依然偏北,在东北地区风场也和再分析资料存在差异,这主要是区域模式受全球模式强迫场约束所致。

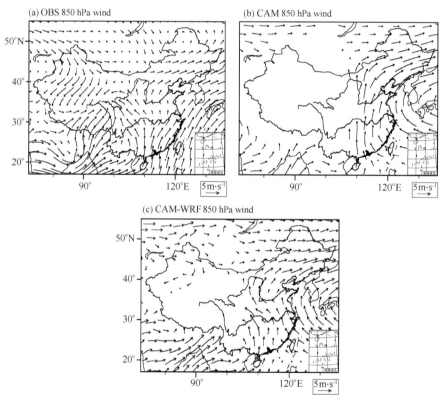

图 12.56 1983—2002 年(a)观测、(b)CAM 模拟和(c)区域模式模拟的 850 hPa 夏季平均风场
(引自于恩涛 2011)

再分析资料和模式模拟的 500 hPa 风场如图 12.57 所示,从图中可以看出,CAM 模式基本上可以模拟出夏季 500 hPa 风场的分布,对西风带风场的模拟和再分析资料比较接近,而对副热带高压及孟加拉湾和中国西南等地的风场模拟与再分析资料差异较大。

再分析资料和模式模拟的 200 hPa 风场分布如图 12.58 所示,从图中可以看出,CAM 和

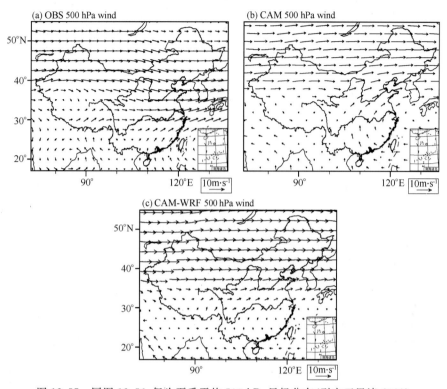

图 12.57　同图 12.56,但为夏季平均 500 hPa 风场分布(引自于恩涛 2011)

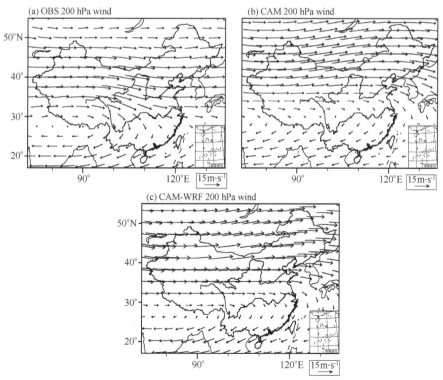

图 12.58　同图 12.56,但为夏季平均 200 hPa 风场(引自于恩涛 2011)

区域模式基本上可以模拟出 200 hPa 风场的空间分布,急流的空间分布和再分析资料比较接近。区域模式和全球模式相比较略有改进,但总体分布和全球模式十分接近。综合来看,CAM 和区域模式对中国夏季风场的模拟与再分析资料存在差异,而中国季风的模拟是模式模拟的难点,模式对中国季风的模拟尚需很大的改进。

3. 小结

在本研究中,我们使用 WRF 模式作为区域气候模式应用,并嵌套到全球模式 CAM,进行动力降尺度模拟,以检验 WRF 模式对东亚地区动力降尺度的性能。主要研究结果包括:

(1)无论是 CAM 模式还是区域模式都可以合理地模拟出中国地区气温分布的气候态。区域模式可以提高模式对年平均气温的模拟性能。与全球模式相比较,区域模式模拟的年平均气温与观测资料更加接近,空间相关系数更高,RMSE 更小。区域模式可以更合理地再现气温空间分布的细节,对由地形引起的空间分布特征,区域模式可以很好地模拟出来。

(2)全球模式对降水的模拟存在较大的不确定性,而区域模式能校正全球模式中降水中心的偏移,并基本上抓住我国降水空间分布特征,显著提高了模拟效果。区域模式模拟降水与观测更加接近,空间相关系数更高,RMSE 更小。

(3)从季节平均上看,区域模式模拟的夏季温度要好于全球模式,而冬季气温模拟比全球模式稍差。对降水的模拟来看,区域模式模拟的冬季夏季降水都要好于全球模式。风场的模拟中全球模式和区域模式模拟得都比较合理,结果比较接近。

(4)无论是气温还是降水,区域模式模拟的年际变化都和全球模式相一致,原因是区域模式主要受全球模式强迫场约束。

参考文献

陈桂英,赵振国. 1997. 短期气候预测评估方法和近二十多年来短期气候预测业务初估. 气候预测评论,
    141-149.

陈菊英. 1991. 中国旱涝的分析和长期预报研究. 北京:农业出版社,14.

邓伟涛. 2008. 利用 CAM-RegCM 嵌套模式预测我国夏季降水异常:[学位论文]. 南京:南京信息工程大学.

丁一汇,李清泉,李维京,等. 2004. 中国业务动力季节预报的进展. 气象学报,**62**(5):598-612.

范丽军,符淙斌,陈德亮. 2005. 统计降尺度法对未来区域气候变化情景预估的研究进展. 地球科学进展,
    20(3):320-329.

高学杰,赵宗慈,丁一汇,等. 2003. 温室效应引起的中国区域气候变化的数值模拟 I:模式对中国气候模
    拟能力的检验. 气象学报,**61**(1):20-28.

鞠丽霞,王会军. 2006. 用全球大气环流模式嵌套区域气候模式模拟东亚现代气候. 地球物理学报,**49**(1):52-
    60.

施洪波,周天军,万慧,等. 2008. SMIP2 试验对亚洲夏季风的模拟能力及其可预报性的分析. 大气科学,**32**
    (1):36-52.

王会军,姜大膀. 2004. 一个新的东亚冬季风强度指数及其强弱变化之大气环流场差异. 第四纪研究,**24**:
    19-27.

魏凤英,黄嘉佑. 2010. 我国东部夏季降水量统计降尺度的可预测性研究. 热带气象学报,**26**(4):483-488.

熊喆. 2001. 区域气候模式对东亚气候及其年际变率的模拟和分析:[学位论文]. 北京:中国科学院大气物理研究
    所.

于恩涛. 2011. 基于 WRF 的我国区域气候及相关物理过程模拟研究:[学位论文]. 北京:中国科学院大气物理
    研究所.

赵振国. 1999. 中国夏季旱涝及其环流场. 北京:气象出版社,297.

Cavazos T, Hewitson B C. 2005. Performance of statistical downscaling of daily precipitation. *Climate Research*, **28**: 95-107.

Chen D L, Achberger C, Räisänen J, et al. 2006. Using Statistical Downscaling to Quantify the GCM—Related Uncertainty in Regional Climate Change Scenarios: A Case Study of Swedish Precipitation. *Advances in Atmospheric Sciences*, **23**(1): 54-60.

Chen H P, Sun J Q, Wang H J. 2012. A statistical downscaling model for forecasting summer rainfall in China from DEMETER hindcast datasets. *Weather and Forecasting*, **27**. in press.

Chu J L, Kang H, Tam C Y, et al. 2008. Seasonal forecast for local precipitation over northern Taiwan using statistical downscaling. *Journal of Geophysical Research*, **113**: D12118.

Dickinson R E, Errico R M, Giorgi F, et al. 1989. A regional climate model for the western United States. *Climatic Change*, **15**: 383-422.

Ding Y H, Liu Y M, Shi X L, et al. 2006a. Multi-year simulations and experimental seasonal predictions for rainy seasons in China by using a nested regional climate model (RegCM_NCC) Part II: The experiment seasonal prediction. *Advances in Atmospheric Sciences*, **23**(4): 487-503.

Ding Y H, Shi X L, Liu Y M, et al. 2006b. Multi-year simulations and experimental seasonal predictions for rainy seasons in China by using a nested regional climate model (RegCM_NCC) Part I: Sensitivity study. *Advances in Atmospheric Sciences*, **23**(3): 323-341.

Fan K, Lin M J, Gao Y Z. 2009. Forecasting the summer rainfall in North China using the year-to-year increment approach. *Science in China Series D: Earth Sciences*, **52**: 532-539.

Fan K, Wang H J, CHOI Y J. 2008. A physically-based statistical forecast model for the middle-lower reaches of the Yangtze River Valley summer rainfall. *Chinese Science Bulletin*, **53**: 602-609.

Fan K, Wang H J. 2009. A new approach to forecasting typhoon frequency over the western North Pacific. *Weather and Forecasting*, **24**: 974-986.

Fan K, Wang H J. 2010. Seasonal Prediction of Summer Temperature over Northeast China Using a Year-to-Year Incremental Approach. *Acta Meteorological Sinica*, **24**(3): 269-275.

Fan K. 2009. Predicting winter surface air temperature in Northeast China. *Atmospheric and Oceanic Science Letters*, **2**: 14-17.

Fan K. 2010. A prediction model for Atlantic named storm frequency using a year-by-year increment approach. *Weather and Forecasting*, **25**(6): 1842-1851.

Giorgi F, Bates G T. 1989. On the climatological skill of a regional model over complex terrain. *Monthly Weather Review*, **117**: 2325-2347.

Giorgi F, Brodeur C S, Bates G T. 1994. Regional climate change scenarios over the United States produced with a nested regional climate model. *Journal of Climate*, **7**: 375-399.

Goddard L, Mason S J, Zebiak S E, et al. 2001. Current approaches to seasonal-to-interannual climate predictions. *International Journal of Climatology*, **21**: 1111-1152.

Ju L X, Lang X M. 2011. Hindcast Experiment of Extraseasonal Short-Term Summer Climate Prediction over China with RegCM3_IAP9L-AGCM. *Acta Meteorological Sinica*, **25**(3): 376-385, doi: 10. 1007/s13351-011-0312-4.

Kleeman R, McCreary J P, Klinger B A. 1999. A mechanism for generating ENSO decadal variability. *Geophysical Research Letters*, **26**(12): 1743-1746.

Lang X M, Wang H J. 2010. Improving extraseasonal summer rainfall prediction by merging information from GCMs and observations. *Weather and Forecasting*, **25**: 1263-1274.

Li C Y, Sun S Q, Mu M Q. 2001. Origin of the TBO-interaction between anomalous East-Asian winter monsoon and Enso cycle. *Advances in Atmospheric Sciences*, **18**(4): 554-566.

Liu Y, Fan K, Wang H J. 2011. Statistical downscaling prediction of summer precipitation in southeastern China. *Atmospheric and Oceanic Science Letters*, **4**(3): 173-180.

Liu Y, Fan K. 2012. Improve the prediction of summer precipitation in the Southeastern China by a Hybrid Stactical Dounscaling Model. *Meteorolgy and Atmospheric Physics*. (Accept)

Meehl G A, Arblaster J M. 2002. The tropospheric biennial oscillation and Asian-Australian monsoon rainfall. *Journal of Climate*, **15**: 722-744 .

Michaelsen J. 1987. Cross-validation in statistical climate forecast models. *Journal of Applied Meteorology*, **26**(11): 1589-1600.

Mooley D A, Parthasarathy B. 1984. Fluctuations in all-India summer monsoon rainfall during 1871—1978. *Climate Change*, **6**: 287-301.

Pal J S, Giorgi F, Bi X Q, et al. 2007. Regional climate modeling for the developing world: The ICTP RegCM3 and RegCNET. *Bulletin of the American Meteorological Society*, **88**(9): 1395-1409.

Paul S, Liu C M, Chen J M, et al. 2008. Development of a statistical downscaling model for projecting monthly rainfall over East Asia from a general circulation model output. *Journal of Geophysical Research*, **113**: D15117.

Phillips T J. 1996. Documentation of the AMIP Models on the World Wide Web. *Bulletin of the American Meteorological Society*, **77**: 1191-1196.

Von Storch H, Zorita E, Cubasch U. 1993. Downscaling of global climate change estimates to regional scales: An application to Iberian rainfall in wintertime. *Journal of Climate*, **6**(6): 1161-1171.

Wang H J, Fan K. 2009. A new scheme for improving the seasonal prediction of summer precipitation anomalies. *Weather and Forecasting*, **24**: 548-554.

Wang H J, Yu E T, Yang S. 2011. An exceptionally heavy snowfall in Northeast China: Large-scale circulation anomaliesand hindcast of the NCAR WRF model. *Meteorology and Atmospheric Physics*, **113**: 11-25.

Wang H J, Zhou G Q, Zhao Y. 2000. An effective method for correcting the seasonal-interannual prediction of summer climate anomaly. *Advances in Atmospheric Sciences*, **17**: 234-240.

Webster P J, Magana V O, Palmer T N, et al. 1998. Monsoons: Processes, predictability, and the prospects for prediction. *Journal of Geophysical Research*, **103**: 14451-14510.

Widmann M, Bretherton C S. 2003. Statistical precipitation downscaling over Northwestern United States using numetically simulated precipitation as a predictor. *Journal of Climate*, **16**: 799-816.

Wilby R L, WigleyT M L. 1997. Downscaling general circulation model output: A review of methods and limitations. *Progress in Physical Geography*, **21**: 530-548.

Xie P, Yatagai A, Chen M, et al. 2007. A gauge-based analysis of daily precipitation over East Asia. *Journal of Hydrometeorology*, **8**: 607-626.

Xu Y, Gao X J, Shen Y, et al. 2009. A Daily Temperature Dataset over China and Its Application in Validating a RCM Simulation. *Advances in Atmospheric Sciences*, **26**(4): 763-772.

Yasunari T. 1990. Impact of Indian monsoon on the coupled atmosphere ocean system in the tropical Pacific. *Meteorology and Atmospheric Physics*, **44**: 29-41.

Yu E T, Wang H J, Gao Y Q, et al. 2011. Impacts of cumulus convective parameterization schemes on summer monsoon precipitation simulation over China. *Acta Meteorologica Sinica*, **25**(5): 581-592.

Yu E T, Wang H J, Sun J Q. 2010. A quick report on a dynamical downscaling simulation over China using the nested model. *Atmospheric and Oceanic Science Letters*, **3**: 325-329.

Zhu C, Chung K P, Lee W S, et al. 2008. Statistical Downscaling for Multi-Model Ensemble Prediction of Summer Monsoon Rainfall in the Asia-Pacific Region Using Geopotential Height Field. *Advances in Atmospheric Sciences*, **25**(5): 867-884.

Zorita E, Kharin V, von Storch H. 1992. The atmospheric circulation and sea surface temperature in the North Atlantic area in winter: Their interaction and relevance for Iberian precipitation. *Journal of Climate*, **5**: 1097-1108.

第13章　总结和展望

我国的不同季节、不同区域的气候异常频繁发生,旱涝、异常高温、低温冷害、台风沙尘活动等频繁侵袭,经常带来很大的经济损失和人员伤亡,近些年来的气候异常经常会导致每年经济损失达 2000 亿元人民币。而且,随着经济的高速发展、城市化水平的快速推进,同样的气候灾害也可能导致更大的损失。更为值得关切的是,随着全球变暖的逐步加强,气候异常的频率和幅度都可能会有所增大,从而带来更大的影响和损失。因此,气候预测问题的重要性是越来越突出了。

然而,由于气候系统维持和变异以及影响我国气候变异的物理过程的高度复杂性,气候系统尤其是我国气候的内在可预测性是有限的;同时,由于我们对于气候系统变异的认识的局限性以及气候系统模式效能的局限性,目前的气候预测水平比较低,需要极大的科学研究上的努力来深化规律认知、改进气候系统模式的效能、和提高气候预测的准确性。从目前国内外气候模式的预测效能来看,普遍对于东亚区夏季降水的预测能力相当有限。

模式预测效能的问题可能来源于多个方面,气候系统内部的混沌特征导致的信噪比在中高纬区域比较低是一个关键因素。低纬海洋异常在中高纬区气候变异中的信号本身就是比较弱的,这不同于热带的情况;中高纬海洋、海冰异常的影响也可能是比较弱的或者是还没有被很好地认识。更加突出的问题是,气候模式对于本来就比较弱的海洋对中高纬气候的影响的刻画能力相当差。这些因素综合起来导致的结果就是:基于大气—海洋(含海冰)耦合的气候模式对于中高纬气候异常的预测刻画能力比较低下。

已有的研究表示出青藏高原和欧亚大陆积雪以及前期的土壤温度和湿度异常对东亚气候的显著影响,这或许是可以利用于东亚气候预测的重要信息,但是目前在用于气候预测的气候模式中大都没有被恰当地考虑进去、甚至没有被考虑。

从基于东亚气候变异规律基础之上的各种经验方法、统计方法、以及统计—动力相结合的方法是非常重要的、具有长远意义和比较高的预测效能的方法。这些方法的有效设计必须基于我们对于东亚气候变异规律的深入和全面的认识和创新,是相关科学认知的集成和发展创新。这其中涉及的重要的过程和因素有:上文谈到的积雪、土壤温湿、海冰等陆面过程变量的异常,也包含许多的大气环流模态的先期异常状态,这些异常状态的表现有很多方面,包括AAO、AO、NAO、NPO、海洋性大陆区域的对流活动、来自南半球的越赤道气流、印度洋的热力状态等。无需置疑,这些大气环流模态的先期变化之所以可能会影响到后期的东亚区气候是由于它们和慢变的海洋和陆面过程异常密切关联的缘故。但是,无论如何,这些大气环流模态的异常信息对于东亚区气候预测是非常有价值的重要信息。

所以,关于短期气候预测的研究目标都是从观测的前期信息或者(和)模式能够较好预测的重要信息中提取对于我们的预测对象重要的东西,并加以有效利用。实际上,这也是短期气候预测研究当前和今后核心任务,也就是气候变异规律研究和模式预测效能改进之集成,包括理论研究、模式研究和预测方法研究三个方面。

应该说,近十年来关于气候预测研究的进展是相当显著的,特别是关于影响我国气候异常的物理过程和机理、热带相似预测思想和预测方法、年际增量预测思想和预测方法、各种统计降尺度和动力降尺度预测方法、统计—动力相结合的预测方法等。这些新的思想和方法有的已经在实时预测中得到有效应用,有的正在实时预测中经受检验,有的正在通过国家气象行业科技专项的支持在业务部门推广使用。这些努力都为有效改进我国的气候预测实际水平打开了希望之门。

另外一方面,在气候年际变异预测这个重大科技难题之外,近年来又涌现出了气候年代际变异的预测问题。其主要理论基础是海洋环流的年代际变化,所以要求对海洋环流(主要是深海海洋环流)进行科学有效的初始同化处理,迄今的研究结果显示在 PDO 等方面确实有一定的可预测性。

缩 略 语

大气环流模式(AGCM，Atmospheric general circulation model)

海洋环流模式(OGCM，Ocean general circulation model)

耦合气候模式(CGCM，Coupled atmosphere-ocean general circulation model)

世界气候研究计划(WCRP，World Climate Research Program)

全球能量和水循环试验(GEWEX，Global Energy and Water Cycle Experiment)

国际气候变率及其可预测性计划(CLIVAR，Climate Variability and Predictability)

经验正交分解(EOF，Empirical Orthogonal Function analysis)

El Niño 和 La Niña 循环以及相关的南方涛动(ENSO，El Niño/La Niña -Southern Oscillation)

美国国家大气研究中心(NCAR，National Center for Atmospheric Research)

欧洲中期天气预报中心(ECMWF，European Centre for Medium-Range Weather Forecasts)

北大西洋年代际振荡(AMO，Atlantic Multidecadal Oscillation)

太平洋年代际振荡(PDO，Pacific Decadal Oscillation)

平流层准两年振荡(QBO，Stratospheric quasi-biennial oscillation)

南极涛动(AAO，Antarctic Oscillation)

北极涛动(AO，Arctic Oscillation)

政府间气候变化专门委员会(IPCC，Intergovernmental Panel on Climate Change)

北太平洋涛动(NPO，North Pacific Oscillation)

北大西洋涛动(NAO，North Atlantic Oscillation)

欧亚型遥相关(EU，Eurasian teleconnection)

夏季北大西洋涛动(SNAO，Summer North Atlantic Oscillation)

索马里低空越赤道气流(LLS CEFs，Low-level Somali cross-equatorial flows)

澳大利亚北部的越赤道气流(LLA CEFs，Low-level Australia cross-equatorial flows)

阿拉伯半岛—北太平洋型遥相关(APNPO，Arabian Peninsula-North Pacific Oscillation)

南半球对流层上层中纬和高纬之间纬向风正负反位相变化的涛动关系(ISH，An Atmospheric
    Circulation Index of Southern Hemisphere)

海表温度(SST，Sea surface temperature)

中国科学院大气物理研究所(IAP/CAS，Institute of Atmospheric Physics，Chinese Academy
    of Sciences)

大气物理研究所九层的大气环流格点模式(IAP 9L-AGCM，Nine-level atmospheric general
    circulation model developed at the Institute of Atmospheric Physics)

奇异值分解(SVD，Singular value decomposition)

西大西洋型遥相关型(WA，Western Atlantic teleconnection pattern)

太平洋北美型遥相关(PNA，Pacific-North American teleconnection pattern)

海洋表面温度异常(SSTA，Sea surface temperature anomalies)

空间距平相关系数(ACC，Anomaly correlation coefficient)

典型相关分析(CCA，Canonical correspondence analysis)

美国国家环境预报中心/美国国家大气研究中心(NCEP/NCAR，National Centers for Environmental Prediction/National Center for Atmospheric Research)

均方根误差(RMSE，Root mean squared error)

沙尘天气发生频次(DWF，Dust weather frequency)

登陆中国台风(CLTC，China landfalling tropical cyclones)

热带气旋生成潜力指数(GPI，Tropical Cyclone Genesis Potential Index)

多模式集合(MME，Multimodel Ensemble)

对流层准两年振荡(TBO，Tropospheric-biennial oscillation)